레이저의 탄생

How the Laser Happened: Adventures of a Scientist
by Charles H. Townes

한국연구재단총서
Academic Library of NRF
학술명저번역
653

레이저의 탄생

새로운 빛을 찾아가는 어느 과학자의 모험

How the Laser Happened: Adventures of a Scientist

찰스 H. 타운스 지음

김희봉 옮김

아카넷

　앨프리드 P. 슬론 재단의 요청으로 레이저의 역사에 관한 책을 쓰게 되었다. 레이저의 역사를 이야기하면서 과학자로 살아온 나의 개인적인 이야기도 함께 썼다. 현대 과학과 기술이 어떻게 발전했는지 이해하려면 그것을 만든 과학자 개인뿐만 아니라 과학자들 사이의 교류와 그들이 서로 주고받은 영향도 함께 살펴보아야 한다. 나는 과학자들 사이의 이러한 얽힘을 과학사회학이라고 불러도 좋다고 생각한다. 레이저와 같은 발명은 한 과학자의 머리에서 독립적으로 탄생하지 않는다. 그가 처한 과학적 환경, 호기심, 알아내려고 했던 문제, 그것을 해결하기 위한 분투, 그리고 수많은 사람들이 밀접하게 서로 얽혀 발전한다. 레이저의 역사를 생생하게 보여주기 위해서 나의 개인적인 이야기를 함께 쓰지 않을 수 없었던 이유가 여기에 있다.

　나는 이제까지 치열하게 과학을 연구하고 사회에 봉사하려고 노력했으며 그러기 위해 여러 장소와 여러 자리로 옮겨 다녀야 했다. 이 모든 여정에서 아내 프랜시스가 관대하고 사려 깊게 내 옆을 지켜 주었다. 이 책에 나오는 이야기에 많은 도움을 준 아내에게 깊이 감사한다. 또한 나는 이 책을 쓰면서 과학 작가 찰스 페팃의 도움을 받았다. 그는 이 책의 틀을 잡고 초고를 쓰는 데 많은 도움을 주었고, 편집에도 매우 뛰어난 조언을 해주었다. 이 책을 쓰는 과정에서 많은 도움을 준 나의 유능한 비서 마니 매켈히니에게 감사한다.

나의 희망은 이 책이 지금의 시대에 아이디어와 과학이 어떻게 생겨나는지, 그리고 어떻게 과학적 경력을 쌓아나가는지에 대해 현실 그대로를 흥미롭게 보여주는 것이다.

찰스 H. 타운스
캘리포니아 버클리

차례

일러두기
한국어판에서는 원서에 실린 도판 가운데 본문에서 직접 언급된 네 점만을 가져다 실었다.

1
곧게 비치는 빛

　1969년 7월 21일, 우주비행사 닐 암스트롱과 에드윈 앨드린은 달 표면에 반사체가 배열된 작은 판을 지구를 향해 설치했다. 같은 시간 달에서 38만 킬로미터 떨어진 지구에서는 천체물리학자 두 팀이 캘리포니아 릭 천문대와 텍사스 맥도널드 천문대에서 두 대의 천체망원경에 각각 작은 장치를 설치했다. 이 천문학자들은 인류가 최초로 달에 착륙한 위치를 세심하게 탐색했다. 열흘쯤 뒤에 릭 천문대 팀이 정확한 위치를 조준했고, 망원경에 장착된 작은 장치에 미약한 펄스를 보냈다. 며칠 뒤 텍사스 서부의 날씨가 맑아지자 맥도널드 천문대 팀도 똑같은 일을 했다. 각 망원경의 심장부에 설치된 합성 루비 결정으로부터 빨간빛 한 줄기가 방출되어 하늘로 날아갔다. 거의 진공에 가까운 우주 공간으로 뻗어나간 이 좁은 빛은 단일한 파장을 갖고 있었고, 우주비행사가 설치한 반사체까지 38만 킬로미터를 날아간 뒤에도 그 폭이 1,000미터를 넘지 않았다. 반사체를 때리고 나서 1초가 조금 지난 후, 캘리포니아와 텍사스의 연구원들은 이 광선의 희미한 반사를 감지했다. 빛이 발사되어 되돌아올 때까지 걸린 시간으로 달까지의 거리를 2.5센티미터 이내의 오차로 계산할 수 있었다. 이것은 전대미문의 정밀한 측정이었다.

이 실험에 사용된 광원인 루비 레이저는 겨우 9년 전인 1960년에 처음 선보인 장치였다. 사실은 사람이 달에 도착하기 전인 1968년 1월에 무인 우주선이 달에 착륙했고, 이 우주선에 장착된 텔레비전 카메라가 캘리포니아 공과대학교[이후 칼텍으로 표기한다. ― 옮긴이]의 제트추진연구소가 로스앤젤레스 근처에서 발사한 레이저 광선을 감지했다. 이 레이저의 출력은 겨우 1와트에 불과했다. 로스앤젤레스 일대에서 방출하는 다른 빛들은 수천 메가와트를 쓰지만 달에서 보일 만큼 충분히 밝지 않다. 도심의 불빛은 멀리 날아가면서 퍼지고 번져서 탐지할 수 없게 되지만, 손전등만큼의 출력을 사용하는 이 하나의 빛은 달 표면에서도 탐지할 수 있었다.

레이저 광선의 반사로 달까지의 거리를 측정하는 것은 레이저의 놀라운 성질을 보여주는 하나의 예에 불과하다. 레이저는 일상에서 수많은 곳에 쓰일 뿐만 아니라 특수한 용도로도 널리 쓰인다. 그러나 레이저가 발명되고 나서 몇 년 동안은 동료들이 이렇게 말하면서 나를 놀려댔다. "그건 엄청난 아이디어야. 하지만 문제를 찾고 있는 해결책이지." 사실 레이저를 최초로 만들어낸 우리들 가운데 누구도 궁극적으로 이것이 얼마나 많은 곳에서 쓰일지 상상조차 하지 못했다. 이는 대단히 중요한 점을 일깨워준다. 과학자들은 대개 호기심에 이끌려 연구에 뛰어들고, 그 연구가 어디로 향할지 처음부터 알지는 못한다. 사물의 본질에 대한 기본적인 연구에서 얼마나 큰 성과가 나올지를 예측하기란 매우 어렵다. (마찬가지로, 오늘날 연구에서 어떤 길이 기술적으로 막다른 골목으로 이어지는지 알아내기도 매우 어렵다.) 여기에서 단순한 진리가 나온다. 연구에서 나온 새로운 아이디어는 정말로 새롭기 때문에 그것이 어떻게 발전할지 전혀 알 수 없다는 것이다.

나는 메이저와 레이저가 나오자마자 이 장치가 광학과 전자공학의 매우 중요하고 광범위한 분야에서 핵심적으로 사용될 것이라고 주장했다. 이 장치가 우리를 어디로 데려갈지 알 수 없었지만 넓은 영역에 응용할 수 있을 것으로 기대했고, 정확히 그런 일이 일어났다.

레이저가 일단 발명되자 무수히 많은 곳에서 사용되었다. 멀리 있는 달을 향해 쏜 장치는 중간 크기의 레이저였다. 이 신기한 기능을 발휘할 당시에는 이미 레이저를 아주 일상적으로 사용하고 있어서, 토지의 경계를 측량하거나 도로의 경사를 확정하는 등의 어쩌면 더 유용한 일에 사용되고 있었다. 베이 에어리어 고속철도(The Bay Area Rapid Transit)에서 샌프란시스코만 아래를 지나는 해저 터널의 건설에는 레이저에 의한 정밀측량이 요긴하게 활용되었다. 레이저 측량이 널리 보급된 덕분에 나는 뉴햄프셔에 있는 내 농장의 경계를 정확하게 알고 있고, 둘레의 길이도 정확하게 알고 있다. 아주 작은 레이저는 현미경으로 겨우 볼 수 있을 만큼 작고, 이런 레이저 수천 개를 반도체 칩 하나에 집어넣어 컴퓨터의 핵심 부품으로 사용할 수 있다(가까운 미래에 전기 신호가 아니라 레이저 빛을 이용하는 컴퓨터가 나올 수도 있다). 거대한 레이저는 작은 도시 하나가 사용하는 전기를 소모한다. 캘리포니아 대학교 버클리 캠퍼스에 있는 나의 연구실에서 70킬로미터쯤 떨어져 있는 로런스 리버모어 국립연구소에는 현존하는 가장 강력한 레이저가 있다.[저자가 이 글을 쓴 시기는 1999년이다. 최근의 시점에서 세계에서 가장 강력한 레이저에 대해서는 한국물리학회에서 발간하는 《물리학과 첨단기술》 2022년 11월호 「초강력 레이저로 탐구하는 새물리」(13~19쪽) 참조하라. — 옮긴이] 여기에 설치된 레이저 여러 대를 합쳐서 NOVA라고 부르며, 레이저 열 개가 바늘 머리 크기의 점에 모이도록 조정되어 있다. 각각의 레이저는 100미터가 넘는 길이의 어마어마한 크기에 강력한 전기 코일, 광학 장치, 지름이 50센티미터인 두꺼운 라벤더 유리와 같은 부품들로 이루어져 있고, 여기에서 빛이 발사된다. 레이저 빛이 모이면서, 집속된 빛살이 거의 순간적으로(말 그대로, 수십억분의 1초 만에) 수백만 도의 온도에 이른다. 레이저의 강력하게 집중된 에너지를 이용하면 태양이 빛을 내는 원리인 핵융합의 조건을 지구상에서 구현할 수 있다. 리버모어 연구팀은 오염물질이나 방사성 폐기물을 거의 남기지 않고 전기를 효율적으로 생산하는 방법을 연구하고 있다. 이 연구 팀은 또한 국립점화시설(National Ignition Facility)에서 훨씬 더 강력한 레이저를 연구하고 있다. 그들은 레이저 출력을 세계 기록보다 10배 높은 1,000조 와트로 높였고, 이것을 다시 작은 점으로 집속시켰다. 이 펄스는 1조분의 1초도 지속하지 못하지만, 작동하는 동안에는 지구 전체가 그 순간에 사용하는 것보다 어마어마하게 더 큰 출력을 낸다.

리버모어 연구소의 레이저 핵융합 계획은 레이저 빔으로 물질을 변화시키는 꽤 특별한 사례이며, 조금 더 평범하게 물질을 가공하는 방법은 수백 가지가 있다. 예를 들어 자동차 베어링의 표면을 레이저 빔으로 가공하기도 한다. 레이저 빔은 강철을 매우 빠르게 가열하기 때문에 내부를 뜨겁게 하지 않으면서 표면만 강하게 만들 수 있다. 내부가 뜨거워지면 베어링은 쉽게 부스러진다. 레이저는 물질을 매우 빠르게 증발시킨다. 따라서 물질의 일부를 제거하면서도 근처의 다른 물질에는 열의 영향을 주지 않게 할 수 있다. 초점이 잡힌 레이저는 우리가 가장 단단한 물질이라고 알고 있는 다이아몬드도 쉽게 뚫는다. 게다가 레이저는 루비에 미세한 구멍을 뚫어서 고급 스위스 시계의 베어링으로 쓸 수 있고, 컴퓨터 마이크로칩에 들어가는 전자회로의 미세한 패턴을 개선할 수 있다. 어마어마하게 짧은 레이저 펄스는 물질을 매우 빠르게 잘라내고 증발시킬 수 있어서 남아 있는 물질은 교란되지 않는다.

과학자들은 엄청나게 강력한 출력의 레이저 빔을 만들어냈지만, 반면에 현미경으로 초점을 맞춘 약한 레이저 빔으로 작은 입자들을 부드럽게 이리저리 옮길 수 있고, 살아 있는 세포의 기관도 이동시킬 수 있다. 이러한 '광 핀셋'은 생물학 연구의 강력한 도구이다. 또한 레이저는 빠르게 움직이는 원자를 느리게 만들어서 트랩에 잡아놓을 수 있고, 절대영도보다 겨우 수십억분의 1도 높은 기체 포켓을 만들 수도 있다. 이것은 연구자들이 달성한 최저 온도이다.

대기 오염을 감시하는 기관들은 도시 상공의 공기가 얼마나 더러운지를 여러 가지 색의 레이저 빔이 흡수되는 정도를 비교해서 현장에서 곧바로 알 수 있다. 굴뚝 위의 공기를 검사해서 그 굴뚝에서 나오는 오염물의 양을 측정할 수 있다. 또한 성층권의 특정 화학물질을 바로 측정할 수도 있다.

레이저는 통신 분야에서도 다른 어떤 것으로도 대체할 수 없는 탁월한 성능을 자랑한다. 원리적으로 레이저 빔 하나가 전 세계의 모든 사람과 컴퓨터가 지금 주고받는 모든 정보를 운반할 수 있다. 모든 전화선, 텔레비전 방송국, 라디오 방송국, 대화와 음악과 디지털화된 정보 등 이 모든 것을 레이저 빔 하나에 담을 수 있다. 아직 다다르지는 못했지만 우리는 이러한 가능성을 향해 나아가고 있으며, 레이저를 이용한 놀랄 만큼 빠른 통신을 이미 사용하고 있다. 게다가 연필심보다 가늘고 유연한 광섬유를 통해 레이저 빔을 보낼 수 있다. 광섬유 케이블은 어마어마한 기능을 가지면서도 매우 가늘다. 이런 이유로 뉴욕시 거리의 지하에 새로운 전화선을 매설할 때는 광섬유를 이용한다. 대도시 지하의 설비 도관은 이미 하수관,

전력선, 전화선, 텔레비전 케이블과 같은 현대 사회의 필수적인 대동맥으로 가득 차 있어서, 원한다고 하더라도 이제는 구리 전선을 설치할 여분의 공간이 없다. 또한 레이저 통신은 표준적인 라디오 또는 텔레비전 송신보다 보안성이 훨씬 뛰어나다. 전파는 넓게 퍼져서 쉽게 가로챌 수 있지만, 레이저 빔은 직선으로 간다. 광섬유 케이블 안을 지나가는 레이저 빔은 광섬유 자체에 탐지기를 설치하지 않는 한 가로챌 수 없다.

수천만 미국인들의 가정과 자동차에서도 레이저가 사용된다. 바로, 음악을 만드는 레이저이다. 컴팩트디스크(CD)는 레이저 빔을 사용하여 정보를 기록하고, CD플레이어 안에서 레이저 빔으로 다시 이 정보를 읽어서 소리 신호로 바꾼다. 이런 이유로 CD는 매우 뛰어난 음악 매체이다. 레이저 예술은 온갖 색깔의 광선 쇼를 하늘 위에 펼쳐서, 레이저 빔으로 다양한 그림을 그린다. 물체에 레이저를 쬐어 반사된 빔을 사진 필름에 기록하면 홀로그램을 만들 수 있다. 이렇게 기록된 필름에 레이저 빔을 쬐면 그 물체의 입체 형상이 허공에 떠 있는 것처럼 재현할 수 있다. 레이저는 사소한 용도로도 엄청나게 많이 쓰이지만, 바로 그렇기 때문에 이 기술이 얼마나 다재다능한지 알 수 있다. 예를 들어 얼마 전에 오하이오주 콜럼버스에 있는 바텔기념연구소는 레이저로 좋은 감자칼을 개발했다고 발표했다.

레이저가 발명되자 사람들은 군대에서 살인광선으로 사용할 것이라고 상상했고, 실제로도 레이저를 이용한 미사일 격추 시도에 엄청난 돈이 쓰였다. 이런 시스템이 얼마나 실용성이 있는지는 불확실하지만 이것이 가능하다면 우리는 미사일 공격을 두려워할 필요가 없으며, 오히려 축복이 될 것이다. 살인광선을 쬔다는 생각에는 사람들의 관심을 끄는 신비감이 있다. 그래서 신화에 나오는 제우스의 번개와 공상과학의 살인광선이 인기를 끈다. 알렉세이 톨스토이『전쟁과 평화』를 쓴 레프 톨스토이와는 다른 작가이다. ― 옮긴이는 이미 1926년에 『가린의 살인광선』을 썼다.

가린은 장치를 문 쪽으로 조준했다. 장치에서 나온 광선이 전선을 잘라 버려서, 천장에 매달린 전등이 꺼졌다. 눈부시고, 바늘처럼 가늘고, 곧게 뻗은 죽음의 광선. 광선이 문 위를 지나가자 나뭇조각들이 떨어졌다. 광선이 낮게 깔리자 짧게 울부짖는 소리가 들렸다. 고양이가 지나가고 있었을지도 모른다. 누군가가 어둠 속에서 비틀거렸다. 몸이 부드럽게 쓰러졌다. 바닥에서 60센티미터쯤의 높이에서 광선이 너울거렸다. 살이 타는 냄새가 났다. 가린은 기침을 하면서 쉰 목소리로 말했다.

"이걸로 그들은 모두 끝장이야."

이런 강력하고 순간적인 빔은 사실이건 아니건 분명히 사람들의 관심을 끌어당긴다. 현대의 레이저 빔이 소설 속의 신비로운 광선과 비슷해 보이기는 하지만, 레이저는 이렇게 다루기 쉬운 살인광선이 아니다. 대부분의 경우에 레이저보다는 평범한 무기(또는 돌멩이)로 물건이나 사람을 공격하는 편이 더 효과적이고 쉽다.

실제로 살인광선으로서의 군사용 레이저는, 그런 것이 가능하다고 해도, 매우 드물고 특수한 예일 듯하다. 그러나 레이저에는 실제로 중요한 군사적 응용이 있다. 통신이 그렇다. 물론 이런 용도는 군대에 국한되지 않는다. 현대의 탱크, 폭탄, 미사일이 과녁을 몇 미터 차이로 정확하게 때리는 능력은 무엇보다 중요한데, 이를 위해 주로 레이저를 이용한다. 레이저 빔으로 표적을 비추거나 미사일을 유도해서 탄두가 명중할 수 있도록 확실한 표식을 만든다. 내가 군용 레이저를 특별히 환영하는 이유는 파괴를 최소화할 수 있기 때문이다. 만약에 전쟁이 나서 교량을 파괴해야 한다면 레이저를 이용해서 교량에 정확히 폭탄을 떨어뜨릴 수 있다. 레이저를 이용하면 교량 근처의 엉뚱한 곳을 파괴할 우려는 크게 줄어든다. 1993년에 일어난 이라크와의 걸프 전쟁 때의 영상을 보면, 군사 목표를 파괴하면서 바로 이웃의 민간인 지역에는 거의 또는 전혀 피해를 주지 않는 엄청난 정밀도를 기록했다.

레이저는 의료에서도 널리 사용된다. 안과에서는 레이저로 환자의 동공을 통해 안구 뒤쪽의 박리된 망막에 레이저 빔을 보낸다. 이 레이저 빔은 망막의 색소에 흡수되기 전까지는 거의 아무런 해를 주지 않으며, 색소에 흡수되면서 작은 흉터를 만들어 분리된 망막을 효율적으로 제자리에 붙인다. 한 친구가 레이저 수술로 시력을 회복했다고 말했을 때 나는 매우 특별한 감정을 느꼈다. 모든 방식의 수술에서 레이저는 조직을 절단하면서 동시에 혈관을 소작해서 출혈을 멈추게 한다. 이런 능력은 외과의사가 하는 일을 쉽게 해주고, 환자의 생명을 더 안전하게 지켜준다.

레이저는 실용적인 일을 해낼 뿐만 아니라 다재다능한 연구 도구가 되기도 한다. 과학 연구에서 레이저의 장점은 높은 정밀도이다. 레이저는 극단적으로 순수한, 거의 균일한 파장과 비범한 지향성을 가진 광파를 만들어낸다. 이러한 광파를 '결맞다(coherent)'고 한다. 결맞다는 말은 모든 파동들이 서로 보조가 맞는 것을 일컫는 전문 용어이다. 결맞는 빛과 전자기파는 매우 정밀하게 사용할 수 있지만, 레이저와 메이저가 나오기 전까지는 실현할 수 없었다.

결맞는 마이크로파(전파 중에서 파장이 가장 짧다)를 만드는 장치를 메이저라고 하며, 레이저의 기본 아이디어는 처음에 메이저에서 시작되었다. 레이저는 마이크로파보다 파장이 더 짧은 전자기파, 즉 적외선과 가시광선을 만든다. 레이저가 개발되자 더 일찍 나온 메이저는 묻혀 버렸다. 그러나 메이저는 가장 민감한 마이크로파 증폭기이며, 원자시계이고, 시간을 가장 정확하게 측정할 수 있다.

광파는 전자기파의 한 형태이다. 이름에서 알 수 있듯이 전자기파는 서로 얽혀서 이동하는 전기장과 자기장이다. 작은 점으로 집속한 레이저 빔은 태양 표면보다 수십억 배 강한 빛이 될 수 있고, 따라서 레이저가 쬐는 점에는 강한 전기장과 자기장이 형성된다. 이 특별한 능력을 바탕으로 물리학과 공학에서 비선형 광학이라는 완전히 새로운 분야가 생겨났다. 강한 레이저 빔을 쬐면 투명도를 비롯해서 물질의 여러 광학적 성질이 변한다. 약한 빔은 대기나 다른 광학 매질을 지나가면서 퍼져나가지만, 강한 레이저 빔은 비선형 광학의 효과 때문에 퍼지지 않고 지나갈 수 있다. 강한 레이저 빔은 지나가는 물질의 광학적 성질을 바꿔서, 빔을 제한하거나 가장 작은 패턴으로 집속시키는 일종의 채널을 형성할 수 있다. 레이저 빔의 광파는 물질에 큰 영향을 주기 때문에 물질 속의 전자들이 반응해서 크게 진동하고, 배진동파(harmonics)의 빛을 방출할 수 있다. 빨간빛을 내는 루비 레이저는 원자를 자극해서 자외선을 만드는데, 이 자외선은 빨간빛의 정확한 배진동파이다.

과학에서 레이저는 거리를 정밀하게 측정할 때 가장 많이 사용한다. 앞에서 보았듯이 달까지의 거리를 잴 수 있을 뿐만 아니라, 실험실이나 기계 공작실에서 두 점 사이의 거리를 정밀하게 측정할 때도 레이저를 이용한다. 이제 거리 단위는 표준화된 레이저의 파장으로 정의된다. 측정의 표준을 정한다는 나폴레옹의 계획에 따라 백금−이리듐으로 제작된 '미터 표준원기'가 파리에 보관되어 있지만, 이제 이것은 길이의 표준이 아니다. 실험실의 레이저는 빛의 파장의 천분의 1보다 작은 거리를 측정할 수 있게 되어서, 원자 크기보다 훨씬 세밀하게 측정할 수 있다. 새로운 종류의 현미경인 주사현미경(scanning microscope)은 초미세 바늘을 표면 위에서 움직여서 개별 원자의 크기와 위치를 측정한다. 이러한 현미경은 가는 바늘에 레이저를 쬐어서 표면을 이전보다 10자리 이상의 배율로 관찰할 수 있다. 이제는 중력파 탐지에 레이저를 사용하는 실험이 준비되고 있어서, 우리 은하와 다른 은하의 초신성이 폭발하는 동안에 별의 핵이 붕괴하는 것처럼 거대한 질량이 갑작스럽게 움직일 때 공간과 시간의 구조에서 일어날 수 있는 미약한 파문을 탐지하려고 한다.[중력파 탐지는 2016년에 성공했다. ─ 옮긴이] 중력파를 탐지하려면 수 킬로미터에 달하는 거리를 원자 지름의 10억분의 1 정도의 정밀도로 측정해야 하는데, 레이저를 사용하지 않고는 이처럼 정밀한 측정을 해낼 방법이 없다.

천문학에서는 레이저를 이용하여 반사경과 광학 부품을 완벽하게 정렬한다. 세계 각지의 거대한 망원경들은 천문학을 위해 개발된 특별한 레이저 기술을 사용한다. 적응광학(adaptive optics)은 대기를 통해 전달되면서 어쩔 수 없이 번지는 이미지를 레이저를 이용해 훨씬 또렷하게 볼 수 있다. 밤하늘을 쳐다보면, 별은 늘 조금씩 깜빡거린다는 것을 알 수 있다. 낭만적이기는 하지만, 천문학자들은 이 효과를 좋아하지 않는다. 별이 깜빡거리는 이유는 지구의 대기가 균일하지 않고 늘 요동치기 때문이며, 1초에도 여러 번씩 별빛이 통과하는 경로가 바뀌어서 이미지 또한 번진다. 천문학자들은 별이 또렷하고 정지해 있는 것을 좋아한다.

망원경이 향하는 경로를 따라 위로 레이저를 쏜다. 레이저 빛이 경로 속에서 작은 입자나 원자에 산란되어 되돌아오기도 하고, 원자를 자극해서 형광이 방출되기도 한다. 이렇게 반사된 빛과 형광은 그 순간 빛의 경로에 있는 대기에 어떤 왜곡이 일어나고 있는지를 알려준다. 이 왜곡을 측정해서 전기 신호로 변환한 다음에 특별히 설계된 보정 반사경을 정밀하게 구동해서 대기의 요동을 보정한다. 이러한 망원경으로 보정이 없을 때보다 이미 20배에서 30배 더 선명한 영상을 얻었다. 이제 천문학자들은 (대기권을 넘어서) 우주에 있는 허블우주망원경 같은 장치로나 가능하다고 여겼던 선명한 영상을 지상에서 얻기 시작했다. 허블망원경보다 더 큰 지상의 망원경은 원래의 집속 성능이 훨씬 더 뛰어나므로 가시광선과 적외선 영역에서 허블망원경의 성능을 훨씬 뛰어넘을 것이다.

또한 최근에 나는 번개를 레이저로 제어하는 실험에 대해 알게 되었는데 상당히 현실적인 시도라고 생각한다.

레이저의 개발이 정확히 언제 시작되었는지 말하기는 어렵지만, 아마도 1945년쯤부터 물리학자들이 레이저로 향하는 길을 걷기 시작했다고 할 수 있을 것이다. 오늘날 레이저는 엄청나게 다양한 용도로 사용되지만, 1945년으로만 거슬러 올라가도 이런 뛰어난 기술을 실험에 사용하게 될 것이라고 예측한 사람은 아무도 없었다. 그러나 되돌아보면 레이저의 발명이 그렇게 늦어진 것이 도리어 놀랍다. 그 이유에 대해서는 나중에 말하겠지만, 레이저는 원래보다 30년 일찍 발명될 수 있었다. 이미 밝혀졌듯이, 레이저 제작에는 대단한 재료가 필요하지 않다. 레이저 개발에 결정적인 역할을 한 사람인 나의 친구이자 매부인 아서 숄로[레이저 분광학 연구로 1981년 노벨 물리학상을 받았다. ─ 옮긴이]는 먹을 수 있는 레이저를 만들었다. 그는 처음에 젤리로 시도했지만 실패했다. 그다음에는 보통의 젤라틴에 형광 색소를 섞어서 사용했고, 이것으로 먹을 수 있는 레이저를 만드는 데 성공했다. 이스트먼 코닥사의 연구자들은 토닉 워터로 마실 수 있는 레이저를 만드는 묘기에 가까운 일을 해내기도 했다. 뛰어난 물리학자였던 리처드 파인먼에게 이런 이야기를 들은 적이 있다. 그는 위대한 아이디어에 대해 나와 이야기하다가, 사람들이 레이저에 대해 들으면 이렇게 말한다고 했다. "에이, 나도 생각해낼 수 있었겠네." 우리는 모두 레이저를 훨씬 일찍 생각해냈어야 맞다.

지금까지 메이저와 레이저에 대해 노벨 물리학상이 여섯 번 주어졌고, 그중 하나는 레이저의 발명에 주어졌다(1964년 니콜라이 바소프, 알렉산드르 프로호로프, 찰스 타운스, 1971년 데니스 가보르, 1978년 아노 펜지어스와 로버트 윌슨, 1981년 니콜라스 블룸베르헌과 아서 숄로, 1989년 노먼 램지, 1997년 스티븐 추, 클로드 코엔타누지, 윌리엄 필립스). 나는 메이저와 레이저에 주어지는 노벨상이 더 많아질 것이라고 생각하며, 특히 화학과 생물학 분야가 유망하다고 본다. 물론 누군가는 스크루드라이버 같은 하찮은 것도 많은 실험에 사용되므로 그 유용성에 대해 원리적으로 같은 주장을 할 수도 있을 것이다. 그러나 핵심은 레이저와 메이저가 새롭게 등장했고, 과학의 도구로 매우 중요하다는 것이다. 그것들은 우리의 과학적 능력을 변화시켰고, 과학자들에게 엄청난 묘기를 부리도록 도와주었다. [그 뒤로도 2005년에 레이저 분광학으로 로이 J. 글라우버, 존 홀, 테오도어 헨슈, 2018년에 레이저 물리학으로 아서 애슈킨, 제라르 무루, 도나 스트리클런드가 노벨 물리학상을 받았다. 앞에서 언급된 중력파 탐지에도 2017년에 노벨 물리학상이 주어졌다.— 옮긴이] 레이저는 점점 더 많은 곳에서 이용되고 있다. 레이저가 다양한 물질과 온갖 형태로 만들어지지만, 그것들은 동일하며 특정한 물리학적 원리를 공유한다. 앞으로 레이저와 그 선조인 메이저가 어떻게 나왔는지 이야기할 것이다. 여기에서는 레이저가 무엇인지에 대해 일상적인 언어로 설명하겠다.

레이저의 원리

레이저는 복사의 유도 방출에 의한 빛의 증폭(light amplification by stimulated emission of radiation)의 약자이다. (메이저는 복사의 유도 방출에 의한 마이크로파 증폭microwave amplification by stimulated emission of radiation의 약자이다.) 레이저는 빛이 분자 · 원자 · 전자와 상호작용하는 기본적인 방식에 따라 작동한다. 물체에 빛을 쬐면 어떻게 되는지는 누구나 잘 알고 있다. 빛의 일부가 흡수된다. 밝은 빛을 검은 종이에 쬐면 분자가 빛을 흡수해 에너지를 받아들이고 가열된다. 레이저에서는 이 과정이 반대이다. 말하자면 검은 종이가 빛에서 에너지를 받는 게 아니라, 반대로 빛에 에너지를 준다. 종이가 레이저라면 빛이 더 밝아져서 반대편으로 나온다.

20세기 초부터 닐스 보어, 루이 V. 드브로이, 알베르트 아인슈타인 같은 물리학자들이 분자와 원자가 빛(또는 다른 전자기파)을 어떻게 흡수하고 방출하는지를 알아냈다. 이렇게 해서 새롭게 생겨난 수학적인 물리학을 양자역학이라고 부른다. 원자나 분자가 빛을 흡수하면, 증가된 에너지에 의해 원자의 일부가 앞뒤로 흔들리거나 빙빙 돈다고 말할 수 있다. 그러나 원자와 분자 속의 전자는 에너지를 특별한 방식으로 저장해서 정확한 간격으로 띄엄띄엄한 에너지 준위를 가진다. 원자나 분자는 바닥(최저) 에너지 상태 또는 다른 더 높은 (양자적으로 정의되는) 준위로 존재할 수 있지만, 이 준위들의 중간 상태에 있을 수는 없다. 이는 특정한 파장의 빛만을 흡수하고 다른 빛은 흡수하지 않는다는 뜻인데, 왜냐하면 빛의 파장에 따라 개별 광자의 에너지가 결정되기 때문이다. (어떤 물질은 특정한 분자에 속박되지 않은 자유전자들을 가지고 있기 때문에 연속적인 파장을 흡수하고 방출하지

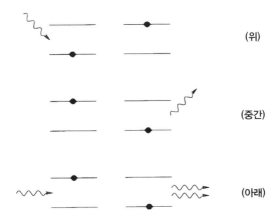

(위)

(중간)

(아래)

그림 1 레이저의 기본인 광자의 자극 방출(아래)을 보통의 흡수(위) 및 방출(중간)과 비교해보자. '바닥'상태의 원자(왼쪽 위 굵은 점)가 광자(구불구불한 화살표)를 흡수해 들뜬상태가 된다. 다시 말해 원자가 높은 에너지 상태로 된다(오른쪽 위). 그다음에 들뜬 원자(중간 왼쪽)가 광자를 방출하면서 에너지를 자발적으로 내놓고 바닥상태로 돌아간다(중간 오른쪽). 한편으로 들뜬 원자(아래 왼쪽)가 지나가는 광자에 의해 자극되어 광자를 방출할 수 있다. 이렇게 해서 자극하는 광자와 함께 같은 파장의 광자가 하나 더 생겨나며(아래 오른쪽), 원자는 바닥상태로 되돌아간다.

만, 여기에서 다룰 필요는 없다.) 〈그림 1〉(위)은 원자(굵은 점으로 표시된다)에 흡수되는 광자(구불구불한 선으로 표시된다)를 보여준다. 원자 또는 분자가 높은 에너지 준위에서 낮은 에너지 준위로 떨어질 때, 그것들이 흡수할 수 있는 딱 그만큼의 파장을 가진 광자를 방출한다. 이것은 대개 자발적으로 일어나고 형광등이나 네온등처럼 보통의 상황에서 분자나 원자가 반짝일 때 방출하는 빛이다. 〈그림 1〉(중간)은 광자의 자발적인 방출을 보여준다.

레이저의 원리를 기본적인 열역학의 언어로 명료하게 밝힌 사람은 알베르트 아인슈타인이다. 아인슈타인은 원자가 광자를 흡수하여 더 높은 에너지 상태로 올라갈 수 있으면, 원자가 빛을 내면서 낮은 준위로 떨어지도록 강제하는 것도 가능함을 알아냈다. 광자 하나가 원자를 자극하면 광자 두 개가 나온다. 이때 방출되는 광자는 원자를 자극한 광자와 정확히 같은 방향으로 방출되어서, 두 파동의 보조가 완전히 일치한다('위상'이 같다고 말한다). 이것을 자극 방출 또는 유도 방출이라고 부르며, 이렇게 해서 결맞는 증폭이 일어난다. 다시 말해 파동이 정확하게 같은 진동수와 위상으로 증폭된다. 이것이 〈그림 1〉(아래)에 설명되어 있다.

흡수와 자극 방출이 한꺼번에 일어날 수 있다. 빛이 들어오면서 낮은 에너지 상태의 원자를 높은 에너지 상태로 들뜨게 하고, 동시에 높은 상태의 원자를 낮은 상태로 떨어지게 한다. 낮은 상태에 있는 원자보다 높은 상태의 원자가 더 많으면 흡수되는 것보다 더 많은 빛이 방출된다. 즉, 빛이 더 강해진다. 빛이 들어갈 때보다 더 밝아지는 것이다.

빛이 물질에 흡수되는 이유는 자연 상태의 물질에서는, 거의 언제나 그렇듯이, 에너지가 낮은 상태에 있는 원자가 높은 상태의 원자보다 훨씬 더 많기 때문이다. 따라서 방출되는 광자보다 흡수되는 광자가 더 많다. 그렇기 때문에 유리에 빛을 쬐면서 반대편에서 보면 입사한 것보다 더 밝아지

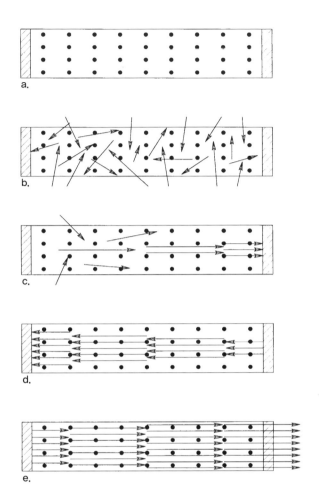

그림 2 광학적 성질의 결정을 사용하는 레이저는 자극 방출에 의해 광파를 증폭하면서, 광자들을 연쇄적으로 만들어낸다. 연쇄적인 방출이 시작되기 전에(a), 레이저 결정의 원자들이 바닥상태(검은 점)에 있다. 대부분의 원자들이 빛(b의 검은 화살표)을 흡수하여 들뜬상태(검은 점)로 된다. 몇몇 광자들은 결정 밖으로 빠져나가지만, 들뜬 원자 하나가 자발적으로 광자(결정의 축과 평행한 화살표)를 내뿜으면서 연쇄적인 방출이 시작된다(c). 이 광자가 다른 원자를 자극하여 광자를 방출한다. 이 과정이 계속되어(d와 e에서) 광자들이 결정의 양쪽 끝에서 반사되어 이리저리 오간다. 오른쪽 끝에서는 부분적으로만 반사되고, 증폭이 충분히 이루어지고 나면 반사면을 통과해서 강력한 빔이 나온다.

지 않는다. 그러나 레이저에서는 더 밝은 빛이 나온다.

레이저를 만드는 비결은 물질 속의 분자 또는 원자의 에너지를 아주 비정상적인 조건으로, 즉 들뜬상태가 바닥상태(또는 더 낮은 상태)보다 더 많도록 만드는 것이다. 이러한 독특한 물질 속에서 적절한 진동수를 가진 전자기 파동이 지나가면 에너지를 잃는 게 아니라 얻게 된다. 광자의 증가가 바로 증폭이며, 다시 말해 자극 방출에 의한 빛의 증폭이다. 파동이 물질을 한 번 통과할 때 일어나는 증폭이 그리 크지 않으면, 더 크게 증폭할 수 있다. 예를 들어 두 거울 사이에서 빛을 반사시켜 왔다 갔다 하면서 그 사이에 있는 들뜬 분자들(또는 원자들)을 계속 통과하게 하면 파동이 축적될 수 있다. 두 평행 거울 중에서 하나를 부분적으로 투명하게 만들기만 하면, 레이저 빔을 장치 밖으로 내보낼 수 있다. 이렇게 하면 내부에서 반사되는 빔이 충분히 강해져서, 큰 출력의 빛이 장치의 한쪽 끝으로 빠져나온다. 이 과정이 〈그림 2〉에 설명되어 있다. 여기에서 원자들이 레이저 바깥에서 온 섬광에 의해 더 높은 에너지 준위로 들뜨는 것을 보여준다. 레이저의 투명한 옆벽으로 들어온 빛이 원자에 에너지를 주어서 자극 방출을 할 수 있도록 만든다. 장치의 한쪽 끝에 있는 반(半)투명 거울을 통해 결맞는 빔이 방출된다. 이 시점에서 복사의 자극 방출에 의한 빛 증폭, 즉 레이저 빛이 만들어진다.

이 책에서는 물리 법칙을 이렇게 다루는 방법이 발견된 과정, 시작 단계에서의 수많은 시행착오, 실현 과정에서의 막다른 골목에 대해 이야기한다. 또한 과학자로서 나의 모험과, 예측할 수 없었지만 어쩌면 자연스럽게 메이저와 레이저로 연결된 길에 대해 이야기할 것이다. 이것은 여러 중요한 기여자들이 협력하기도 하고 경쟁하기도 하면서 이 분야가 빠르게 성장하는 놀라운 이야기이며, 이것을 과학사회학이라고 불러도 좋을 것이다.

이 놀라운 모험을 완전하게 보여주기 위해, 나의 어린 시절부터 이야기를 시작하겠다.

2

물리학, 퍼먼 대학교, 분자, 그리고 나

나의 어린 시절 기억은 주로 아버지가 구입한 시골 농장을 무대로 펼쳐진다. 나의 아버지 헨리 키스 타운스는 사우스캐롤라이나 북서쪽 구석에 있는 블루리지산맥 근처 그린빌 변두리에 8만 제곱미터 넓이의 농장을 소유하고 있었다. 아버지의 집안은 대대로 이 지역에서 목화와 옥수수를 비롯한 곡물과 사과, 복숭아, 고구마 등을 재배했다. 아버지의 직업은 변호사였다. 그러나 우리 가족은 이 지역의 많은 사람들과 마찬가지로 남부 농장주의 전통을 따라 소출이 나는 토지를 조금 소유했고, 직접 농사를 짓거나 소작농에게 임대했다. 우리는 가족이 쓰기 위해 암소 한두 마리를 길렀다. 아버지는 자녀들이 건강과 인격을 향상시키기 위해 정원에서 일하거나 목화를 따는 모습을 좋아하셨다. 그린빌은 정서와 리듬이 조화롭게 자리 잡은 곳이었다. 남부의 다른 지역들과 마찬가지로 그린빌은 번화하지는 않았지만 안정감이 있는 곳이었다. 두 누나와 형, 나중에 태어난 두 동생으로 이루어진 우리 가족은 어느 정도 자급자족이 가능했다. 우리 집에는 너른 정원이 있었는데, 과일 나무와 딸기를 심었고, 우리가 직접 우유를 짜는 소를 비롯해 닭, 오리, 기니새가 있었다. 개울과 들판에서 마음껏 뛰어놀 수 있었으며 아버지가 만든 테니스장도 있었다.

이런 환경에서 살면 자연에 관심을 가지고, 기계를 다루고, 손에 닿는 물건들을 이용해서 기발한 방식으로 실용적인 문제를 해결하고, 고장 난 것들을 고치는 방법을 찾으려고 노력하게 된다. 농장과 작은 마을은 실험 물리학의 좋은 훈련장이다. 과학자가 되어야겠다고 결심한 기억은 나지 않지만, 어릴 때부터 나는 과학자가 되거나 과학 교사가 될 것이라고 생각했다.

나는 자연에서 처음 얻었던 영감과 함께, 과학은 대략 우주를 연구하는 학문이라고 생각했다. 나의 친구는 주로 형 헨리와 사촌들, 그리고 집 주변의 도마뱀, 새, 바위, 곤충 등이었다. 형은 천성적으로 생물학을 좋아해서 푹 빠져 있었고, 나도 형의 열정에 많은 영향을 받았다. 우리는 집 밖의 창살에서 뱀을 키웠고, 애벌레 먹이인 나뭇잎을 침실에 숨겨두었다. 부모님도 결국 이런 일에 익숙해졌다. 우리는 애벌레가 허물을 벗고 번데기와 나비로 바뀌는 과정을 관찰하고 싶었지만, 이 녀석들은 보금자리를 탈출해서 온 집 안을 기어다니기 일쑤였다. 집 밖에는 물고기, 올챙이, 거북이를 기르는 큰 수족관이 있었다. 어린 시절 나를 둘러싼 환경은 책임감을 가져야 하는 세계였지만, 모험과 상상이 있는 세계이기도 했다. 우리 집의 서가에서 내가 제일 좋아하는 책 중에는 자립심을 갖고 지혜로 헤쳐나가는 삶을 다룬 책들도 있었다. 이 책들 중에서 요한 비스의 『스위스의 로빈슨 가족』은 난파한 가족이 섬에서 새로운 삶을 살아가는 법을 배워가는 이야기였고, 어니스트 톰프슨 시턴의 『두 작은 야만인』은 두 아이가 노인에게 스스로 생존하는 법을 배우는 이야기였다.

우리의 놀이는 대부분이 실용적인 물건을 만들거나 탐구하는 것이었다. 나는 또한 사물이 어떻게 돌아가는지 알아내기를 좋아했다. 최근에 내가 열 살 때 누나 메리에게 쓴 편지를 우연히 발견했다. 12월 중순에 쓴 그 편지에서 누나에게 이렇게 부탁했다. "크리스마스에 무엇을 받고 싶은지 물었는데, 나는 주로 철물들을 원하니까, 철물점에 가서 사는 게 좋겠어. 양철가위, 철과 나뭇조각 몇 개(내가 딱 원하는 크기를 골라야 하니까 내가 직접 사야 해)를 살 돈, 평평한 줄, 유리절단기, 소총 탄환 몇 개, 1~2센트짜리 못 몇 개가 필요해."

형과 나는 이런 일에서 서로 경쟁하고 있었는데, 이 편지는 내가 까마득하게 잊었던 일을 일깨워주었다. 이 편지에서 나는 누나에게 이렇게 썼다. "아빠는 어떤 것이든 특허를 내면 5센트를 주기로 하셨어. 내가 모든 걸 따라한다고 형이 투덜댔기 때문이야." 분명히 나는 형을 따라했던 것 같고, 우리는 치열하게 경쟁했기 때문에 아버지는 어떤 일을 먼저 해낸 사람에게 특허를 인정해주려고 했을 것이다.

나는 가끔 해안에 있는 찰스턴까지 가서 그 지역 박물관의 자연사 전시물을 구경했다. 평평한 해안과 만에서 본 동식물과 내가 살고 있는 피드몬트 지역 동식물의 차이에 매료되었다. 두 지역의 지질학적 차이도 인상적이었다. 집으로 돌아와서, 형과 나는 주위를 돌아다니면서 새와 물고기 등을 언제나 주의 깊게 관찰했다. 그리고 돌을 뒤집어서 밑에 어떤 생명체가 있는지 알아봤는데, 이런 생물들은 돌을 뒤집어 보지 않으면 그냥 지나치게 된다. 우리는 야외뿐만 아니라 실내에서 즐기는 취미도 있었다. 삼촌이 30킬로미터쯤 떨어져 있는 클렘슨 대학교의 공과대학 학장이었다. 1920년대의 어느 날 삼촌이 새 라디오를 샀고, 그때까지 쓰던 낡은 광석 라디오를 우리에게 선물로 주었다. 우리는 이 라디오를 갖고 놀았는데, 미국 최초의 라디오 상업 방송인 피츠버그 KDKA를 들었다. 아버지는 시계 상인에게 임대한 가게에서 가끔 고장 난 시계를 집으로 가지고 오셨다. 우리는 고장 난 시계를 고치기도 했고, 분해해서 부품을 활용하기도 했다.

어느 해 여름 산속에 있는 할머니의 피서지에 갔을 때 잊지 못할 일이 일어났다. 나는 살루다강의 지류에서 그물로 작고 화려한 물고기 한 마리를 잡았다. 피라미의 일종 같아 보였지만, 『표준어류도감』에는 이 물고기와 정확히 일치하는 그림이 없었다. 나는 이 물고기를 포름알데히드에 넣어서 이 물고기의 종이 무엇인지 문의하는 편지와 함께 워싱턴 D.C.에 있는 스미스소니언 연구소로 보냈다. 답장이 왔는데, 이 물고기가 새로운 종이거나 이전에 알려지지 않은 잡종으로, 같은 물고기를 더 많이 잡아서 보내달라는 말도 적혀 있었다. 그러나 그때쯤에 나는 할머니의 피서지에서 돌아와 있었고, 이후로는 다시 거기에서 낚시할 기회가 없었다. 어쩌면 아무도 그런 종류의 물고기를 잡지 못했을 수도 있다. 그러나 내가 새로운 종의 물고기를 잡았을 수도 있고, 당시 스미스소니언 연구소의 과학자들의 관심을 받은 것은 짜릿한 경험이었다!

아버지는 아마추어 자연학자였다. 어쩌면 아버지는 과학자가 될 수도 있었을 것이다. 그러나 아버지가 젊었을 때 과학은 현실적인 진로가 아니어서, 아버지는 법학을 공부했다. 부모님은 교회, 바른 행동, 학교에 대해 엄격했다. 학교에서 우리가 조금이라도 어려운 일을 겪었다면, 부모님은 그 일을 더 익히도록 해서 우리가 더 잘하도록 했다. 두 분이 모두 우리의 숙제를 도와주셨고, 아버지는 언어에 대한 기억력이 좋아서 오래전에 배운 라틴어를 암송하면서 라틴어 수업을 재미있게 해주었다. 우리 집은 소박하지만 널찍했고, 삼나무 지붕의 이층 건물이었다. 아버지가 처음 지은 집은 불에 타 버려서 다시 지었고, 집 안에는 백과사전이 많이 있었다. 아버지는 참고도서를 많이 소장하려고 하셨고, 마크 트웨인과 셰익스피어도 좋아했다. 어머니의 결혼 전 이름은 엘런 섬터 하드였고, 찰스턴 출신의 지식인이었다. 어머니는 지역의 여자대학교에서 개설하는 모든 강좌를 수강했고, 이 수업을 끝낸 다음에는 친구들과 함께 통신강좌를 수강했다.

외가 쪽 조상을 거슬러 올라가면 브래드퍼드 지사[윌리엄 브래드퍼드(1590~1657)는 메이플라워호 식민지 개척자들의 지도자이며, 식민지 플리머스 지사를 역임했다. ― 옮긴이]와 매사추세츠에 도착한 메이플라워호 식민지 개척자들과 이어진다. 친가 쪽 조상은 1700년대 초반에 여러 형제자매들이 버지니아의 영국 식민지에 정착했고, 18세기 후반 아메리카 원주민들을 밀어낼 무렵에 증조부가 사우스캐롤라이나 피드몬트 지역으로 이주했다. 최초의 타운스 가문 자매가 1717년에 크리스토퍼 폰 그라펜리트와 결혼했다. 그는 노스캐롤라이나에 이상주의 공동체 도시를 건설했고, 고향 베른의 이름을 따라서 뉴번(New Bern)이라고 불렀다. 우리 가문은 미국으로 건너온 모든 프로테스탄트 종파들의 혼합체였다. 우리는 침례교인이었지만 루터교, 감리교, 성공회, 회중파 신자로 분류될 수 있었고(당시에 개신교 신자는 가톨릭 신자와 결혼을 할 수 없었다!), 영국, 독일, 스코틀랜드, 웨일스, 프랑스 위그노, 스코틀랜드계 아일랜드의 혈통이 뒤섞여 있었다.

우리는 돈이 많지는 않았지만, 우리 가족은 뿌리와 전통을 자랑스러워했다. 남북전쟁에서 남군의 패배는 20세기 초에도 여전히 반향을 불러일으켰다. 이 나라의 우리가 사는 지역에서 전쟁이 끝난 뒤에 생겨난 여러 가지 영향들 중 하나는 사회적 지위의 원천으로서 부를 외면하는 문화였다. 어쨌든, 가질 수 있는 부 자체가 많지 않았다. 제조업과 사업은 많은 남부 가정들이 칭송하는 직업이 아니었다. 사람들은 가족, 인격, 전통, 교회, 땅, 배움과 같은 가치로 눈을 돌렸다. 어쩌면 돈이 별로 없었기 때문에 사회는 돈이 그리 중요하지 않다는 말로 자존심을 살리려는 듯했다. 그러나 우리는 남부가 한때 더 중요한 지역이었고, 심각한 피해를 입었다는 느낌을 갖고 있었다. 우리에게 역사는 살아 있는 것이었다. 가족에게 전해져 내려오는 소중한 이야기는 할아버지가 당신의 삼촌 무릎에 앉아 독립전쟁 당시 요크타운 전투 후에 콘월리스 장군이 항복했다는 목격담을 들은 것이 있었다.[콘월리스는 독립 전쟁 때 영국군 남부 사령관이었고, 요크타운 전투에서의 항복이 결정적인 계기가 되어 미국이 독립하였다. — 옮긴이] 외가 쪽에는 찰스턴 근처에서 배가 난파되어 가족들이 해안으로 상륙한 이야기와, 남북전쟁 때 가족의 재산을 모두 잃게 된 이야기가 있었다. 가족은 전쟁의 추이를 제대로 내다보지 못했고, 사우스캘리포니아의 컬럼비아에 중요한 물자들을 보관했다. 그러나 셔먼이 지휘한 바다로의 진군 중에 북군이 이 도시를 지나가면서 모든 것이 파괴되고 산산이 흩어졌다.[남북전쟁 때 북군의 셔먼 장군은 컬럼비아를 비롯한 여러 도시를 초토화하면서 진격했는데, 이것을 '바다로의 진군'이라고 부른다. — 옮긴이] 우리는 과거에 살지 않았지만 과거의 힘을 알고 있었고, 거기에서 자신감을 얻었다.

이 모든 일을 생각할 때, 우리가 이러한 가정에서 자라면서 교육을 자연스럽고 자동적인 의무로 여기는 것은 놀랄 일이 아니었다. 나는 꽤 열정적인 학생이었고, 부모님은 내가 공부를 따분해하자 7학년을 월반하도록 해주었다. 내가 다닌 고등학교는 11학년까지만 있었다. 열여섯 살 여름이 지나고, 나는 당연히 우리 도시에 있는 대학교에 입학했다.

퍼먼 대학교는 당시 학생 수가 500명에 불과한 침례교 계열의 학교였다. 그리 대단한 학교는 아니라고 생각할 수도 있지만, 우리는 좋은 학교라고 생각했다. 나는 부모님 곁을 빨리 떠나고 싶지 않았다. 아버지와 형이 퍼먼 대학교를 다녔고, 나도 퍼먼 대학교에 갔다. 두 누나는 근처의 원스럽 여자대학교에 다녔는데, 당시 퍼먼 대학교는 여학생이 입학할 수 없었기 때문이다. 남동생과 여동생은 집을 떠나 스워스모어 대학교에 다녔지만 우리 모두는 퍼먼이 남부의 작은 대학들 중에서 상위권에 들 자격이 있다고 생각했고, 소규모 수업은 개인적으로 집중하기에 좋았다. 우리는 나중에 다른 지방에 있는 대학원에 갈 수 있고, 장학금을 비롯한 도움으로 학비를 충당할 수 있다고 생각했다. 퍼먼 대학교에 다니면서 나는 과외를 하고 대학 박물관에서 일했으며, 가족 농장에서 수확한 사과를 팔아서 용돈을 벌었다.

당시 퍼먼 대학교 교수들은 연구 활동을 활발하게 하지는 않았지만 교수진은 지적 능력이 뛰어났고, 아버지는 훌륭한 고전 교육을 받았다. 퍼먼 대학교는 담쟁이덩굴로 덮인 벽과 조용한 길이 나 있는, 전형적인 대학교 캠퍼스의 모습이었다. 게다가 학교가 집에서 2킬로미터쯤 떨어져 있어서, 나는 집에서 다니면서 돈을 절약할 수 있었다.

퍼먼 대학교는 내가 교수님들을 대부분 잘 알 수 있을 정도로 작았고, 어떤 학과에서든 특별히 뛰어난 강의는 다 들을 수 있을 만큼 학사 운영도 유연했다. 나는 개설된 강좌들 중에서 정말로 좋은 과목들을 거의 다 들었다. 그래서 나는 물리학에서 학사 학위를 받고 현대 언어에서도 학사 학위를 받을 수 있었다. 형 헨리는 생물학에서 수석으로 학사 학위를 받았다. 학사 학위를 하나 더 받은 또 다른 이유는 3년 안에 첫 번째 학위 요건을 충족시킬 수 있었지만, 부모님은 내가 독립하기에는 너무 어리다고 생각해서 4학년까지 다니라고 했기 때문이었다. 물론 나는 다른 곳으로 가서 새롭게 시작할 준비가 되어 있었지만, 집에 1년 더 있는 것도 나쁘지 않다고 생각했다. 전반적으로 나는 퍼먼 대학교의 생활에서 훌륭하고 폭넓은 경험을 한다고 느꼈다.

진로에 대한 계획은 구체적이지 않았다. 형과 공유한 자연사에 대한 취미 덕분에 생물학을 매력적이라고 생각했다. 하지만 형이 나보다 훨씬 잘했기 때문에 나는 어느 정도 무의식적으로 생물학을 배제했다. 사실, 형은 나중에 곤충학자가 되었다. 변호사가 된 동생 조지는 헨리의 전문 분야가 된 맵시벌이라는 기생말벌 채집을 자주 도와주었다. 나도 나중에 직업상 세계의 특이한 지역에 갈 때마다 곤충들을 채집해서 형에게 주었다. 하이킹과 스쿠버다이빙을 하면서 자연의 아름다움을 관찰하는 즐거움과 함께, 자연사는 항상 내가 가장 좋아하는 취미였다.

생물학 다음으로, 처음에는 수학을 가장 선택하고 싶었다. 수학을 가르치는 교수님은 나의 먼 친척이자 훌륭한 선생님인 마셜 얼이었다. 그러나 2학년에 들어가서 처음으로 물리학 수업을 받으면서 모든 것이 분명해졌다. 그 수업을 담당한 교수는 퍼먼 대학교 물리학과 하이든 토이 콕스 교수였다. 물리학은 풍부한 수학적 논리를 가지고 있었고, 수학보다 현실과 더 잘 연결되어 있는 것 같아서 매력적이었다. 기본 법칙 몇 가지만을 가지고 올바른 이론의 전체적인 구조를 구성하고 설명할 수 있다. 생물학은 여전히 말로 설명하는 것이 많았지만, 물리학은 정밀하고 논리적이며 정량적이었다. 나는 물리학을 매우 진지하게 공부했고, 그러다가 어느 날 당황스러운 지점에 도달했다. 나는 교과서에 있는 문제를 열심히 풀었고, 마침내 책의 설명과 잘 맞는 답을 얻는 방법을 찾아냈다. 다음 날 콕스 교수가 나에게 그 문제를 풀었는지 물었고, 나는 문제를 풀었다고 대답했다. "어떻게 했지?" 그가 물었다. 물론 콕스 교수는 책에 오류가 있고, 책에 나와 있는 답이 틀렸다는 것을 알고 있었다.

제2차 세계대전 이전에는 물리학이 그다지 매력적이지 않았다. 대부분의 사람들은 물리학이 무엇인지 전혀 알지 못했다. 친구들이 물리학이 뭐냐고 물었을 때, 나는 물리학이 화학 같기도 하고 전기공학 같기도 한데, 그 중간 어디쯤이라고 설명해야 했다. 석사 학위는 있지만 박사 학위가 없는 콕스 교수는 제자들을 헌신적으로 가르쳤다. 그는 또한 언제 우리를 도와야 하고 언제 우리를 내버려두어야 하는지 잘 알고 있었고, 나는 교과서에서 많은 것을 배웠다.

3학년 물리학 수업은 교과서를 모두 다루지 못했고, 나는 나머지 부분을 여름방학 동안에 스스로 공부하기로 결심했다. 나는 그 여름을 생생하게 기억한다. 블루리지산맥에 있는 할머니의 작은 별장 근처에서 개울이 내려다보이는 이끼로 덮인 바위에 앉아 무릎 위에 특수상대성에 관한 부분을 펼쳐 놓고, 아인슈타인의 논리에 실수가 있다는 놀라운 확신에 도달했다. 나는 점심을 먹으러 갔고, 몇 시간 뒤에 돌아와서 책을 펼쳤다. 그리고 내가 틀렸고 아인슈타인이 옳다는 것을 알아냈다. 내가 틀리기는 했지만, 그것은 영감이 넘치는 순간이었다. 몇 가지 간단한 방정식을 통해 세계에 대해 심오하고 이상한 결론에 도달할 수 있다는 사실이 나를 사로잡았다. 그 페이지에 나온 아이디어는 속도가 빨라지면 왜 시간은 느려지고 물체의 길이는 짧아지며 질량은 커지는지에 대한 설명이었다. 이런 내용을 마주하는 일은 매우 흥미로웠다.

4학년의 물리학 수업은 주로 G. E. M. 존시의 『현대 물리학』 교과서를 들고 앉아서 모든 문제를 푸는 것이었다. 내가 처음 접한 물리 교육의 대부분은 이런 방식으로 교실 밖에서 이루어졌다. 전자기 이론을 처음 본 것은 퍼먼 도서관에 있는 브리태니커 백과사전에 수록된 유명한 물리학자 제임스 클러크 맥스웰의 글을 통해서였다. 시립도서관에는 벨 전화 연구소가 출판해서 공립도서관에 무료로 배포하는 파란색 표지의 기술 저널이 있었는데, 이 문헌들도 도움이 되었다. 나는 그중에서 벨 전화 연구소의 칼 대로라는 사람이 쓴 그 당시 가장 뜨거운 분야인 핵물리학을 전반적으로 소개하는 몇 가지 흥미로운 기사를 잘 기억하고 있다. (몇 년 후에 나는 벨 연구소에서 그를 알게 되고, 그가 미국 물리학회의 간사로 있을 때 내가 물리학회 회장이 되어 그와 좋은 친구가 될 것임을 그때는 전혀 알지 못했다.)[칼 대로는 시카고 대학교의 로버트 밀리컨 밑에서 박사 학위를 받았고, 오랫동안 미국 물리학회 간사로 재직했다. 찰스 타운스는 대로가 은퇴하기 직전인 1967년에 물리학회 장을 맡았다. ― 옮긴이] 나는 또한 1932년에 우주에서 오는 전파를 발견한 카를 잰스키의 매혹적인 짧은 설명을 우연히 읽었고, 곧바로 흥미를 느꼈다. 이것이 전파천문학에 대한 나의 첫 경험이었다. 이것은 내 경력에 상당한 역할을 했는데, 메이저와 레이저 물리학과 중요한 관련이 있다. 여기서 내가 눈여겨본 것은, 흥미로운 전파가 관찰되었는데 그 전파의 발생 원인을 아무도 모른다는 사실이었다. 물리학에서 그때까지 내가 접한 다른 모든 것들은 이론이 있거나 최소한 그것을 설명하는 가설이라도 있었다.

나는 대학 시절에 물리학과 언어만 배우지는 않았다. 물리학 전공의 필수과목은 네 개뿐이었고, 그중 상당 부분은 교과서 공부였다. 나는 또 대학 박물관을 새롭게 꾸미고, 생물학 수집품을 다시 정리하고, 수영 팀에서 400미터를 수영하고, 미식축구 응원단에서 트럼펫을 연주했다. 한번은 로즈 장학금을 신청해야겠다고 생각했다. 아버지는 동의했지만 합격하지 못해도 실망하지 말라고 말씀하셨다. 결국 그 장학금은 받지 못했다.

나는 1935년 퍼먼 대학교 물리학과 졸업생의 두 명 중 한 명이었는데, 평소 물리학과 졸업생은 대개 1년에 한 명이었다. 나는 펠로십을 받을 수 있고 나중에 박사 학위까지 받을 수 있는 곳을 찾기 시작했다. 한 가지 가능성은 노스캐롤라이나 대학교였다. 사촌인 얼 플라일러가 이곳 물리학과 교수였다. 나는 아버지에게 이렇게 말했다. "사촌이 있으니 기회가 있을 것 같아요." 하지만 아버지는 이렇게 대답했다. "아니, 아니야. 그는 사촌이기 때문에 도리어 특별 대우로 비치지 않기 위해 그 반대로 할 거야." 아버지가 옳았을지도 모른다. 어쨌든 나는 그곳을 비롯해 지원한 몇몇 유명한 대학들 어느 곳에서도 장학금을 받지 못했다. 하지만 듀크 대학교에서 조교직을 제안했다. 그래서 1935년 가을에 그곳으로 갔고, 바로 최근에 부임한 우드브리지 콘스턴트 교수 밑에서 연구하기로 결정했다. 듀크 대학교는 당시 미국 물리학계에서 최고는 아니었지만 분광학과 우주선 물리학 분야에서 좋은 연구를 하고 있어서, 나는 처음으로 진정한 물리학 연구를 맛볼 수 있었다. 영국 케임브리지 대학교 캐번디시 연구소에 1년 동안 있었던 콘스턴트 교수는 폴 디랙과 어니스트 러더퍼드 같은 유명 인사들의 이야기를 많이 알고 있었다.

콘스턴트는 듀크 대학교에서 소형 밴더그래프 가속기 두 대를 구입했는데, 이 장치는 정전기를 이용해서 양성자 빔에 에너지를 공급하는 초기의 가속기였다. 듀크 대학교는 그가 이 장치를 사용해서 핵물리학 연구를 시작하기를 기대했다. 대형 밴더그래프 가속기는 수백만 전자볼트까지의 빔을 얻을 수 있어서 현대의 장비들이 낼 수 있는 에너지보다 훨씬 낮았다. 콘스턴트의 장비는 이것보다 더 낮은 50만 전자볼트만을 얻을 수 있었지만, 당시 이 정도는 높은 에너지였다.

콘스턴트 교수는 기계를 만지면서 손이 더러워지는 것을 별로 좋아하지 않는 것 같았다. 어쨌든 그는 밴더그래프 가속기 운용에 서툴렀다. 그래서 이것이 내가 한 일이었다. 아직 완전히 인지되지 않고 자세하게 알려지지 않은 사실의 물리학 이론을 밝혀내고 정리한 것이다. 농장에서 도구와 기계를 사용하고 수리했던 경험이 도움이 되었을 것이다. 이 일은 나와 비슷한 이력이 있는 몇몇 다른 물리학자들에게 나를 직접적으로나 간접적으로 소개하는 기회가 되기도 했다. 나는 밴더그래프 가속기 사용법을 더 정확하게 익히기 위해 워싱턴 D.C.에 있는 카네기 연구소의 멀 튜브를 방문했다. 사우스다코타의 시골에서 자란 멀 튜브는 훌륭한 밴더그래프 핵물리학 프로그램을 운용하고 있었다. 그의 바로 이웃집에는 또 다른 위대한 실험물리학자 어니스트 로런스가 살았다. 나와 마찬가지로 이 두 사람은 분명히 사물이 어떻게 돌아가는지에 대해 뛰어난 감각을 가지고 있었고, 뭔가가 고장이 나면 어떻게 고쳐야 할지에 대해 대단한 흥미를 보이고 있었다. 이런 일을 잘 해내는 영리한 사고는 물리학뿐만 아니라 생활의 실용적인 면에서도 중요한 부분이다. 물론 물리학에는 여러 취향이 있다. 그러나 나는 이론과 실험적 관심의 좋은 조합이 물리학에 대한 가장 강력한 접근법이라고 생각한다.

나는 1936년 봄에 밴더그래프 연구를 마쳤고, 이것으로 석사 학위를 받을 수 있는 자격을 갖추었다. 콘스턴트 교수는 나에게 다음과 같이 말했는데, 지금 돌이켜 생각해도 그의 말은 분명 크게 잘못되었다. "음, 자네는 이제 학위 논문을 끝냈어. 하지만 사실 우리 학교에서 1년 만에 석사를 끝낸 사람은 아무도 없네. 그게 무조건 좋아 보이지는 않아. 내 생각에는 더 기다리는 게 좋을 것 같아." 아마도 그는 자신감이 부족했을 것이다. 하지만 나는 그렇지 않았다. 그래서 나는 지금 끝내고 학교를 떠난 다음에 학위증을 나중에 우편으로 받을 수 있는지 물어보았다. 이런 이유로 내가 학위를 받은 날짜는 1년 뒤인 1937년으로 되어 있다. 나는 전반적으로 듀크 대학교에서의 경험이 좋았다. 여기서 물리학, 수학, 화학을 배웠다. 러시아어도 조금 배웠는데, 불가리아에서 선교사의 아들로 자라 그곳에서 러시아어를 배운 룸메이트인 사이 블랙에게서 배운 것이다. 그는 나중에 프린스턴 대학교 러시아사 교수가 되었고, 내 결혼식의 들러리가 되어 주었다.

칼텍 — 낮은 점부터 높은 점까지

내가 듀크 대학교를 그렇게 빨리 떠난 한 가지 분명한 이유는 물리학과의 전일제 펠로십에 지원했지만 선택받지 못했기 때문이다. 그 자리는 내가 아니라 캘리포니아 공과대학교, 즉 칼텍에서 온 대학원생에게 돌아갔다. 이것은 나름대로 합당한 일이었다. 칼텍은 물리학으로 유명했지만 퍼먼 대학교는 그렇지 않았기 때문이다. 나는 2년 동안 매사추세츠 공과대학(MIT), 코넬, 시카고, 프린스턴 대학교에 지원했지만 이들 학교는 모두 재정 지원을 거절했다. 그 이유도 퍼먼 대학교와 듀크 대학교가 그 시절에는 물리학 분야에서 잘 알려져 있지 않기 때문일 것이다. 결국 나는 펠로십이나 조교직은 잊어버리고 내가 있을 만한 최적의 장소를 찾아서 거기서부터 시작하기로 결심했다. 나는 500달러를 모았고, 이 돈으로 칼텍을 목표로 정했다.

어떤 의미에서 나는 실패했다. 내가 처음에 지원한 대학원에서 재정 지원을 받지 못했고, 그래서 칼텍으로 방향을 돌렸다. 이것은 내가 언제나 고마워할 만한 실패였고, 운이 좋은 실패였다. 이 일로 말미암아 내가 정말로 원한 것을 바로 추구할 수 있었기 때문이다.

내 마음속에서 칼텍은 물리학 세계의 최고였다. 무엇보다 내가 받고 싶었던 듀크 대학교의 펠로십을 받은 사람이 칼텍 출신이었다(그러나 그는 결국 박사 학위를 마치지 못했다). 더 중요한 점은 로버트 밀리컨이 칼텍에 있었다는 사실이다. 전자의 전하를 측정한 업적으로 노벨상을 받은 밀리컨은 대중에게도 잘 알려져 있었고, 미국에서 가장 유명한 물리학자라고 해도 지나친 말이 아니었다. 그뿐만 아니라 J. 로버트 오펜하이머는 칼텍과 버클리를 오가고 있었고, 제자들도 그를 따라다니면서 두 학교에서 각각 6개월씩 지내고 있었다. 아인슈타인도 이 학교에서 얼마간 머물렀다. 교수진에는 리처드 체이스 톨먼과 프리츠 츠비키, 1936년 양전자 발견으로 노벨상을 받은 칼 앤더슨, 나중에 노벨상을 두 번 수상하게 되는 라이너스 폴링이 있었다. 캘리포니아는 야자수와 건조한 여름, 태평양, 높은 산, 식물 등이 미국 동부와 크게 달라서 매우 이국적으로 보였다.

패서디나까지 가는 길은 긴 버스 여행이었고, 공원과 버스에서 잠을 잤다. 나는 앨라배마에서 친척 아주머니 한 분을 방문했고, 텍사스를 관광했고, 뉴멕시코에서 칼즈배드 동굴을 구경했다. 그리고 사막의 뜨거운 더위와 갈증을 겪으면서 그랜드캐니언의 밑바닥까지 내려갔다 올라왔다. 그때 나는 초콜릿바 두 개만 가져갔고, 초보의 무지함으로 물을 준비하지 않았다. 그때는 여름이어서 나는 협곡의 꼭대기로 돌아오며 선인장의 과육을 빨아먹고 있었다.

칼텍의 게시판에는 숙소 광고가 붙어 있었다. 나는 두 사람이 잘 수 있는 베란다가 있는 집을 구했는데, 월세는 한 사람당 6달러였다. 돈이 넉넉한 사람들은 안쪽에 있는 방을 얻었지만, 나는 베란다도 좋았다. 내 물건은 모두 작은 트렁크에 들어갔다. 이 베란다를 함께 쓴 친구는 또 다른 물리학과 학생인 하울랜드 베일리였는데, 그와 좋은 친구가 되었다.

이때쯤 나는 물리학을 할 수 있다는 확신을 얻었지만, 약간의 보충은 분명히 필요했다. 첫 번째 필수과목 중 하나는 전자기학이었고, 이 과목을 가르치는 교수는 W. R. 스마이스였다. 스마이스 교수와 전자기학은 둘 다 힘들었다. 한번은 교과서 세 페이지를 제대로 이해하려고 11시간 동안 씨름했던 기억이 난다. 내가 충분히 준비되지 않았음을 알게 되었다. 하지만 나는 공부하면서 스스로 해낼 수 있다는 사실을 알게 되었다. 결국 나는 레버렛 데이비스를 제외하고는 아무도 풀 수 없는 문제들을 풀었고, 그는 나와 좋은 친구가 되었다. 데이비스는 나중에 칼텍의 이론물리학 교수가 되었다. 스마이스는 나를 연구생으로 받아주었다. 그는 새로운 교과서를 만들고 있었다. 나는 그의 학생으로서 그가 쓴 책에 나오는 문제들을 모두 풀고, 답이 맞는지 확인하는 일을 맡았다. 결국 나는 모든 문제를 풀면서 그해에 전기와 자기에 대해 많은 것을 배웠다. 이 경험은 내가 나중에 레이더와 마이크로파 물리학을 연구할 때 큰 도움이 되었다.

당시에 좋은 물리학과 대학원에 입학하기는 오늘날만큼 어렵지 않았기 때문에, 물리학과 학생들은 정말로 각양각색이었다. 진짜 문제는 비용이었다. (나는 칼텍에서 한 학기를 마친 뒤부터 조교가 되었고, 남은 대학원 공부를 위한 비용 문제를 완전히 해결했다.)

대부분의 학생들이 함께 지내기에 흥미로웠다. 그들은 좋은 이야기를 했고, 삶에 대해 흥미롭고 다양한 태도를 가졌지만, 몇몇은 그리 좋은 물리학자는 아니었다. 교수진은 매우 훌륭했고, 학생들 중의 몇몇도 그러했다. 윌리 파울러는 박사 학위를 마치고 나서 막 교수로 부임했는데, 그는 분명히 매우 똑똑했다. 나는 젊은 교수 중에 라이너스 폴링을 좋아했다. 그는 분명히 매우 재미있고 창의적이었다. 오펜하이머(우리에게 '오피'로 알려져 있었다)는 인상적이었고 그와 함께 버클리를 오가던 레너드 시프, 윌리스 램, 필립 모리슨, 로버트 F. 크리스티와 같은 학생들도 인상적이었다. 오펜하이머와 함께 중성자별 이론을 연구한 조지 볼코프는 특별히 좋은 친구들이었다. 우리는 하이킹과 여행을 하면서 함께 빈둥거리며 시간을 보냈다.

오피는 틀린 것을 대충 넘어가지 않았고, 누군가가 어리석다고 느끼면 매우 잔인하게 대하기도 했다. 그의 학생들은 그를 흠모했다. 그가 가지고 있는 놀랄 만큼 날카로운 지성에 비하면 그는 물리학의 새로운 아이디어에 기대만큼 큰 기여를 하지 못했다고 해야 할 것이다. 어쩌면 그에게는 새로운 아이디어가 너무 쉽게 떠올라서 충분히 오래 한 가지 문제에 매달릴 수 없었기 때문일 수 있다. 그러나 그의 강의는 항상 최신 주제를 다루었다. 그는 아마 당시 미국의 어떤 사람보다 양자역학을 잘 알았고, 깜짝 놀랄 정도로 빠르게 말했다. 천체물리학자 프리츠 츠비키도 매우 흥미로운 인물이었는데, 오펜하이머와는 매우 달랐다. 오피는 어떤 일은 잘 잊어버렸지만(그가 연구하느라 데이트 약속을 까맣게 잊어버려서 젊은 아가씨가 하염없이 기다렸다는 이야기가 아주 많았다) 학생들에게는 매우 헌신적이었다. 스위스에서 태어나 산에서 스키를 타고 스노슈잉(snowshoeing)을 즐겼던 츠비키는 우선순위가 달랐다. 그는 우리에게 "흠, 책을 좀 읽고 문제를 좀 풀어봐" 하고는 산으로 떠나버렸고 수업에는 전혀 신경 쓰지 않았다. 하지만 나는 그에게서 일반적인 사고, 즉 매우 광범위한 원칙을 사용하여 문제에 접근하는 방법에 대해 많은 것을 배웠다. 이러한 방법들 중 하나는 상세한 이론과 씨름하기보다는 정성적 추론과 문제에 관련된 단위와 양에 집중하는 차원 분석을 사용하는 것이다. 이런 방법은 때때로 기본적인 대답으로 가는 지름길이다.

칼텍은 학생 수도 많지 않고 캠퍼스도 크지 않았으며 격식에 얽매이지 않아 학문들 사이에 흥미롭고 건강한 교류도 활발했다. 예를 들어 이미 화학과 학과장이 된 라이너스 폴링은 내가 듣고 있던 리처드 톨먼의 통계역학 강좌를 청강했다. 그는 톨먼에게 이렇게 말했다. "제가 교수님의 강의를 무슨 강의든 들은 지가 꽤 오래되었기 때문에 통계역학을 따라잡고 싶습니다." 물리학과 친구인 한 학생은 칼텍의 항공공학과 학과장이었던 유명한 시어도어 폰 카르만의 지도 아래 로켓을 주제로 물리학과 학위 논문 연구를 하고 있었다.

그 시절 정부는 물리학 연구 지원에 매우 인색했으며, 리서치 코퍼레이션과 같은 민간단체나 개인이 연구비를 대고 있었다. 예를 들어 칼텍의 핵물리학 연구비 중의 일부는 지역의 머드 가문에서 내고 있었다. 게다가 물리학자도 그리 많지 않았다. 그러나 이런 사정은 아무런 문제가 아닌 것 같다. 역사를 보면 이때가 사실상 과학적으로 매우 풍요한 시절이었다. 양자역학은 계속 정교해졌고, 원자물리학과 핵물리학은 빠르게 발전하고 있었다. 물리학은 새로운 아이디어가 등장하고 기억할 만한 많은 인물들에 의해 활기를 띠면서 빠르게 나아가고 있었다. 아무도 더 많은 학생들이 물리학에 입문하도록 장려하는 정책에 대해 걱정하지 않았다. 우리는 얼마나 많은 학생들이 물리학을 전공하고 싶어 하는지는 큰 상관이 없다고 생각했다. 좋은 학생들만이 변화를 만들고 정말로 무언가를 해낼 것이다. 물리학을 정말로 좋아하고 물리학을 하고 싶어 하는 사람은 공공정책에 상관없이 물리학자가 될 것이다. 오늘날에는 이런 태도가 과연 적절한지 모르겠지만, 그때는 시대에 맞는 것 같았다.

나는 이런 태도를 전혀 의심하지 않았다. 과거에 나는 물리학을 포기하라는 의사의 권고를 받은 적이 있지만, 그것은 생각조차 할 수 없는 일이었다. 나의 눈이 자꾸 말썽을 부려 전문가와 상담했다. 그는 내가 책을 너무 많이 읽어서 그러니 다른 진로를 알아보라고 했다. 나는 타협책으로 실험물리학을 전공하기로 결정했다. 측정 기구와 장비를 다루면 이론 연구보다 눈에 부담이 덜할 것이라고 생각했던 것이다. 이 결정이 눈에 도움이 되었는지는 모르겠지만, 아직까지 내 눈에는 아무런 문제가 없다.

그 시절 칼텍에는 여성이 없어서 (내가 입학하기 몇 년 전에 한 여학생이 착오로 입학한 적은 있었다) 수도원 같기도 했지만, 그래도 아주 좋은 곳이었다. 나는 패서디나 바흐 협회라는 합창단에 가입했는데, 그 모임에는 몇 명의 여성들이 있었다. 나는 그 도시가 좋았다. 그 시절에는 스모그도 없었고, 지역 주민들은 칼텍 학생들에게 매우 우호적이었다.

나는 여행도 자주 다녔다. 주로 숙소를 함께 쓰던 하울랜드 베일리와 내가 37달러 50센트에 구입한 낡은 닷지를 타고 다녔다. 나는 아름다운 버클리를 여러 번 방문했고, 그곳에서 분광학자인 프랜시스 A. 젠킨스를 만났다. (10년쯤 뒤에 칼텍의 학장이 된 그는 나에게 교수직을 제안했지만 당시 나는 이 제안을 수락하지 않고 1967년에 이 학교의 교수로 부임했다.) 나는 하울랜드 베일리와 함께 미국물리학회 회의에 참석하기 위해 스탠퍼드를 방문하기도 했다. 우리는 스탠퍼드 가족과 함께 잠을 잤다. 다시 말해, 캠퍼스 안에 있는 스탠퍼드 공동묘지에서 침낭 안으로 들어가 잠을 잤다. 캠퍼스 경찰이 이른 아침에 우리를 깨워서 여기에서 잠을 자면 안 된다고 말했지만 쫓아내지는 않았다. 베이 에어리어 캠퍼스와 칼텍은 서로 방문하는 일이 꽤 잦았다. 나중에 노벨상을 받은 루이스 앨버레즈는 당시 버클리 대학교의 박사후 연구원으로 내가 무엇을 하고 있는지 보러 왔다. 그는 원자핵 연구를 위한 동위원소 분리에 관심이 있었고, 동위원소 분리는 내 논문 연구의 중요한 부분이었다.

물론 우리는 모두 당시의 세계 정세에 대해 잘 알고 있었다. 유럽에서는 전쟁이 다가오고 있고 우리도 징집될지 모른다는 느낌이 있었다. 몇몇 학생들은 캠퍼스를 돌아다니며 그들의 표현에 따라 "평화의 행진"을 벌이며, 그들이 보기에 전쟁광들과 전쟁으로 돈을 벌려는 사기업들에 항의하고 있었다. 과학과 공학에 몰두하는 칼텍에서 이런 일이 일어났다는 것은, 미국에서 전쟁이 실제로 일어날 수 있다는 생각이 얼마나 강했는지를 말해준다. 그러나 칼텍에는 유럽에서 무슨 일이 일어나고 있는지 직접 본 사람들도 있었다. 우리 모두는 난민들, 특히 나치를 피해 미국의 대학으로 온 유대인 물리학자들과 다른 과학자들을 알고 있었다.

나의 연구실 겸 사무실은 물리학과 건물 지하에 있었다. 벽토를 바른 크고 튼튼한 이 건물은 밀리컨이 시카고에서 온 후에 지어졌고, 칼텍에 지어진 주요 사각형 건물의 일부였다. 스마이스의 사무실이 옆에 있었고, 기계 공작실과 가까운 이 방은 내가 도착했을 때 수은을 채운 유리 진공 펌프 30개쯤으로 구성된 정교한 장치가 이미 설치되어 있었다.

나의 학위 논문은 산소·질소·탄소의 안정적인 동위원소를 분리하고, 그중에서 희귀한 동위원소의 핵스핀을 결정하는 것이었다. 나의 실험실 겸 사무실의 복잡한 장치는 원래 딘 울드리지가 설치한 것이었다. 스마이스의 학생이었고 내가 도착하기 직전에 떠난 울드리지는 이 장치를 사용해서 몇 가지 동위원소를 분리했지만 핵스핀을 측정하지는 않았다. 듀크 대학교에서 밴더그래프 가속기를 운용했던 것처럼 나는 장치를 다시 작동시키고, 몇 가지를 변경해서 결국 원하는 물리학적 성과를 이루었다. 당시로서는 장치의 구조가 상당히 복잡했다. 유리관이 아주 많았고, 약 30개의 가스 불꽃으로 수은을 끓이고, 같은 수의 펌프가 있어서 다공성 관을 통해 기체를 확산시켰다. 가벼운 동위원소는 무거운 동위원소보다 조금 더 빠르게 관을 통과한다. 이것은 나중에 테네시주 오크리지 국립연구소에서 우라늄 동위원소를 농축할 때 사용한 방법과 같은 전략이었다.

동위원소를 분리하려면 이 장치를 약 3주 동안 밤낮으로 쉬지 않고 고장 없이 계속 끓여야 했다. 그래서 나는 장치의 작동을 감시하느라 자주 밤을 지새웠다. 가끔 유리 펌프에 금이 가거나, 심지어 펌프가 터져 바닥에 수은이 흩어지기도 했다. 나는 쏟아진 수은을 청소하고, 유리를 불어서 깨진 펌프에 붙여 수리하여 다시 작동하도록 했다.

울드리지는 벨 연구소로 갔고, 나중에 톰슨-라모-울드리지(TRW) 코퍼레이션[파이어니어호 등의 우주선을 제작한 첨단 기술 기업이며, 나중에 다른 기업에 합병되었다. ― 옮긴이]의 공동 창립자가 되었다. 나는 이 복잡한 장치에 몰두하느라 그의 소식을 몰랐지만 나중에 몇 년 동안 그와 한 팀이 되어 일했다.

이 장치를 운용한 결과 분광학 측정을 할 수 있는 동위원소 시료를 얻었다. 나는 화학과에서 짧은 분자분광학 강좌를 수강했고, 이를 바탕으로 나만의 분자분광학 연구를 시작했다. 내가 만든 동위원소를 농축해 얻은 산소 시료로 산소-18의 스핀이 0이라는 것을 쉽게 알아냈지만, 이 결과는 이론적으로 이미 예상된 것이었다. 탄소-13이 이 연구의 주요 주제였다. 나는 미국 물리학회 강연에서 몇 가지 결과를 발표했고, 탄소-13의 핵스핀이 1/2이라고 했다. 그러나 이 결과는 내가 처음으로 겪은 과학적 딜레마가 되었다. 내가 칼텍을 떠난 후 스마이스는 자료를 재검토해서 논문을 썼는데, 나를 공저자로 넣으면서 탄소-13의 핵스핀이 3/2이라고 결론을 내렸다. 이는 전에 내가 개요만 발표했을 때 핵스핀이 1/2이라고 했던 것과 달랐다. 우리는 스펙트럼에서 특정한 선의 세기에 대해 의견이 달랐다. 스마이스는 선의 높이에 폭을 곱해서 선의 상대적 세기를 고려했고, 그가 가장 중요하다고 생각한 선들은 다른 어떤 선들보다도 폭이 넓었다. 나는 높이로만 세기를 판단했고, 비정상적으로 폭이 넓은 선이 실제로는 두 개 또는 그 이상의 약한 선의 중첩이라고 생각했다. 그러나 나는 그때 동부에 있었고, 지도교수에게 어떻게 반박해야 할지 몰랐다. 그래서 나는 교수가 자신의 의도대로 논문을 발표하도록 둘 수밖에 없었다. 나중에 그 핵스핀은 1/2이라고 알려져서 지도교수의 발표가 틀린 것이 확인되었다. 그러나 나는 이 일화가 때로는 나의 결론을 고수하기 위해 더 강하게 행동할 필요도 있다는 교훈을 주었다고 생각한다. 그리고 이때 내가 배운 분광학은 레이저를 향한 작은 발걸음이 되었다.

나는 이때 많은 친구들을 사귀었고, 인생에서 우연한 대화와 만남이 전혀 예측할 수 없는 방식으로 내 경력을 형성하는 사건으로 어떻게 이어졌는지 진정으로 이해하기 시작했다.

지금 돌이켜보면 내가 태어나서 자란 가족인 형과 함께 숲과 개울에서 했던 채집 활동, 학생들을 격려하는 뛰어난 교수들 밑에서 했던 공부, 도전적인 젊은 동료들과의 교류와 같은 우연한 일들이 과학자로서의 경력에 얼마나 큰 교훈을 주었는지 알 수 있다. 내가 이렇게 말하는 이유는, 과학자들이 실제로 과학에 어떻게 입문하고 어떻게 연구하는지에 대해 일반 사람들은 잘 알지 못한다고 생각하기 때문이다. 자신의 아이디어를 증명하기 위해 혼자서 분투하는 괴팍한 과학자, 일상의 고민과 격리된 채 내면의 명확한 비전을 추구하는 눈부신 사회적 우상은 인기 있는 드라마를 만들지만, 이는 일반적인 규칙이 아니다. 사실 과학자의 삶은 대부분 인간적인 일들과 마찬가지로 예측하기 어려운 방향으로 가는 우연적인 측면이 있다. 이러한 우여곡절은 다른 무엇보다 우연히 사귀게 되는 친구와 동료들에게서 비롯한다. 그렇다고 해서 성공에서 중요한 것이 관계뿐이라는 뜻은 아니다. 훌륭한 과학자는 능력이 있고 성실해야 하며, 가끔씩은 자신의 판단에만 의지해야 하며, 많은 시간을 문제를 붙들고 씨름해야 한다. 내가 퍼먼 대학교와 칼텍에서 문제와 씨름한 것처럼 말이다. 하지만 아이디어, 영감, 기회는 어떤 특별한 비전에서 오는 것만큼이나 우연히 만나는 사람들로부터 온다. 과학자의 경력을 묘사하거나 새로운 개념 또는 기술의 발전을 설명하려면, 과학에서의 이러한 우연성과 동료들과 서로 영향을 주고받는 면에 많은 수의를 기울여야 한다.

3

벨 연구소와 레이더

— 물리학으로부터 행운의 우회

1939년 나는 박사 학위를 받으면서 가르치고 연구할 수 있는 좋은 대학의 교수가 되는 것은 너무 당연한 일이라고 생각했다.

그러나 불행하게도 그런 일자리는 별로 없었다. 1930년대 대공황을 겪는 동안 연구 중심 대학들은 새로운 물리학자를 거의 채용하지 않았다. 칼텍에서 박사 학위를 받은 많은 사람들은 현장의 자원 탐사를 위해 석유회사에 자리를 잡았다. 이런 직장에서는 연구할 일이 거의 없었지만 적어도 봉급은 받을 수 있었다. 이런 곳에서 하는 일 중에는 유전 탐사의 지진학 연구를 위해 구덩이를 파는 일도 포함되었다. 우리는 박사 학위(Ph. D)가 '기둥 박는 구멍을 파는 사람(Post-hole Digger)'의 약자라고 농담했다. 학술적인 직업을 얻은 사람들도 대부분은 지역 대학을 포함해 연구가 주목적이 아닌 기관의 일자리에 만족해야 했고, 이런 기관들은 칼텍 출신 박사를 환영했다.

뉴욕에 있는 AT&T의 벨 전화 연구소는 3년 전에 나의 전임자인 딘 울드리지가 선택한 직장이있다. 나는 그가 1929년 주식 시장 붕괴 이후 그곳에 고용된 최초의 소규모 물리학자 그룹에 속해 있다고 들었다. 나의 논문 지도교수인 스마이스 교수는 신입사원을 모집하기 위해 칼텍을 방문한 벨 연구소 사람들과 우호적인 대화를 나눴다. 스마이스 교수는 그때 이미 벨 연구소에서 뛰어난 인상을 남긴 울드리지만큼이나 내 실력도 뛰어나다고 그들에게 말했다. 그들은 나에게 지원서 작성을 요청했다. 나는 지원서를 썼지만 마음이 그리 내키지는 않았다.

얼마 뒤에 벨 연구소 사람이 스마이스에게 전화를 해서 이렇게 말했다. "타운스라는 사람은 도대체 왜 그럴까요? 그가 작성한 지원서는 우리가 본 것 중 가장 성의없고 엉망이었어요. 그는 관심이 없는 것 같아요." 스마이스는 나와 짧은 대화를 나눴다. 그는 나에게 벨 연구소에 들어가는 것을 진지하게 고려하라고 말했다. 아마도 부분적으로 스마이스 교수가 나를 변호해 준 덕분에 벨 연구소는 내게 취업을 제안했다.

기업 연구소라고? 나는 어떤 회사를 위해서라도 물건을 만들거나 돈을 벌어주는 일이 마음이 내키지 않았다. 나는 망설였다. 나는 여전히 국립연구위원회 펠로십을 할 수 있는 좋은 기회가 있고, 적어도 프린스턴에서 임시연구직으로도 일할 수 있다고 생각했다. 스마이스와 칼텍의 천체물리학자 아이라 S. (아이크) 보언이 나를 불렀다. 그러고는 이렇게 말했다. "이봐, 이건 좋은 자리야. 일자리는 아주 드물어. 수락하는 게 좋을 걸세." 하지만 나는 학문적인 환경, 무엇보다도 배움을 위한 배움에 헌신하는 환경을 원했다.

기업연구소 가운데 적어도 벨 연구소는 물리학 분야에서 다른 어떤 곳보다 명성이 높았다. 나는 C. J. 데이비슨, 레스터 거머, 허버트 아이브스,

하비 플레처와 같은 뛰어난 물리학자들과 그들이 벨 연구소에서 이룬 엄청난 업적을 알고 있었다. 그래서 나는 조금 불만족스럽기는 하지만 합리적인 타협이라고 생각하면서 그 일자리를 맡았다.

연봉은 3,016달러로 꽤 괜찮은 것 같았다. 다른 회사에서 일을 하거나 미국 서해안 지역의 교수로 부임한 친구들은 약 1,800달러의 연봉을 받았고, 내 봉급 역시 적어도 최근 몇 년 동안 새로 부임한 칼텍의 물리학자들 중에서 가장 높을 것이라는 말도 있었다. 그때는 몰랐지만 나는 엄청난 모험을 시작하고 있었다. 물리학 문제들과 마주치고, 전쟁 기간 중에 집중적인 연구로 나의 기술을 연마하면서 나의 경력을 독특하고 값진 방법으로 형성하게 된 것이다.

수준이 가장 높은 대학의 교수직을 얻지 못한 것은 성공을 불러오는 실패였다. 즉, 이러한 실패는 듀크 대학교에서 펠로십을 얻지 못하고 칼텍에서 풍부하고 보람 있는 경험을 쌓게 된 것과 같은 실패였다. 물론 어떤 실패가 실제로 변장한 성공인지 미리 알 수는 없기 때문에, 매 순간 옳게 보이는 일에 최선을 다해 추구하는 것이다. 일부러 실패하는 것도 잘못일 것이다! 그렇기는 하지만 실패했다고 느낄 때, 결국은 깜짝 놀랄 만큼 잘될 수 있다는 것을 아는 것 또한 가치가 있다.

나는 서두르지 않았으며 당시 연구소가 있던 뉴욕으로 바로 가지 않았다. 벨 연구소는 이삿짐의 철도운송료와 교통비로 100달러를 지급했다. 그 시절 100달러 가치는 교통비로는 아주 큰돈이었고, 특히 버스를 타면 더 많은 돈을 아낄 수 있었다. 이것은 놓칠 수 없는 기회였으며, 다른 지역의 지리와 동식물을 볼 수 있는 좋은 기회였다. 그리고 나는 스페인어를 좀 배우고 싶었다. 멕시코가 가까웠고, 칼텍을 함께 다닌 친구가 멕시코시티에 있었다. 그레이하운드 버스를 타고 투손까지 가서 거기에서 멕시코시티까지 가는 3등 칸 기차표를 거의 공짜로 샀다.

나는 열차에서 만난 독일인 학생에게 아코디언을 샀다. 그 독일인 학생은 열렬한 나치 추종자로 히틀러가 얼마나 중요한 일을 하고 있는지에 대해 우리 모두에게 이야기하느라 꽤 많은 시간을 보냈다. 나는 열차의 3등 칸에 탔다. 3등 칸의 나무 좌석은 편안함과는 거리가 멀었다. 나는 나치의 아코디언을 연주했고, 미국의 들판에서 과일 따는 일을 하고 돌아가는 멕시코 사람들과 함께 노래를 불렀다. 그들은 행복했다. 그러나 식사 시간이 되자 3등 칸 승객은 식당 칸으로 들어갈 수 없다는 사실을 알게 되었다. 멕시코 사람들은 먹을 것이 많았다. 그들은 열차가 역에 설 때마다 창문으로 들어오는 음식을 사서 먹었지만 나는 음식의 오염이 두려웠고, 물 때문에 생길 수 있는 이질과 복통을 걱정했다. 그래서 나는 신선하고 껍질을 벗겨서 먹는 과일을 구할 수 있는 지역에 도착할 때까지 이틀 동안 병에 든 맥주만 마셨다. 그린빌에 사는 나의 친척들은 대부분 집에서 맥주를 마시는 것조차 허락하지 않았겠지만, 그들도 나의 사정을 이해했을 것이다.

멕시코시티 다음으로 나는 과테말라 국경까지 갔지만, 과테말라로 넘어가는 다리가 끊어져 있어서 어쩔 수 없이 돌아서야 했다. 멕시코시티로 돌아오는 길에 아카풀코에서 며칠 동안 재미있게 지냈다. 그 시절의 아카풀코는 작고 오염되지 않은 해변 마을이었다. 그곳에서 하룻밤에 50센트를 내고 해변의 작은 오두막을 빌려 따뜻한 물에서 수영을 했다. 그 시절에는 사람들이 얼굴을 보호하는 마스크를 쓰지 않았고, 스쿠버다이빙 장비 또한 없었다. 그러나 나는 다이빙을 했고, 수많은 바다 생물들을 보았다. 그때 이후로 나는 늘 스쿠버다이빙을 즐겼다. 나는 멕시코에서 기차를 타고 텍사스로 돌아왔고, 계속해서 버스를 타고 그린빌로 가서 가족들을 만났으며, 그다음 뉴욕으로 갔다. 벨 연구소에서 받은 100달러는 이 여행 전체에 든 비용에 딱 맞았다.

벨 연구소는 지금 뉴저지에 있지만, 그때는 맨해튼 그리니치빌리지의 웨스트가와 베튠가에 있었다. 나는 근처에 방을 얻었고 3개월마다 이사할 계획을 세웠는데, 그 이유는 그저 이 도시를 잘 알기 위해서였다. 나는 계속 움직이고 새로운 일을 하는 게 좋다. 정말로 뉴욕의 여러 마을들을 알고 싶었다. 그리니치빌리지 외에도 나는 컬럼비아 대학교 인근, 모닝사이드 하이츠, 미국 자연사박물관 주변에서 살아보았다. 나는 물건을 모두 트렁크에 넣고 택시를 타고 이사했다. 방을 꾸미기 위해 메트로폴리탄 미술관에서 판화 컬렉션을 사서 액자에 넣어 벽에 걸었고, 가끔씩 다른 판화로 바꾸었다. 나는 컬럼비아 근처의 줄리아드 음악학교에서 성악 레슨을 받았고, 리버사이드 교회와 브루클린 교회 성가대에서 찬송가를 불렀다.

벨 연구소는 한동안 그곳에 있었고, 내가 1939년 9월에 일을 시작할 때에는 로어맨해튼 서쪽 끝에 있는 조금 낡고 평범한 상자 모양의 건물에 있었다. 길 건너편에 있는 또 다른 오래된 산업용 건물도 연구용으로 인수했고, 로어맨해튼 중심부에 있는 좀 더 화려한 그레이바 빌딩도 추가로 임대해서 확장했다.

출근한 첫날에 나는 하비 플레처를 만나러 갔다. 그는 음향학 분야에서 저명한 인물이자 벨 연구소 물리학 연구책임자였다. 그는 친절하고 아버지 같은 사람이었는데, 내가 기초물리학 연구를 하게 될 것이라고 알려주었으며 딘 올드리지가 내 직속상사가 되었다. 그러나 여러 실험실에 익숙해지고 적합한 일을 찾기 위해, 나는 네 개의 연구 그룹에서 3개월씩 돌아가면서 일할 수 있는 특권을 갖게 되었다.

나는 기초물리학 연구 파트에 투입되었고, 1년 이상 그 일을 하게 되어 있었다. 그리고 나는 바로 그렇게 했다. 플레처는 먼저 나를 자기(磁氣) 연구 분야로 보내서 일하게 했고, 그다음에는 마이크로파 발생 분야, 그다음에는 표면에서의 전자 방출 분야에서 일하게 했다. 이 연구들은 모두 매우 흥미로운 물리학 분야였다. 내가 알기로는 한 가지 일을 정해서 배치하기 전에 연구소에 익숙해지라고 그렇게 여러 부서를 돈 사람은 내가 처음이었다. 모든 것이 아주 좋아 보였다. 연구도 할 수 있고, 어느 정도는 나의 본능을 따라갈 수도 있었다. 하지만 원래 계획했던 12개월을 채우지 못하고 9개월 뒤에, 나는 딘 울드리지 밑에서 전자의 2차 방출을 연구하게 되었다. 이온으로 포격한 표면에서 방출되는 전자에 대한 연구였고, 기체 방전관에 응용되는 것이었다.

당시에 이 연구소는 매우 멋진 일을 시작했는데, 여덟 명에서 열 명의 물리학자들과 여러 명의 물리화학자들이 매주 모임을 가졌다. 벨 연구소는 다과를 제공했고, 우리에게는 최신 연구에서 흥미로운 주제와 개념에 대해 마음대로 토론하라고 했다. 내가 보기에 이 비공식적인 대화는 당시의 산업계에서는 특별했다. 이 소규모 그룹에는 나중에 트랜지스터를 발명한 세 사람 가운데 두 사람인 빌 쇼클리와 월터 브래튼, 딘 울드리지, 나중에 벨 전화 연구소의 소장이 된 짐 피스크, 제2차 세계대전 이후 마이크로파 분광학에서 나와 협력하게 된 앨런 홀든이 포함되어 있었다. 나는 새로운 직장에서 내가 기대한 그 어떤 것보다 훨씬 더 흥미롭고 자극적인 환경에 빠져들었다.

벨 연구소의 직원들을 포함해서, 뉴스에 관심이 있는 모든 사람들은 유럽에서 일어날 전쟁에 미국이 참전해야 할 우려가 점점 더 커진다는 것을 알고 있었다. 당시에 군대는 제2차 세계대전 이후만큼 과학자들과 밀접하게 협력하지는 않았지만, 이미 전쟁과 관련된 연구 활동이 진행되고 있었다. 과학자와 엔지니어로 이루어진 한 그룹은 전자유도 방공포를 연구하고 있었는데, 이는 완전히 새로운 아이디어였다. 나중에 알게 되었지만, 또 다른 그룹은 조금 더 일찍 미국 해군부에 실제로 가서 이렇게 말했다고 한다. "우리는 음향학 전문가입니다. 기꺼이 도와드리겠습니다. 잠수함 탐지와 수중 신호와 관련해서 분명히 문제가 있을 것입니다. 이런 문제를 우리가 도울 수가 있을까요?" 해군은 이렇게 대답했다고 한다. "아니요, 괜찮습니다. 우리는 모든 것을 잘하고 있습니다. 우리는 우리가 하는 일을 잘 알고 있고, 더 이상의 전문가는 필요하지 않습니다." 말할 것도 없이 이런 태도는 독일군의 어뢰가 미국의 배를 침몰시키자마자 급격히 바뀌었다.

1940년 중반부터 전쟁과 관련된 연구가 활기를 띠기 시작했다. 내가 벨 연구소에 출근한 지 1년 반이 지난 어느 금요일에, 연구부장인 머빈 켈리가 호출했다. 나와 딘 울드리지는 켈리의 방에서 켈리와 하비 플레처를 만났다. 켈리는 전자유도 방공포를 연구한 실험실의 성공에 대한 이야기에 이어서 곧바로 이렇게 말했다. "방공포에 사용되는 기술을 적용해서 우리 연구소의 레이더 연구 팀과 함께 월요일부터 레이더 폭격 시스템 설계를 시작하면 좋겠소."

나는 마음속으로 이 연구를 정말로 반대했다. 갑자기 물리학을 포기하고 공학을 시작하라는 지시를 받는 이 상황은 기업 연구소에서 일어날 수 있다고 내가 염려한 바로 그 일이었다. 그러나 상황은 심상치 않았다. 전쟁은 훨씬 더 가까이 있었다. 모두가 동참해야만 했다. 나는 물리학에서 전쟁 연구로 좀 더 부드럽게 넘어가기를 기대했지만, 그때 곧바로 전쟁 연구에 참여하는 일이 불합리하지 않다는 사실을 깨달았다. 그렇지만 한편으로 군사 연구가 그리 달갑지는 않았다. 군대가 도덕적으로 잘못된 위치에 있다고 생각한 것이 아니라, 우둔하고 매력이 없는 일이라는 생각이 들었다. 사물을 파괴하고 사람을 죽이는 방법을 생각하는 것이 영감을 주는 일이라고는 할 수 없었다. 그러나 1941년 초에 이르러 세계 정세는 심각해졌다. 울느리지, 수학적인 성향의 엔지니어 시드 달링턴, 나, 그리고 우리에게 할당된 몇 명의 기술자로 구성된 그룹은 다음 주 월요일부터 연구를 시작했다.

연구가 진행되면서 나는 몇 가지 문제에 직면했고, 우리가 고안한 여러 가지 레이더 폭격과 항법 장치들 중 어느 것도 실제 전쟁에서 사용되지 않았다는 사실에 실망하였다. 좀 더 단순한 것들이 채택되었다. 우리 연구는 모두 상당히 발전된 것이었고, 그것들은 1950년대에 만들어진 B-52의 초기 모델을 비롯해 나중에 개발된 항공기의 설계에 기여했다. 이 항공기들은 미국 공군이 몇 년 동안 사용하던 기종의 후속 모델이었다. 그러나 다른 사람들과 협력하여 복잡한 프로젝트를 운영하며 연구를 진행하는 귀중한 경험을 얻었다. 또한 이 연구에 관련된 원리들과 이 연구 과정에서 나온 생각의 갈래들은 메이저와 레이저의 개발을 포함한 나의 경력에서 중대한 역할을 했다.

나의 개인적인 생활도 새로운 길을 가고 있었다. 그리니치빌리지에 있는 아파트 다음으로 뉴욕을 탐험하기 위해 두 번째로 이사한 곳은 컬럼비아 대학교와 줄리아드 음악대학 근처였다. 나는 방이 여섯 개쯤 있는 작은 건물에 살았는데, 주로 음악가들이 묵는 곳이었다. 내 방에도 피아노가 있었고, 나만 정식 음악가가 아니었다. 그곳에서 나는 키 크고 날씬한 뉴햄프셔 출신의 젊은 여성 프랜시스 브라운을 만났다. 그녀도 나처럼 새로운 곳을 탐험하기를 좋아해서 뉴욕으로 왔다. 그녀는 파리에서 1년, 피렌체에서 1년을 살았으며 매우 사교적이고 외향적이었다. 그녀는 한동안 좋은 법률회사에서 접수 직원으로 일하다가 컬럼비아 대학교 인근의 인터내셔널 하우스[유학생과 학자들에게 숙소를 제공하면서 다양한 프로그램으로 문화 간 이해를 증진하고 국제 교류를 촉진하는 민간단체이다. — 옮긴이]에 행사 관리자로 취직했다. 1940년 겨울에 프랜시스는 스키 여행을 계획했는데 참가자한 사람을 더 모집해야 했다. 내가 패서디나에서부터 알고 지낸 무용수 친구가 남자 친구와 함께 이 여행에 참여할 예정이었고, 그녀가 나를 이 여행에 끌어들였다. 우리는 이렇게 해서 만났다. 여행은 매우 즐거웠다. 어떤 이유에서인지 그 주에 인터내셔널하우스에서 스키를 배우는 필리핀 사람들이 많아서, 우리는 그들이 넘어지면 눈 속에서 일어나도록 도와주었다. 우리는 1년 반이 지난 1941년 5월에 결혼했다.

프랜시스 가족은 뉴햄프셔 북부와 퀘벡 지방을 근거지로 하는 임업과 제지 사업체인 브라운컴퍼니를 운영하고 있었다. 나는 결혼 전에 그녀의 가족과 함께 퀘벡의 숲으로 여행을 한 적이 있는데 그녀도 나처럼 자연의 생물들을 매우 좋아했다.

프랜시스와 결혼할 무렵에 나는 레이더 폭격 프로젝트에 깊이 관여하고 있었다. 우리는 장치를 만들어서 플로리다에서 시험했다. 먼저 우리는 탬파[플로리다의 탬파만에 있는 항구도시이다.— 옮긴이]에서 비행한 후에 보카러톤의 육군 비행장에서, 한동안은 펜서콜라의 해군비행장에서도 비행했다. 프랜시스도 가끔 동행했는데, 탬파 근처의 여름 별장에서 조금 고생스럽고 추운 겨울을 보낼 때는 따라오지 않았다. 우리는 델레이비치에 머물렀다. 우리가 델레이에 있을 때 첫째 린다가 태어나서 해변에서 놀 수 있었다. 그 여행에서 나는 군대와의 협업에 대해 많은 것을 배웠다.

이 전쟁의 가장 큰 비밀 중 하나는 노든 폭격조준기였다. 신문들은 이 비행기를 거의 마법처럼 묘사했다. 조종사들이 이 비행기로 폭탄을 피클통에 집어넣을 수 있다는 기사가 신문에 실리기도 했다. 벨 연구소는 새로운 레이더 유도 폭격 시스템에 대한 아이디어를 냈고, 공군은 이 시스템을 만들어 달라고 요청했다. 그래서 우리는 그들에게 물었다. "정밀도가 어느 성노여야 합니까?" 그들은 이렇게 대답했다. "당신늘이 얻을 수 있는 최대의 정밀도로 해주십시오." 그래서 우리는 그들에게 지금까지 도달한 정밀도가 얼마나 되는지를 물었다. 이것을 알아야 목표를 정할 수 있기 때문이다. 그러나 그것은 보안 사항이었다. 그래서 우리는 그들이 원하는 대로 했고, 현실적으로 의미 있는 시일 내에 우리가 할 수 있는 한 가장 정밀한 시스템을 제작하기로 했다. 이렇게 해서 정한 시한이 1년이었다.

나는 특히 첫 번째 시험 비행을 기억하는데, 폭격기 조종사는 나이 많은 육군 대령이었다. 우리는 모래를 채운 폭탄을 연습용 표적에 떨어뜨리려고 했다. 이때의 표적은 닻을 내린 낡은 선박이었다. 처음으로 폭격을 시도할 때, 나는 B-24의 뒷좌석에 앉아서 새로운 장비로 폭탄을 투하하는 결정적 시점까지 레이더 신호를 추적하고 있었다. 폭탄을 투하한 뒤에, 나는 목표물에 얼마나 가까이 떨어졌는지 확인하기 위해 투명한 플라스틱 창이 덮여 있는 비행기의 기수 쪽으로 다가갔다. 폭탄은 30미터쯤 빗나갔다. 조종사가 이렇게 소리쳤다. "끝내주게 잘 맞혔소!" 이 시스템이 얼마나 정밀해야 하는지에 대해 우리가 얻은 첫 번째 단서였다. 그리고 그것은 피클 통을 맞히는 정도가 아니었다!

전쟁 말기에 우리는 마침내 노든 폭격조준기를 보게 되었다. 군 당국은 우리에게 레이더와 시각적인 조준이 모두 가능한 폭격 시스템을 만들어 달라고 주문했다. 노든 폭격조준기에는 훌륭한 광학 기계가 탑재되어 있었지만, 당시의 기준으로도 조금 원시적이었다. 그 비행기는 결코 대중의 생각만큼 뛰어나지 않았다. 그것도 비밀의 일부였던 것 같다.

군대는 일반적으로 보안을 엄수했지만, 기술적인 일을 하는 우리 같은 사람들은 대개 국가가 무엇을 하고 있는지 잘 알고 있었다. 내 친구들 중에는 뉴멕시코에 있는 로스앨러모스 국립연구소로 간 사람들도 있었다. 그들은 나에게 연구의 전반적인 진행 상황을 파악할 수 있을 만큼 충분한 힌트를 주었다. 1939년에 핵분열을 발견했다고 발표한 뒤에, 칼텍의 물리학자들은 원자폭탄을 제조할 수도 있다는 사실을 깨달았다. 이 분야의 연구와 관련된 소식이 갑자기 조용해지자, 우리는 정부가 진짜로 원자폭탄을 만들기 시작했다는 것을 알았다. 공개적으로 알려진 측정 정보만으로는 통제된 방식으로 연쇄 반응을 일으킬 수 있다고 곧바로 말할 수는 없었지만, 그러한 폭탄이 얼마나 파괴적인지는 계산하기 쉬웠다. 엔리코 페르미는, 예를 들어, 맨해튼섬의 대부분을 파괴하는 데 필요한 우라늄을 계산한 사람들 중 한 명이었다. 원자폭탄의 위력은 명백했지만, 그러한 무기가 실현되었을 때 세계 전체가 파괴될 수 있다는 공포는 문제가 되지 않았다. 이런 생각을 덮어 버린 요인은 연합군이 전쟁에서 승리해야 한다는 생각이었지만, 가장 큰 두려움은 독일이 먼저 원자폭탄을 만들 수도 있다는 것이었다.

당시에 내 또래의 남자가 군에 복무하지 않는 것은 이례적이었다. 벨 연구소에 근무하던 시절에 딘 울드리지의 상사였던 월터 맥네어와 함께 타임스퀘어를 걸어갈 때가 생생히 떠오른다. 전혀 모르는 사람이 나에게 다가와 화를 내며 말했다. "자네는 제복을 입지 않았군. 부끄러운 일이야! 자네 나이의 남자들은 군복을 입고 국가에 봉사해야지." 맥네어는 내가 화를 낼까 봐 걱정하면서 내가 하고 있는 일이 전쟁에서 중요하고 유용하다고 나에게 확신시키려고 했다. 물론 나는 군대와 레이더 프로그램 관리자들과 부딪히면서 가끔씩 좌절감도 느꼈다. 하지만 내가 왜 제복을 입지 않고 있는지 잘 알고 있었고, 내가 해야 할 일을 하고 있다는 것을 완벽하게 잘 이해하고 있었다. 어쨌든 이 일화는 당시에 전쟁이 얼마나 미국인의 일상생

활에 깊이 침투했는지를 잘 보여준다.

그래서 나는 레이더 연구에 뛰어들었다. 이 일이 나에게는 두 가지 면에서 소중한 경험이었다. 하나는 직접적이고 다른 하나는 간접적인 것이다. 벨 연구소와 MIT 복사연구소[Radiation Laboratory, 주로 마이크로파와 레이더를 연구하는 기관이다. ─ 옮긴이]의 연구자들은 영국인이 발명한 강력한 마그네트론[진공 속에서 열전자를 가속시켜 제동복사로 마이크로파를 얻는 장치이다. ─ 옮긴이]을 따라잡았는데, 이 장치에서 나오는 펄스 형태의 신호가 레이더로 기능할 수 있게 한다. 그런 다음에 미국인들은 더 큰 출력, 더 짧은 파장, 더 높은 정밀도, 더 뛰어난 감도를 추구했다. 우리가 처음 만든 항법─폭격 시스템은 10센티미터 파장의 마그네트론을 사용했다. 그러나 벨 연구소와 군은 훨씬 더 짧은 파장에 도달하기 위해 몰두하고 있었다. 목표는 지향성과 감도를 향상시키는 동시에 안테나를 훨씬 더 작게 만드는 것이었다. 비행기에 레이더를 장착하려면 안테나는 작아야 했다. 우리가 개발한 레이더 유도 폭격 시스템을 군에서 하나도 생산하지 못했다는 사실이 계속 나를 괴롭혔다. 우리가 개발한 첫 번째 시스템은 10센티미터 파장으로 잘 작동했다. 그들은 뛰어난 성과라고 말하면서도 이렇게 덧붙였다. "3센티미터로 하면 어떻습니까?" 우리가 이것을 달성하자, 그들은 우리에게 또다시 1.25센티미터의 시스템 개발을 요구했다. 나는 목표가 계속해서 바뀌자 너무 당혹스러웠다. 어느 순간 이 연구를 관두고 당시 중국에서 작전 중이던 조지프 스틸웰 장군의 기술보좌관이 되거나, 내가 직접 기여할 수 있는 다른 어딘가로 가야겠다는 생각이 들었다.

하지만 나는 연구를 계속했고, 파장이 1.25센티미터인 레이더 개발 연구는 물리학자로서 나의 발전에 중요한 경험이 되었다. 그보다 10년쯤 전에 기체 분자에 의한 마이크로파 흡수에 대한 독특한 연구가 있었다. 미시간 대학교의 데이비드 데니슨은 암모니아 분자에 대한 적외선 연구를 통해, 암모니아가 1센티미터에 가까운 파장의 마이크로파를 강하게 흡수할 것이라고 예측했다. 미시간 대학교의 클로드 클리턴과 닐 윌리엄스는 초기의 마그네트론을 이용해서 이 파장 영역에서 선구적인 실험을 하기 시작했는데, 그들이 사용한 마그네트론은 영국에서 발명한 강력한 마그네트론에 비하면 매우 원시적인 장치였다. 그들은 단지 암모니아가 들어 있는 큰 자루에다 넓은 스펙트럼의 마이크로파를 통과시켰다. 그들은 1.25센티미터 파장을 중심으로 하는 대역에서 가장 강하게 흡수된다는 것을 발견했다. 그래서 이 현상에서 어떤 일이 일어나야 하는지 계산할 수 있었고, 그 결과 놀라운 사실을 입증했다. 암모니아 분자는 아름다울 정도로 단순해서 동역학적으로 이해하기 쉽다. 암모니아 분자 안에서는 질소 원자 하나가 수소 원자 세 개에 의해 삼각 그네를 타는 것처럼 움직인다. 질소 원자는 수소 원자 세 개가 이루는 평면의 양쪽을 오가면서 진동한다. 기하학적으로, 마치 우산이 뒤집어졌다가 제대로 되는 것처럼 분자가 스스로 뒤집기를 반복한다. 이 모든 것의 물리학적 원리는 아주 잘 알려졌고, 적외선 측정 결과 이 시스템은 초당 약 240억 번을 공명하거나 진동한다. 이는 파장이 1.25센티미터인 마이크로파에 해당하는 진동수이다.

공군이 이 파장의 레이더를 요청했을 때, 물론 공기 중에 이 영역대의 마이크로파를 방해할 만큼 충분한 암모니아가 있을 가능성은 많지 않았다. 그러나 초기의 이 연구는 분자 흡수가 원리상으로 문제가 될 수 있음을 분명히 보여주었다. 당시에 레이더 관계자들이 돌려 보고 있던 하버드 대학교 존 밴블렉의 비망록을 보고 나는 그야말로 잠이 확 달아났다. 그는 물 분자의 회전 공명이 이 파장을 흡수한 것이라고 지적했다. 당시에 그와 빅토어 바이스코프는 흡수선의 폭에 관련된 이론도 연구하고 있었다. 나는 그들의 연구뿐만 아니라 클린턴과 윌리엄스의 실험도 알고 있었다. 내가 보기에 이 실험들은 모두 1.25센티미터의 레이더는 더 생각해 볼 필요가 있다는 증거였다.

나는 이 모든 것에 주의 깊게 접근했고, 컬럼비아 대학교의 I. I. 라비[핵자기 공명 연구로 1949년 노벨 물리학상을 수상했다. ― 옮긴이]를 만나고, 영국 레이더 전문가들의 자문을 받는 등 다른 물리학자들과도 많은 이야기를 나누었다. 이 일을 겪으면서 나는 감정이 복잡해졌다. 한편으로 나는 분자의 마이크로파 흡수와 분광학의 이면에 있는 이론이 점점 더 흥미로워졌다. 다른 한편으로 레이더 개발이 끝장났다는 사실에 대해 점점 더 크게 걱정했다. 사실 내 마음은 어쩌면 레이더 개발이 진짜로 끝장나기를 원했을지도 모른다. 왜냐하면 나는 군이 우리가 이미 개발한 더 긴 파장의 레이더를 아직도 사용하지 않는 것이 몹시 거슬렸기 때문이다.

이론적으로는 기체의 압력을 낮춰서 분자 간의 충돌이 줄어들면 흡수선의 폭이 점점 더 좁아진다는 것을 보여줄 수 있다. 그때 우리는 이런 영역의 신호를 발생시킬 수 있는 레이더 발진기를 연구하고 있었고, 나는 희박한 기체에서 매우 정밀한 분자분광학이 가능할 수도 있다는 사실을 알게 되었다. 과학자로서는 전쟁이 끝나자마자 해보고 싶은 연구였다. 레이더를 만든다는 실용적인 연구가 물리학에서 완전히 새로운 분야를 개척하는 기회가 될 수도 있다!

한편으로, 태평양에서 사용할 수 없는 레이더에 시간과 돈을 낭비하고 있다는 확신이 점점 더 커졌다. 태평양의 공기는 매우 습하다. 그때쯤 유럽에서의 전황은 유리하게 전개되고 있었으므로, 미국이 상대해야 할 적은 태평양에만 남아 있게 될 터였다. 나는 수증기 때문에 레이더의 쓸모가 없어진다는 염려를 벨 연구소, 군, 워싱턴 정가의 사람들에게 말했다. 마침내 워싱턴 정가의 어떤 사람이 나에게 이렇게 말했다. "글쎄요, 당신이 옳을지도 모르지만, 우리는 이미 결정을 내렸습니다. 지금은 멈출 수 없습니다. 당신은 이 문제를 더 거론하지 않는 게 좋겠습니다." 그들은 레이더를 만들었지만 쓸모가 없었다. 레이더 빔이 수증기에 흡수되어 몇 킬로미터만 가도 희미해지기 때문이었다. 내가 만든 레이더 시스템은 폐기해야 했다. 그렇지만 이것도 나에게 큰 혜택을 준 실패의 하나였다. 레이더와 마이크로파를 집중적으로 연구한 경험으로, 나는 분자분광학을 내 경력의 중요한 주제로 삼게 되었다.

플로리다에서 항공기의 레이더 유도 폭격 시스템을 연구한 경험은 나의 과학 경력에 간접적으로 큰 도움이 되었다. 이것은 여가시간의 형태로 나에게 왔다. 플로리다의 날씨가 나쁘거나 시험 비행기가 이런저런 이유로 비행을 할 수 없어서 시간이 남을 때, 나는 물리학을 생각했다. 나는 학생이었을 때부터 벨 연구소의 카를 잰스키가 탐지한 우주의 모든 방향에서 오는 전파에 매료되었다. 이상하게도 천문학자들은 이 전파에 별로 주의를 기울이지 않았다. 하지만 나는 이것을 해결해야 할 흥미로운 문제라고 생각하면서 전파를 다루고 있었다. 지구에서 멀리 떨어진 미지의 천체가 아직 아무도 이해하지 못한 어떤 방식으로 전파를 내뿜고 있고, 이런 천체들이 내가 아는 모든 우주를 가득 채우고 있다. 레이더 연구가 교착 상태에 빠졌을 때, 이 흥미롭지만 아무도 주의를 기울이지 않는 문제에 대해 궁리하는 것이 내 시간을 물리학에 사용하는 좋은 방법으로 생각했다.

나는 이러한 파동을 일으킬 수 있는 메커니즘을 발견했다. 성간 공간의 이온화된 기체 속의 전자가 열에너지에 의해 양성자나 다른 전자와 충돌하는 것이다. 이런 충돌 결과로 나올 수 있는 복사에 대한 이론적인 연구를 끝낸 뒤에 나는 친구들에게 이야기하기 시작했다. 그러자 그들 중 한 사람이 네덜란드 물리학자 헨드릭 크라머르스의 논문을 찾아냈다. 이 논문은 고에너시 선자가 핵과 충돌할 때 매우 유사한 메커니즘으로 생성되는 엑스선에 대해 논의하고 있었다. 그래서 적절한 이론은 이미 나와 있었지만 이 문제에는 적용되지 않았다. 나는 또한 미국 천문학자 루이스 헤니이와 필립 키넌의 이전 연구를 찾아냈는데, 그들은 이 메커니즘을 사용했지만 조금 잘못된 이론을 적용하고 있었다. 게다가 그들의 이론은 엑스선 분야에서 크라머르스의 올바른 공식화를 간과하였다. 주목받지 못하고 무시되는 분야에서 이러한 혼란은 드물지 않게 일어난다. 나는 틀린 것을 바로잡고, 내가 생각하는 올바른 공식화와 그것을 천문학에 적용하는 문제를 다룬 논문을 발표했다. 나는 이 연구가 매우 재미있었지만, 나의 논문은 이 주제를 다룬 다른 학자들의 논문들과 마찬가지로 당시에는 거의 주목을 받지 못했다. 그러나 나의 이론은 본질적으로 옳았다. 나는 이러한 파동들 가운데 일부를 생성하는 또 다른 메커니즘(싱크로트론 복사)을 놓쳤는데, 이는 하전 입자가 자기장의 영향을 받아 나선형 경로를 따라갈 때 전파를 방출하는 것이다(나중에 러시아의 과학자 I. S. 시클롭스키와 V. L. 긴즈부르크가 설명했다.)

벨 연구소는 우주에서 오는 파동에 대한 조사를 계획하기에 각별히 좋은 곳이었다. 벨 연구소에서 우주에서 오는 전파 자체를 발견했을 뿐만 아니라, 나는 레이더를 연구하고 있었다. 레이더는 최첨단 전파수신기를 사용하는 기술이었다. 전쟁과 관련된 연구가 느슨해지자마자, 나는 분자분광학과 전파천체물리학 연구를 둘 다 시작하기로 마음먹었다.

1945년에 전쟁이 끝나자, 나는 아내 프랜시스와 함께 서부로 여행을 떠났다. 나는 칼텍의 은사인 아이크 보언을 만나러 갔다. 내가 매우 신뢰하는 스승인 그는 벨 연구소에서 일하도록 권유했었다. 그는 밀리컨의 동료였고, 광학과 분광학에 정통한 전문가였으며, 당시에는 윌슨산의 팔로마 천문대장을 맡고 있던 뛰어난 천체물리학자였다. 나는 그에게 전파로 제일 먼저 시도해야 할 천문학의 가장 중요한 주제들에 대해 조언을 듣고 싶었다. 나는 그의 사무실을 방문했다. 그는 천문학을 전파의 영역으로 확장하려는 나의 희망에 대해 대략 설명을 들은 뒤에, 나를 바라보며 이렇게 말했다. "글쎄, 이런 말을 하기는 좀 미안하지만, 전파는 천문학에 대해 아무것도 알려주지 않을 것 같네. 나는 단순히 할 일이 하나도 없다고 생각하네. 전파는 파장이 너무 길 뿐만 아니라 지향성도 없으며 우리에게 아무것도 알려줄 수 없을 걸세."

나는 본능적으로 그가 틀렸다고 느꼈다. 나는 전파를 잘 사용하고 해석하면, 그 전파가 어떤 천체에서 나오는지 알 수 있는 새로운 도구가 된다고 확신했다. 그러나 그의 말은 모든 과학에서 종종 일어나는 일을 잘 보여준다. 많은 지식이 축적된 분야의 연구자들은 특히 외부인의 아이디어에 너무 비판적인 경향이 있다. 전문가로서 자기 분야를 잘 이해하고 있다고 생각하고, 외부의 의견은 경청할 가치가 거의 없다고 생각하는 경우가 많다. 또한 자신의 전문 영역을 조금 벗어난 주제에 관련된 새로운 아이디어나 기술에 대해 그들이 내놓는 견해는 잘 맞지 않을 때가 많다.

사실 미국은 전파천문학의 출발이 다소 늦었다. 전파천문학의 초기 발전은 주로 영국과 오스트레일리아의 레이더 연구자들이 주도했다. 네덜란드에서도 천문학자들이 일찍부터 관심을 가져 전파천문학이 크게 발전했다. 어쨌든 나는 전파천문학과 천체물리학에 대한 야망을 보류했는데, 부분적으로는 보언이 나에게 한 말의 영향도 있었을 것이다. 나는 마이크로파 분광학과 천체물리학 중 하나를 선택해야 했다. 나는 분광학에 대해 더 많이 알고 있다고 생각해서 그쪽을 선택했다.

나는 연구소 경영진에게 물리학으로 돌아가게 해달라고 부탁했다. 이 일은 그리 쉽지 않았다. 바로 돌아가지는 못했고, 전쟁이 끝난 뒤 6개월쯤 후에 레이더 연구를 마무리했다. 나의 윗사람들은 내가 이 연구를 떠나기 전에 나를 대신할 사람을 구해야 한다고 주장했다. 나는 칼텍에서 숙소를 함께 썼던 하울랜드 베일리를 끌어들였다.

물리학으로 돌아가겠다는 나의 결심은 주위 사람들에게 환영받지 못했다. 한 친구가 말하기를, 부사장 중 한 사람이 나를 기초과학으로 돌려보내기에는 엔지니어로서의 재능이 너무 아깝다고 한다는 것이었다. 당시 벨 연구소의 물리학부장이자 나중에 연구소장이 된 짐 피스크는 이렇게 말했다. "자네는 자네가 하고 싶은 일을 하겠다고 말해서 많은 사람들을 힘들게 하는군. 자네는 회사에 무엇이 도움이 되는지에 대해 말해야 하네." 벨 연구소는 뛰어난 조직이었지만, 정확히 이런 종류의 압박 때문에 나는 기업연구소에 들어오고 싶지 않았다. 자연스럽게, 나는 내가 하고 싶은 일이 회사에 도움이 된다고 주장했다. 나는 분자의 기본적인 물리학이 정교한 통신장비의 생산과 밀접하게 관련된다고 주장했다. 이것은 틀린 말이 아니었지만, 내가 물리학을 하고 싶기 때문에 물리학을 하려고 했다는 것이 더 진실에 가깝다. 나는 내가 흥미롭다고 느끼는 것, 발견의 근본적인 과정의 일부라고 느끼는 것을 하고 싶었다. 벨 연구소에서 이런 연구를 할 수 없다면, 나는 결국 어디론가 다른 곳으로 떠나야 했다.

1946년 나는 마이크로파 분광학을 추구하는 모든 이유를 설명하는 보고서를 벨 연구소에 제출했다. 첫 번째 단락은 다음과 같다.

마이크로파는 이제 매우 짧은 파장으로 확장되어 분자 공명이 풍부하게 일어나는 영역과 겹치며, 이 영역에서는 양자역학 이론과 분광학 기술이 전파공학에 도움을 줄 수 있다. 공명하는 분자는 1센티미터보다 짧은 전자기파를 사용하는 미래의 시스템에서 여러 가지 회로 소자를 제공할 수 있다. 매우 짧은 파장에서 작동하는 기존의 회로 소자를 제조할 때 생기는 많은 난점은 자연이 제공하는 공명기인 분자를 매우 다양하게 사용하고, 분자 구조 자체가 가진 재현성을 이용하여 해소할 수 있다.

이 보고서는 계속해서 마이크로파 분광학과 분자 공명을 신호 검출, 위상과 감쇠 제어를 비롯한 여러 용도에 적용할 수 있는 방법을 개략적으로 설명했다. 또한 매우 낮은 압력에서 선폭이 극단적으로 좁아질 것이라는 나의 아이디어와, 1.25센티미터의 암모니아 선이 매우 정확한 진동수 표준이 될 수 있고, 오늘날 우리가 원자시계라고 부르는 것의 기초가 될 수 있다는 설명도 들어갔다.

이 보고서에 메이저나 레이저에 대한 예측은 없었다. 사실 나는 주의 깊게, 열역학 제2법칙에 따르면 분자로 강력한 짧은 파동을 만드는 것은 비실용적이며, 그 이유는 강력한 복사가 나온다는 것은 분자가 개별 원자로 분리될 정도로 높은 온도, 즉 물질이 빛을 낼 정도가 되어야 하기 때문이라고 설명했다. 그러나 나는 마이크로파 분광학이 유용한 기술을 이끌어낼 수 있는 그럴듯한 방법 몇 가지를 제안했다. 이것은 내가 연구를 계속할 수 있도록 경영진을 설득하기에 충분했다. 그러나 결국 이 분야에 한두 명의 연구원을 더 채용하도록 윗사람들을 설득하지는 못했다.

분자분광학으로 바빠지면서, 나만 유일하게 전시의 레이더 장비 연구를 떠나 기초 연구로 바꾼 것은 아니라는 사실이 알려졌다. 다른 실험실에도 마그네트론과 클라이스트론(마이크로파를 발생시키는 작은 장비)을 비롯해서 많은 도파관 장비가 있었다. 그 장비들은 엄청나게 싼 값에 살 수 있는 전쟁 잉여물자였다. 나는 뉴욕의 노점상에서 클라이스트론 몇 개를 구입했다. 1.25센티미터 레이더 연구는 중단되었지만, 그 덕분에 전후 초기 마이크로파 연구에 필요한 많은 잉여장비를 쉽게 얻을 수 있었다. 나도 이 장비들을 사용했다. 그래서 어쩌면 나도 관료들이 1.25센티미터 레이더를 고집스럽게 추진한 것을 고마워해야 할 것 같다.

분광학 장비를 작동하는 데는 그리 오랜 시간이 걸리지 않았다. 매우 낮은 압력에서 선이 극단적으로 좁아질 것이라는 나의 예측은 적중했고, 나는 이것 말고도 많은 놀라운 사실들을 발견했다. 암모니아 분자의 역전에서 나오는 선은 여러 개로 갈라져 있었고, 갈라진 방식은 당시의 이론으로는 결코 설명할 수 없었다. 게다가 각각의 선들은 다시 초미세 구조로 갈라져서 질소 핵의 복잡한 구조를 반영하고 있었다. 이런 현상들은 매우 흥미롭고도 어려운 연구 주제였다. 나는 암모니아 분자의 다양한 부분이 상호작용하는 모든 미묘한 방식과, 그 구조가 외부의 영향에 의해 왜곡되어 마이크로파를 흡수하는 진동수에 영향을 미치는 방식을 연구해야 했다. 이 분자의 미묘한 거동은 측정된 스펙트럼선으로 나타나고, 이러한 선들의 숲은 내 예상보다 훨씬 더 풍부하고 세밀했다.

나는 분자의 역전, 다시 말해 분자가 뒤집어지는 것에 대한 이론을 개선할 수 있었다. 따라서 이것으로 암모니아의 거동을 설명할 수 있게 되었고, 스펙트럼 선폭 확대에 관한 밴블렉-바이스코프 이론의 일반적인 윤곽도 확인할 수 있었다. 이 모든 것에 대한 나의 첫 번째 논문을 우편으로 보낼 준비가 되어 있었고, 발표를 앞두고 있을 때 옥스퍼드 대학교에서 논문 초고 한 편을 받았다. 그 논문을 쓴 사람은 나와 마찬가지로 전쟁 중에 1.25센티미터 레이더를 연구했던 브레비스 블리니였다. 그는 암모니아의 압력을 우리만큼 크게 낮추지 않고 선이 좁아지는 것을 볼 수 있을 정도로만 낮추었다. 그는 이렇게 해서 여러 개의 선이 있음을 겨우 볼 수 있었다. 우리 두 사람과, 조금 늦게 웨스팅하우스 전기회사의 윌리엄 굿이 독립적으로 마이크로파 분광학 분야를 열었다. 그러나 블리니가 먼저 논문을 썼기 때문에, 내 논문은 발표하지 않기로 결정했다. 나는 논문을 회수한 뒤에 구조와 이론을 더 자세히 연구한 후 더 완전한 논문을 발표했다.

세월이 많이 지난 뒤에 이 일의 타이밍과 진행이 매우 중요해졌다. 블리니는 얼마 지나지 않아서 이 분야를 떠났지만 나는 연구를 계속했고, 그 결과 많은 성과를 내는 새롭고 풍부한 물리학 분야로 발전시켰다. 훨씬 뒤의 어느 날 노벨상위원회의 한 위원이 컬럼비아 대학교로 나를 찾아왔고, 마이크로파 분광학의 역사에 대해 물었다. 나는 그에게 블리니가 첫 번째 결과를 발표했고, 내가 준비한 논문을 발표하기 직전에 그의 논문을 알게 되었다고 말해 주었다. 어떤 물리학자 친구가 이것은 참 불행한 일이라고 언급했다. 노벨상위원회에서 이 분야에 노벨상을 주려고 하는데, 아마도 나를 명확하게 창시자라고 할 수는 없고, 블리니는 후속 연구를 하지 않았기 때문에 상을 줄 만한 사람이 없어 이 분야가 인정받지 못한다는 것이었다. 나는 물리학에 그토록 중요한 공헌을 한 블리니가 두고두고 아쉬웠다. 나에게는 또 다른 기회가 있었다.

나는 정확한 분자 구조와 핵의 스핀과 사중극자 모멘트에 대한 연구에 몰두했다. 사중극자 모멘트는 핵의 모양과 관련이 있다. 이것들은 분자의 선을 매우 미세하게 갈라지게 한다. 왜냐하면 구형이 아닌 핵은 분자 속에서의 방향에 따라 분자의 에너지와 진동수에 미세한 영향을 주기 때문이다. 분광학 데이터에서 사중극자가 관찰된다면 핵의 형태에 대해 많은 내용을 추론할 수 있고, 따라서 핵의 구조에 대해서도 많은 것을 알아낼 수 있다.

전쟁 중에 수행된 벨 연구소의 레이더 연구는 마그네트론을 연구하던 컬럼비아 대학교와 상당히 많은 교류를 했다. 전쟁이 끝난 뒤에도 나는 컬럼비아 대학교와 협력 연구를 계속했다. 컬럼비아 대학교는 가까이 있었고, 그곳 물리학자 몇 사람은 정밀한 분광학과 핵의 형태에 대해 나와 같은 관심을 가지고 있었다. 나는 1947년 뉴욕 롱아일랜드에 있는 브룩헤이븐 국립연구소에서 열린 사중극자 모멘트에 관한 콘퍼런스에 참여했던 일을 생생히 기억한다. I. I. 라비와, 하버드 대학교로 갓 옮겨간 노먼 램지가 강연을 했다. 내가 구형이 아닌 핵(사중극자를 가진)의 여러 변이가 화학결합에 영향을 줄 것이라는 아이디어를 말하고 나자 라비가 일어나서 말했다. "자네는 아주 예쁜 그림을 그렸지만 거기에는 과학이 전혀 없구먼. 그것에 대한 과학적 뒷받침이 전혀 없단 말일세."

나는 그에게 구체적인 반대 의견을 물었지만 그는 주저하면서 대답을 잘 하지 못했다. 그는 분자의 성질에 대해 알려진 광범위한 정보에 익숙하지 않은 것이 분명했다. 이 이야기만 보아도 벨 연구소의 주간 원탁회의가 얼마나 중요했는지 알 수 있다. 울드리지, 쇼클리, 그리고 나는 이 그룹의 다른 사람들과 함께 분자 결합에 관한 라이너스 폴링의 책을 읽었다. 나는 그 이론에 대해 상당한 지식이 있어서 그가 어떻게 반대해도 모두 반박할 수 있을 것 같았다.

그날 아침 라비는 고집을 꺾지 않았다. 그는 화제를 돌려 다른 이야기를 했다. 그러다가 오후에 모두 수영하러 해변으로 나갔다. 라비가 나에게 다가와 컬럼비아 대학교에서 연구하지 않겠느냐고 말했다. 이것은 내가 최고의 명문 대학교에 자리를 잡을 수 있는 첫 번째 기회였다! 내가 결정하기까지는 그리 오래 걸리지 않았다. 내가 결정하자, 벨 연구소는 내가 컬럼비아 대학교로 옮겨가기 전에 진행 중인 급한 연구를 충분히 잘 마무리할 수 있도록 오랫동안 머물게 해주었다.

4
프랭클린 공원에서 떠오른 영감
― 컬럼비아 대학교 시절

1948년 1월 1일, 나는 컬럼비아 대학교 물리학과 부교수로 부임했다. 연봉은 6,000달러였는데, 벨 연구소보다 아주 조금 낮았다. 그때쯤 둘째 딸 엘런이 태어났지만, 프랜시스와 나는 이 봉급으로 뉴욕에서 잘 지낼 것으로 생각했다.

물리학과는 전쟁이 끝난 뒤에 재정비하느라 바빴다. 어떤 교수는 돌아왔고, 몇몇은 자리를 옮겼다. 나는 하버드 대학교로 떠난 노먼 램지의 자리를 이어받았다. 전반적으로 과학적인 관심이 나와 완벽하게 어울리는 그룹을 만났다.

컬럼비아 대학교 물리학과는 버클리 대학교 물리학과만큼 크지는 않았지만 최고의 물리학과로 나는 이 학과에 들어가게 되어 기뻤다. 라비가 이 학과의 수장이었다. 그는 전쟁 중에 마이크로파 발생 연구를 위해 설립한 컬럼비아 대학교 복사연구소의 소장이자 학과장이었다. 나는 이 연구소가 전쟁 관련 연구에서 벗어나 분자와 원자 빔에 대한 라비의 연구를 포함해 기초물리학으로 전환한 직후에 도착했다. 폴리카프 쿠시는 라비와 유사한 기술을 사용하여 원자와 핵의 자기 모멘트를 연구하고 있었다. 윌리스 램은 수소 원자의 에너지 준위를 연구했다(내가 처음 시도한 연구라고 생각했지만 램이 먼저였다). 그곳의 학생이던 윌리엄 니런버그는 원자핵 분광학에서 훌륭한 논문을 막 끝냈는데, 그것은 나의 연구 중 일부와 가까웠다.

이 시기에 컬럼비아 대학교 물리학과 교수들은 당시에 내가 생각한 것보다 훨씬 더 뛰어난 사람들이었다. 내가 도착했을 때, 나는 이 학과가 흥미로워 보인다고만 생각했다. 이 학과는 나에게 자극이 되기도 하고 편안하기도 했다. 그러나 돌이켜 생각해 볼 때, 컬럼비아 대학교 과학자들의 엄청난 창조성에 대해 최고로 감사한다.

나는 12년 동안 이 학과의 정규직 교수였고 라비, 쿠시, 램 말고도 T. D. 리, 스티븐 와인버그, 리언 레더먼, 잭 스타인버거, 제임스 레인워터, 히데키 유카와가 있었는데, 모두 나중에 노벨상을 받게 된다. 내가 도착했을 때는 라비만 유일하게 유명한 인물이었다. 이 시기의 학생들은 리언 쿠퍼, 멜빈 슈워츠, 밸 피치, 마틴 펄, 그리고 1965년 로버트 윌슨과 함께 우주 배경 복사를 공동으로 발견한 나의 박사 과정 학생 아노 펜지어스가 있었다. 이 사람들도 모두 노벨상을 받았다. 한스 베테와 머리 겔만은 노벨상을 받기 전에 이곳의 방문교수로 있었다. 젊은 박사후 연구원인 오게 보어, 카를로 루비아, 나의 박사후 연구원이었고 지금은 노벨상 수상자가 된 나의 가까운 동료 아서 숄로가 있었다.

나는 서른두 살에 교수가 되었다. 내가 이론가였다면 사람들은 내가 이미 인생 최고의 업적을 이루었을 것으로 기대했을 것이다. 대중적인 믿음에 따르면, 이론가들은 20대에 가장 뛰어난 능력을 발휘한다. 그러나 실험가는 더 오래 능력을 유지한다. 장비를 능숙하게 다루려면 시간이 걸리고, 경험이 중요하다. 전쟁 중에 다른 일을 하면서 나는 전자공학과 레이더에 사용되는 클라이스트론과 마그네트론 같은 전자기파 발생기, 그리고 실용적인 공학에서 풍부하고 중요한 경험을 얻었다.

나의 연구 관심사가 갑자기 새로운 방향으로 가지는 않았다. 유일한 변화는 연구실의 위치, 학생들이 있다는 것, 새로운 그룹의 선배 물리학자들과 교류하는 것이었다. 벨 연구소에서 산업과 군사 분야의 응용과 관련하여 내가 수행한 물리학은 컬럼비아 대학교에서 내가 하고 싶은 연구에 대해 좋은 아이디어를 제공했다. 나는 마이크로파 분광학으로 할 수 있는 다양한 연구에 깊이 매료되었다. 분자의 미세한 구조에 대한 조사, 원자핵의 기본 성질에 대한 탐구, 시간 측정의 개선 등을 할 수 있었다. 게다가 마이크로파와 전파 분광학은 전자기파와 물질의 상호작용에 대한 새로운 이론적 통찰을 제공했다.

장비를 구입하고 팀을 꾸리는 일은 큰 문제가 아니었다. 오늘날에 새로 부임한 교수는 연구비를 스스로 따내야 하며, 시간이 지나면 다시 새로운 연구비를 알아보아야 한다. 이렇게 하려면 많은 시간을 들여 신청서를 작성해서 정부 기관에 제출해야 한다. 오늘날 경쟁에 따라 연구비를 배분하는 제도는 나름의 장점이 있다. 그럼에도 제안서를 써서 지원 기관에 제출하는 일은 연구에 써야 할 시간과 에너지를 빼앗아간다.

그에 반해 당시의 컬럼비아 대학교 복사연구소는 연구비를 걱정할 필요가 없었다. 육군 신호부대(Army Signal Corps)가 관리하는 육군·해군·공군의 통합 연구비를 받고 있었기 때문이다. 군대가 이 연구소를 지원하는 까닭은 전쟁 중에 레이더의 중요성을 절실히 깨달았기 때문이다. 컬럼비아 대학교의 레이더 관련 마그네트론 연구는 전파와 마이크로파의 물리학 발전에 크게 기여했다. 라비는 연구비를 받고 갱신하는 일이 얼마나 쉬웠는지를 나에게 말해 주었다. 전쟁이 끝난 지 얼마 되지 않은 어느 날, 육군에서 사람이 와서 진행 중인 모든 마그네트론 연구를 살펴본 뒤에 이렇게 말했다. "이 실험실을 계속 유지하면서 물리학을 좀 하고 싶으십니까? 원하시면 우리가 1년에 50만 달러를 드리겠습니다." 라비는 이 관대한 제안에 큰 감명을 받았고, 50만 달러는 너무 많다고 말했다. 그들은 친절하게도 지원금을 조금 줄여 주었다!

전쟁 직후에 전국에서 비슷한 일이 일어났다. 예일 대학교 출신의 앨런 워터먼이 이끄는 해군연구소는 정부가 기초과학을 지원하는 가장 큰 창구였다. 이 자금은 미국의 대학교에서 수행하는 연구에 매우 중요한 역할을 했다. 워터먼의 철학은 전쟁 중의 연구를 기획했던 MIT 출신의 버니바 부시[아날로그 컴퓨터의 선구자로, 제2차 세계대전 중에 맨해튼 프로젝트를 비롯하여 미국 전체의 전시 과학 연구를 지휘했고, 전쟁이 끝난 뒤의 과학 정책 수립에도 막강한 영향력을 발휘했다. ― 옮긴이] 같은 사람들의 생각과 같았다. 강력한 과학계는 국가의 미래에 매우 중요하며, 군대의 지원이 정당할 정도로 충분히 중요하다는 것이었다. 이렇게 해서 그 시절에는 대학 연구에 대해 개방적이면서도 효과적으로 넉넉한 지원이 이루어졌다.

군에서 주는 연구비는 처음에는 매우 자유롭게 쓸 수 있었지만, 이 시스템은 점점 더 축소되고 경직되었다. 이렇게 된 이유는 부분적으로, 나중에 주로 부시의 영향에 의해 정부가 국립과학재단(National Science Foundation)을 설립했기 때문이다. 워터먼은 이 기관의 초대 대표로 가장 적합한 사람이었다. 그 뒤로 군대는 기초과학에 대한 후원을 조금씩 줄였고 훨씬 나중에는 군사 연구비 지원에 대해 엄격한 목표와 책임을 요구하는 규정을 제정했다. 많은 대학들은 군이 지원하는 과제를 좀 더 엄격하게 관리해야 한다고 생각하기 시작했으며 베트남 전쟁 기간 동안에 정치적 부담이 더 커졌다. 그러나 제2차 세계대전 이후 처음 10년 동안에 국방부 연구비로 민간 연구를 수행하는 것이 옳지 않다고 생각한 사람은 많지 않았으며, 이러한 지원은 미국의 과학 발전에 큰 도움이 되었다.

같은 맥락에서 1940년대 후반과 1950년대에도 여전히 사람들은 전시의 맨해튼 프로젝트와 레이더 연구가 얼마나 중요한 역할을 했는지를 생생하게 기억했다. 이로 인해 물리학자들의 사회적 위상이 치솟았는데, 전쟁 전에는 물리학이 뭔지 전혀 모르는 사람이 대부분이었던 것을 생각하면 커다란 변화였다. 물리학은 갑자기 광채를 띠게 되었고, 물리학자들은 저녁 파티에서 환대를 받았다. (나중에는 핵폭탄의 위협에 관련된 책임감이 물리학자들을 짓눌렀다. 이는 대중의 관심이 쏠린 1960년대와 그 이후에 특히 더 심해졌다.)

우리 가족은 두 딸 린다와 엘런과 함께 120번가와 모닝사이드하이츠의 아파트로 이사했다. 내가 컬럼비아에 있는 동안 두 딸 칼라와 홀리가 태어났다. 도시에서 어린아이들을 키우느라 우리 부부가 신경을 더 많이 써야 했던 것 말고는, 컬럼비아는 내가 찾던 풍부하고 도전적이며 질문할 수 있는 환경을 제공해 주었다. 매주 열리는 세미나에서 교수진과 방문연구자가 강연했고, 열정적인 학생들 덕분에 더할 나위 없이 좋았다. 그리고 넷째 딸 홀리가 태어나기 전에, 우리는 브롱크스의 스피튼 듀이빌 지역의 근사한 마당이 딸린 집으로 이사할 수 있었다.

물리학과 건물인 푸핀관 10층의 내 사무실에서는 컬럼비아 대학교 캠퍼스가 내려다보였고, 멀리 있는 엠파이어스테이트 빌딩도 보였다. 실험실은 사무실 한 층 위에 있었는데, 내가 처음 왔을 때 그곳은 말이 실험실이지 덩그러니 큰 방에 먼지 덩어리만 뒹굴고 있었다. 텅 빈 방에는 사람이

들어갈 만한 크기의 금속상자만 놓여 있었다. 순전히 우연이지만, 이 상자는 나의 벨 연구소 시절과 물리학적인 인연으로 연결되어 있었다. 컬럼비아 대학교 물리학자들이 1.25센티미터 레이더 파장의 수증기 흡수를 측정하기 위해 사용한 실험 장치가 이 상자에 장착되어 있었던 것이다. 이 상자는 앞에서 말했듯이 레이더에서 방출된 전파가 습한 공기에서도 멀리까지 전달될 수 있는지를 확인하는 실험 장치였다.

나의 즉각적인 목표는 마이크로파 분광학을 계속 확장하는 것이었고, 파장을 점점 더 줄이는 것도 포함되어 있었다. 이렇게 함으로써 나는 더 많은 분자의 거동과 핵의 모양, 질량, 스핀을 조사할 수 있을 것이다. 내가 벨 연구소에서 초기 연구를 하는 동안, 다른 물리학자들은 내가 생산적인 길을 가고 있는지 의심했다. 암모니아는 좋은 결과를 낳았지만, 몇몇 동료들은 암모니아에서 가장 현저한 마이크로파 스펙트럼이 너무 특이해서 이 연구를 다른 분자로 확장할 수 없다고 생각했다. 그들은 단지 다른 분자의 연구에는 그에 맞는 감도를 가진 다른 기술이 있을 것이라고 생각했다. 라비 역시 핵의 사중극자 모멘트가 분자 스펙트럼에 주는 영향에 대한 나의 이론적 해석이 매우 의심스럽다고 계속 눈치를 주었다.

하지만 내가 컬럼비아 대학교에 부임하기 전에 이미 많은 연구자들이 마이크로파 분광학에 뛰어들고 있었다. 버클리와 하버드 대학교 화학과 그리고 MIT, 듀크, 옥스퍼드 대학교 물리학과에서도 중요한 결과가 나왔다. 내가 주도한 벨 연구소뿐만 아니라 제너럴 일렉트릭, 웨스팅하우스, RCA(Radio Corporation of America)와 같은 기업연구소에서도 초기 연구를 수행했다. 우리는 몇 년 동안 다양한 기체에서 유용한 스펙트럼을 발견했다. 여기에는 유기 분자, 이원자 분자, 고온에서 기체가 되는 여러 종류의 염(鹽), 자유 라디칼인 OH(수소 원자 하나가 떨어져 나간 물 분자)가 포함되었다. 하버드의 화학자인 브라이트 윌슨이 제안한 아이디어는 민감도를 크게 향상시켰다. 전쟁의 잉여물자로 쉽게 이용할 수 있었던 클라이스트론과 마그네트론을 통해 찾아낸 스펙트럼에서 다양한 핵의 질량, 스핀, 모양(사중극 모멘트)을 결정하는 새롭고 흥미로운 방법과 함께 구조, 쌍극자 모멘트, 분자와 전기장 사이의 상호 작용에 대한 매우 상세한 정보를 얻는 방법을 알아냈다.

이 무렵에 나는 연구하면서 특별한 우정을 얻었다. 이것은 매우 추상적인 것으로, 한 분야에 헌신하는 과학자라면 누구나 자기가 다루는 문제, 개념, 장치에 깊은 친밀감을 느끼게 된다. 분자에 대한 나의 경험은 칼텍에서 시작해서 벨 연구소에서 점점 더 커졌으며 마침내 컬럼비아 대학교에서 가장 크고 친근하며 흥미롭게 다가왔다. 분자가 어떻게 에너지를 흡수하고 방출하는지, 분자의 움직임, 전자와 핵의 거동을 실제로 볼 수 있는 사람은 아무도 없지만 나에게는 생생한 현실이 되었고 쉽게 시각화할 수 있었다. 어떤 분자가 특정한 상황에서 어떻게 행동하는지 알아내려고 할 때, 그 분자는 내가 거의 모든 습관을 잘 알고 있는 친구처럼 느껴진다. 암모니아는 의심할 바 없이 내가 가장 좋아하는 분자이다. 질소 하나에 수소 셋으로 이루어진 단순한 배열은 내 경력에서 중요한 순간마다 중추적인 역할을 해왔다. 나는 이 낯익은 분자를 원자시계의 주요 부분인 메이저 내부에서, 지구에서 멀리 떨어진 별들 사이의 구름 속에서, 몇몇 별들을 둘러싼 대기 속에서 만났다.

나의 분자 친구는 컬럼비아 대학교에서 보낸 매우 생산적인 첫해에 두드러졌다. 이는 암모니아가 마이크로파와 강한 상호작용을 하기 때문이기도 했다. 게다가 암모니아 분자의 특이한 반전(강풍에 우산처럼 뒤집어진다)과 회전은 질소와 수소 핵의 효과와 결합해서 새로운 이론적 설명과 세심한 측정이 필요한 효과를 불러왔다. 내가 컬럼비아 대학교에서 암모니아와 다른 분자들을 연구했던 기간은 내 경력에서 가장 만족스러운 시간이었다.

내가 완벽한 유토피아에 있었다고는 할 수 없다. 여전히 군대가 연구비를 지원하고 있었기에 마그네트론에 관심을 가지는 국방부가 원하는 대로 나도 뭔가 해야 한다는 부드러운 권유가 있었다. 점점 더 짧은 파장의 분광학을 추구하거나 더 어려운 분자를 파고드는 나의 연구는 국방부의 관심사와 거리가 멀었다. 라비를 비롯해서 물리학과 사람들은 여러 번에 걸쳐 내게 마그네트론 연구를 하도록 은근히 압박했다. 나는 그때마다 확실히 거부했다. 이 압박은 더 이상 심해지지는 않았지만, 그렇다고 없어진 것은 아니었다. 나에게 마그네트론 그 자체는 특별히 흥미롭지 않았다. 마그네트론은 단지 도구에 불과했다.

나는 내 연구의 초점을 바꾸려고 했던 군대나 다른 어떤 기관의 권유도 결코 따르지 않았다. 나는 외부인이 내 연구 방향을 바꾸도록 허락한 적이 없다고 생각하지만, 한편으로는 그 사람들의 견해를 나 자신의 진정한 연구 관심사에 반영하려고 항상 노력해 왔다. 나는 일반적으로 외부 기관이 접근해 오면 그들의 말을 듣고 나에게 가장 가치가 있다고 생각되는 일을 했다.

학계 밖에서 우리의 연구에 관심을 가진 집단은 군인들만이 아니었다. 민간산업계도 이 연구를 주목했다. 그중에서도 특별한 예가 H. W. (햅) 슐츠라는 인물이었다. 당시 유니언 카바이드 앤드 카본 코퍼레이션[현재 유니언 카바이드 주식회사의 전신이다. — 옮긴이]의 화학자였던 슐츠는 컬럼비아 대학교에 다니다가 실험실 사고로 눈이 멀었다. 그는 주로 이론을 연구했고 반응의 추상적인 이론적 측면에 집중했다.

1948년 어느 날, 슐츠가 제안서를 가지고 연구실에 나타났다. 나는 이전에 그를 몰랐지만, 그가 총명하고 독창적인 사람임을 바로 알 수 있었다. 그의 방문은 행운이었다. 그는 적외선으로 매우 특정한 분자 반응을 일으키는 아이디어를 가지고 있었는데, 그 적외선은 파장이 1밀리미터 미만이고 전자기 스펙트럼에서 가시광선과 마이크로파 사이의 영역이었다. 슐츠는 적외선의 진동수를 적절하게 조정하면 특정한 방법으로 분자를 들뜨게 할 수 있으며, 분자에 다른 직접적인 변화는 일으키지 않는다고 말했다. 이렇게 분자 에너지를 선택적으로 변화시킬 수 있다면 화학 반응을 조절하는 새로운 방법이 될 수 있다. 그는 적외선 복사로 원하는 몇몇 반응들만 선택적으로 촉진할 수 있기를 바랐다. 그것은 원리적으로 대단히 매력적인 아이디어였다. 그러나 적외선 영역에서 적절한 세기의 파동을 얻을 수 있는 방법이 없었다. 슐츠는 이런 복사를 얻기 위해 연구하는 유능한 과학자에게 주기 위해 유니언 카바이드로부터 1만 달러를 받았다. 그는 나에게 이 연구를 해보라고 했다. 사실상 그는 1만 달러짜리 수표를 손에 쥐고 있었다. 당시로서는 큰돈이었고, 나와 같은 과학자가 그만한 연구비를 확보하려면 1년이 걸릴 터였다. 이 돈이면 연구에 큰 도움이 될 것이었다. 그러나 나는 슐츠에게 1밀리미터보다 훨씬 짧은 파동을 만드는 것도 분명히 나의 관심사이기는 하지만 지금 당장은 길이 보이지 않는다고 말했다. 그 돈을 받기 위해 내가 당신에게 무언가를 하겠다고 말하는 건 잘못이라고 말했다. 나는 목표에 다가갈 좋은 아이디어도 없는 연구에 매달리느라 다른 연구에 방해를 받고 싶지 않았다. 그는 내 대답을 듣고 나서 떠났다.
　며칠 뒤에 슐츠가 돌아왔다. 그는 다른 연구실에도 가봤는데, 결론은 나에게 연구비를 주기로 정했다고 말했다. 왜냐하면 내가 하는 연구가 인상적이고 원래 이 연구비의 목적이 나의 연구와 어느 정도 관련이 있다고 생각했기 때문이었다.

그는 나에게 질문 하나를 던졌다. 그 기부금으로 뭘 하겠는가라는 것이었다. 나는 분명히 대답했다. 5,000달러로 나와 함께 일할 젊은 박사후 연구원을 고용하고, 나머지 5,000달러로 연구 장비를 구입하겠다고 말했다. 물론 나는 내가 흥미롭다고 생각하는 주제의 연구를 계속하겠다고 못을 박았다. 놀랍게도 슐츠는 좋다고 대답했다. 나는 그 돈을 받았고, 내가 컬럼비아 대학교에 있는 한 매년 그 돈을 받을 수 있었다.

이렇게 해서 카바이드 앤드 카본 펠로십을 받고 나와 함께 연구하게 된 첫 번째 박사후 연구원은 젊은 남아프리카인 얀 루브서였다. 그는 옥스퍼드에서 마이크로파 연구로 유명한 나의 친구 브레비스 블리니와 함께 공부했다. 얀은 분자분광학에서 마그네트론의 배진동파를 사용하는 연구를 수행했다. 다음 해에 이 펠로십을 받은 사람은 토론토 대학교의 젊고 유망한 광학 분광학자 아서 숄로였다. 그는 나와 함께 마이크로파를 이용한 새로운 형태의 분광학을 연구하게 되었다. 숄로는 나의 중요한 공동연구자가 되었고, 우리는 함께 마이크로파 분광학의 교과서를 썼다. 그는 내 여동생과 결혼해서 가족이 되었다. 그는 레이저라는 강력한 적외선 광원에 대한 슐츠의 혁명적인 생각을 현실로 만드는 데 중요한 역할을 하게 된다.

연구실을 찾아오는 사람들 중에는 매년 몇 차례씩 군에서 오는 조사관도 있었다. 그들은 우리가 무엇을 하고 있는지 보기 위해 정기적으로 방문했다. 이 사람들 중에 해군의 폴 존슨 중령이 있었다. 그는 내가 파장이 짧은 마이크로파를 연구하고 싶어 한다는 것을 알았고, 밀리미터파 연구를 평가하고 촉진하기 위해 자문위원회를 구성하면 어떻겠냐고 물었다. 당시의 마이크로파 연구는 주로 센티미터 또는 더 긴 영역이었고, 밀리미터파는 이보다 더 짧은 영역이었다.

당시에 해군은 밀리미터파에 대해 명확한 목표가 없었다. 위원회를 만들자는 존슨의 제안에도 확실한 목표는 없었고, 실용적인 기술을 추구하는 잠재적으로 유익한 길이라면 하나도 놓치지 않겠다는 해군의 의지를 보여줄 뿐이었다. 해군은 물론 군대 전체는 알 수 없는 신무기로 적이 미국을 위협하는 상황을 결코 바라지 않았다. 전쟁 전에는 대부분의 군사 조직이 전쟁을 치르는 실질적인 사업에 대해 교수에게 조언을 구하려고 하지 않았지만, 전쟁을 치르면서 이런 태도는 완전히 달라졌다. 제2차 세계대전 동안 새로운 레이더, 원자폭탄, 탄도미사일, 제트항공기, 전자제어, 통신 시스템의 등장으로 군대는 과학에 대해 결코 잃지 않을 존경심을 가지게 되었다.

나는 고집스럽게 점점 더 짧은 파장을 추구했다. 짧은 파장의 빛은 원자, 분자와 더 강하게 상호작용하기 때문에 더 짧은 파장이 훨씬 더 많은 것을 얻을 수 있는 분광학으로 이어질 것이라고 확신했다. 밀리미터파를 만들고 사용하는 방법을 모색하는 위원회를 구성하자는 존슨의 제안은 나의 전문적 관심사와 잘 맞아떨어졌다. 그는 나에게 실험실에서 새로운 연구를 하라는 것이 아니라, 내가 이미 관심이 있는 분야의 가능성을 살펴보기 위해 위원회를 꾸리라고 했다. 나는 받아들였고, 해군은 그 비용을 컬럼비아 대학교에 지급했다.

1950년 초에, 나는 MIT의 존 슬레이터와 앨버트 힐, 스탠퍼드 대학교의 레너드 시프같이 경험이 많고 소속 기관에서의 영향력도 큰 사람들의 명단을 정리하고, 그들에게 조언을 구했다. 위원회는 단 일곱 명으로 구성되었지만, 그들은 광범위한 연구자들을 대표했다. 나 외에 유명한 마이크로파 엔지니어인 벨 연구소의 존 피어스, 스탠퍼드의 마빈 초도로, MIT의 루이스 스멀린, 해군연구소의 앤드루 하에프가 위촉되었고, 적외선의 매우 중요한 전문가인 존스홉킨스 대학교의 존 스트롱, 저온 장치를 이용하여 저 외선 탐지를 연구하던 오하이오 주립대학교의 존 돈트도 합류했다.

우리는 기업, 정부, 대학연구소에 연락하여 일반적인 분야의 사람들 이 야기를 듣기 위해 많은 시간을 보냈다. 위원회의 권고에 따라 피어스는 밀 리미터파의 중요성을 검토하는 글을 《피직스 투데이》에 실었다. 우리는 그 기사를 읽은 물리학자나 엔지니어가 우리가 놓쳤을지도 모르는 개념을 알 려주기를 바랐다.

우리는 밀리미터파 연구 개발에 대한 군사적인 지원의 정당한 이유를 생각해내기 위해 머리를 짜냈다. 우리는 많은 것을 생각하지 못했다. 밀 리미터파의 한 가지 단점은, 전쟁 중에 나의 시간을 빼앗았던 1.25센티미 터 레이더와 마찬가지로 공기 중에서 멀리 전달되지 못한다는 것이었다. 우리는 이 단점을 극복하려고 노력했고, 이것은 실제로 단거리 통신에 이 점이 될 수 있다고 제안했다. 신호가 사라지면 도청은 어려울 것이다! 우 리는 또한 몇 밀리미터의 파장은 안테나를 매우 작게 만들 수 있어 항공 기나 차량에 통신장비를 설치하기 쉽다는 점에 주목했다. 당시에 우주여 행은 아직 시작되지 않았지만, 공기의 밀도가 낮은 높은 고공에서는 밀리 미터파가 흡수되지 않으므로 항공기 통신에 매우 유용할 수 있다는 점에 주목했다.

우선적으로, 우리는 밀리미터 파동을 어떻게 만들 수 있을지를 궁리했 다. 내 생각은 매우 강력한 자기장 안에서 전자 스핀 공명이 밀리미터 파 장 영역을 만들어낼 수 있을지도 모른다는 것이었다. 그것은 밀리미터파 진동수의 자기장에서 전자가 회전하거나 진동할 수 있다는 것이다. 그러 나 나는 이 과정을 구현하는 생산적인 방식을 찾을 수 없었고, 우리는 이 방향으로 계속 진행하지 않았다. 나는 이미 실험실에서 마그네트론 배진동파와 체렌코프 복사[대전된 입자가 매질 속에서 빛보다 빠르게 달릴 때 발생하는 복사. 질량을 가진 물질은 빛보다 빠를 수 없다고 알려져 있지만, 매질 속에서는 빛의 속도가 진공에서보다 느려지므로 이런 일이 가능하다. ― 옮긴이]로 밀리미터 파동을 얻으려는 시도를 하고 있었다. 두 번째 방법은 자화된 물질 표면에 전자를 스치듯 쏘는 기술이 관련된다.

　주요 문제는 피어스가 논문에서 지적한 것으로, 보통의 방법으로 밀리미터파를 생성하려면 아주 작은 공명 공동(resonant cavity)이 있어야 하는데, 공동 크기가 한 파장이거나 그 몇 배쯤이어야 한다. 정밀하고 섬세한 부품을 1밀리미터 정도의 크기로 만들기는 쉽지 않으며, 여기에 상당한 에너지를 주입해서 의미 있는 출력을 얻기도 쉽지 않다. 이런 부품은 엄청난 고열에도 잘 견뎌야 한다. 우리는 이런 문제를 해결할 만한 좋은 아이디어를 짜내지 못하고 있었다. 실질적인 진전이 없어 좌절감에 빠져 있던 중에 갑자기 개념적 돌파구가 열렸다.

　해군 밀리미터위원회는 워싱턴시에서 자주 회의를 열었다. 한번은 이 회의를 1951년 4월 26일에 열기로 했는데, 같은 시기에 열리는 미국 물리학회 회합에 참석하는 기회에 함께 모이기로 했다. 아서 숄로도 논문을 발표하기 위해 함께 갔다. 나와 숄로는 돈을 아끼기 위해 프랭클린파크 호텔의 한방에 묵었다. 나는 위원회의 생산적인 활동이 거의 끝나 간다고 느꼈고, 새로운 아이디어나 권고안이 별로 없다는 사실이 당혹스러웠다.

　어린아이들을 키우고 있었기 때문에 나는 일찍 일어나는 편이었다. 회의가 있는 날에도 새벽에 일어났다. 늦잠을 자는 미혼의 동료(그는 나중에 나의 매부가 된다)를 방해하지 않으려고, 재빨리 옷을 입고 이른 아침을 즐기기 위해 방을 조용히 빠져나왔다. 위원회의 회의에 대해 생각하면서 어떻게 하면 임무를 효과적으로 수행할 것인지 마음속으로 궁리했다. 사람이라고는 거의 보이지 않는 프랭클린 공원에는 맑은 공기 속에 빨갛고 하얀 진달래가 활짝 핀 채 이슬을 머금고 있었다. 나는 꽃으로 둘러싸인 벤치를 골라서 앉았다. 놀랍도록 고요하고 정겨운 곳이었으며 집중에 방해가 될 만한 요소는 아무것도 없었다. 내 마음속에서는 문제가 계속해서 뒤척였다. "우리는 왜 어디로든 나아갈 수 없을까? 기본적으로 무엇이 이 일을 달성하지 못하도록 막고 있는가?" 나는 스스로에게 물었다. 내 마음은 먼저 작은 진공관이나 공명 공동에서 충분한 출력을 주어 괜찮은 신호가 나오게 하는 실제적인 문제로 돌아갔다. 자주 그랬듯이 생각은 나에게 편안하고 자연스러운 영역으로 흘러갔는데, 고체나 분자들이 관련되는 물리학적 메커니즘과, 특히 나의 연구 경력에서 그렇게 오랫동안 다루어 보아 내가 가장 잘 아는 분자들로 흘러갔다.

위원들과 나는 처음부터 어떤 분자 전이가 밀리미터 에너지의 흡수와 방출에 관련된다고 알고 있었다. 나는 여기에 대해 생각했고, 작은 공명기를 만들기보다 어떻게든 분자 공명을 이용해야 하며, 이미 자연에 존재하는 것을 활용해야 한다고 생각했다. 나는 왜 이것이 불가능한지를 처음부터 다시 생각했다. 그것이 불가능한 이유는, 모든 분자 집단은 방출하는 것보다 더 많은 에너지를 흡수하기 때문이다. 기체 또는 어떤 물질에 빛이나 신호를 쏜 다음에, 그 물질에서 더 강한 신호가 나올 것이라고는 기대하지 않는다! 기체를 충분히 가열해서 여러 파장의 복사를 방출하게 할 수 있지만, 스펙트럼에서 쓸모가 있을 정도로 충분한 에너지의 마이크로파를 얻으려면 기체가 너무 심하게 가열되어 개별 원자로 쪼개져 버릴 것이다. 엄청나게 높은 온도라는 요구 조건은 열역학 제2법칙의 결과이며, 언제나 이 생각의 갈래를 더듬다 보면 이 법칙에 걸리는 것이었다.

나는 복사 이론을 충분히 잘 알고 있었다. 차가운 기체에서도 들뜬 원자

(또는 분자)를 자극하는 광자와 정확히 똑같은 진동수의 광자를 방출할 수 있으며, 이렇게 해서 신호를 강화할 수 있다. 이 과정은 원자나 분자가 낮은 에너지 상태에서 일어나는 복사의 흡수를 반대로 한 것이었다. 그러나 지나가는 파동에 자극되어 아래로 내려가는 전이보다 훨씬 많은 수의 원자가 같은 에너지의 광자를 흡수하면서 위로 전이한다. 따라서 열평형에 있는 물질에서는 이 과정에서 전체적으로 손실이 일어난다. 이것이 열역학 제2법칙에서 나오는 직접적인 결론이다. 물질이 광자를 내놓기보다 더 많이 흡수하는 것이다. 이 난국을 타개하기 위해 내가 어떤 순서로 생각을 펼쳤는지 정확하게 재조립할 수는 없지만, 핵심적인 계시가 마구 쏟아졌다. 잠깐만! 열역학 제2법칙은 열평형을 가정한다. 하지만 반드시 이 법칙이 적용되어야 하는 건 아니야! 자연을 살짝 비트는 방법이 있다.

제2법칙이 말하듯이 언제나 높은 에너지보다 낮은 에너지 상태의 분자들이 더 많지만, 모든 계가 반드시 열평형이어야 하는 것은 아니다. 어떻게든 모두 들뜬 분자들만 있도록 만들면 원리적으로 얻을 수 있는 에너지의 한계는 없을 것이다. 들뜬 원자나 분자의 밀도가 크면 클수록, 그것들을 통과하는 복사 파동이 가는 거리가 길면 길수록, 더 많은 광자들이 더 강하게 방출될 것이다. 몇 년 전에 나는 이러한 물리 현상의 아이디어를 갖고 놀았지만 실제로 구현하기는 어렵다고 판단했다. 그러한 과정의 존재를 의심할 이유는 없었기 때문에 실험으로 보여준다고 해도 새롭게 증명되는 것은 없다고 보았다.

그날 아침 프랭클린 공원에서의 생각은 에너지를 키운다는 목표가 자극 방출에 대해 더 깊이 생각하게 하는 계기가 되었다. 어떻게 하면 그러한 비평형 상태를 얻을 수 있을까? 해답은 실제로 잘 알려져 있었다. 그것은 내 앞에 있었고, 물리학자들은 수십 년 전부터 알고 있었다. 바로 컬럼비아 대학교의 라비가 분자와 원자 빔(기체의 흐름)을 연구하고 있었고, 그는 낮은 에너지 상태들 속에서 높은 에너지 상태의 원자들을 휘게 함으로써 분자들을 조작하였다. 그 결과로 들뜬 원자가 더 풍부한 빔이 될 수 있었다. 하버드 대학교에서는 에드워드 퍼셀[핵자기 관련 연구로 1952년 노벨 물리학상을 수상했다. — 옮긴이]과 노먼 램지[1989년 원자 및 분자 빔 자기공명법을 발명한 공로로 노벨 물리학상을 수상했다. — 옮긴이]가 그러한 밀도 반전을 설명하는 개념적 명칭을 제안했다. 그들은 이것을 '음의 온도'라고 불렀다. 양의 온도에 비해 '음의' 온도는 낮은 준위가 높은 준위보다 상대적으로 많은 평형계를 뒤집어놓은 것이다.

어쩌면 이것은 과학자가 자기 생각을 봉투 뒷면에 급히 써내려가는 진부한 드라마 같았지만, 그것이 바로 내가 한 일이었다. 나는 호주머니에서 봉투를 꺼내 밀리미터나 더 짧은 파동을 증폭하는 발진기를 작동하려면 얼마나 많은 분자가 필요한지 계산했다. 나의 친구 암모니아 분자의 필요량이 얼마나 되는지는 내 머릿속에 있었다. 암모니아가 가장 적합한 매질로 보였다. 여전히 발진기가 필요하지만, 전자기 에너지를 그 속으로 펌핑할 필요가 없다는 것을 나는 재빨리 알아냈다. 단지 들뜬 분자의 흐름(또는 빔)을 보내기만 하면 되고, 이걸로 작동할 것이다! 어떤 발진기든 손실이 있고, 따라서 파동이 꺼지지 않으려면 흐름에서 유지해야 할 분자 수의 문턱값이 있다. 이 문턱값을 넘으면 파동이 반사에 의해 왔다 갔다 하면서 스스로 유지할 뿐만 아니라 통과할 때마다 에너지를 얻을 것이다. 출력은 분자들이 에너지를 공동(空洞) 속으로 운반하는 속도에만 제한될 것이다.

한 달 전에 나는 우연히 컬럼비아 대학교에서 독일의 물리학자 볼프강 파울[이온 트랩 개발로 1989년 노벨 물리학상을 수상했다. — 옮긴이]의 세미나 발표를 들었다. 그는 분자 빔을 집속시키는 새로운 방법을 설명했는데, 그것은 대전된 봉 네 개를 사용해서 사중 대칭을 이루는 장을 형성하는 것이었다. 이 시스템은 두 개의 평판을 사용하여 이중 대칭만 가진 라비의 시스템보다 빔을 더 강하게 집속시킬 수 있다. 나는 벤치에 앉아서 공동 공명기에서 손실이 얼마나 일어날지, 파울의 방법으로 집속시킨 암모니아 빔으로 진동을 유지할 수 있을지를 계산해 보았다. 전도가 불완전하므로 에너지가 너무 빨리 손실되면 진동이 유지되지 않을 것이다. 여러 조건을 머릿속에서 따져본 후에, 암모니아로 이 아이디어가 겨우 가능할 정도임을 알아냈다. 파울의 기술을 사용해서, 공동 속으로 들뜬 암모니아 분자들을 충분히 많이 보내면 이제까지 알려진 어떤 수단으로도 실현하지 못한 짧은 파장으로 동작하는 발진기를 만들 수 있다. 나는 원적외선 영역의 전자기 파동을 얻을 수 있는지를 계산해 보았다. 그 파장은 대략 0.5밀리미터 길이로 암모니아의 첫 번째 회전 공명에 해당하는 것이었다. 그러나 사실은 얼마나 짧은 파장이 가능한지에 대해 명확한 제한은 없는 것으로 보였다.

내가 또 알아낸 것은, 여기에서 나오는 신호가 결맞다는 것이었다. 공동에서 공명하는 파동이 앞뒤로 반사하면서 분자들을 지나갈 때마다 더 강해지고, 스스로 위상을 일치시켜 거의 일정한 진동수 또는 파장을 유지한다.

나는 봉투를 다시 호주머니에 집어넣었다. 호텔 방으로 돌아오니 숄로가 깨어 있었다. 나는 방금 한 생각을 그에게 말했다. "그거 흥미롭군요." 그는 감명을 받기는 했지만 조금 미지근하게 반응했다. 진실을 말하면, 이 아이디어가 얼마나 멀리 갈 수 있을지 나 자신도 확신하지 못했다. 원리적으로 옳은 것 같지만 계속 갈 수 있을까? 얼마나 잘 갈 수 있을까?

나는 밀리미터파 회의에서 이 아이디어를 말하지 않았다. 그 자리에서 내가 논의하지 말아야 할 근본적인 이유는 없었으며 보고서에 언급할 정도로 논의를 진척시킬 수도 있었을 것이다. 나는 이렇게 새롭고 신선한 사안에 대해서 내가 뭔가 놓친 게 있을 수도 있다고 생각했다. 나는 이 아이디어를 좀 더 신중하게 검토하고 싶었다. 나는 이미 이 개념이 물리학의 새로운 측면이나 원리를 담고 있지 않다는 것을 알고 있었다. 그러나 누구도 이제까지 이런 생각을 해본 적이 없었고, 쉽게 구현할 수 있을 것 같지도 않았다.

워싱턴에서 컬럼비아로 돌아온 나는 자극 방출의 아이디어가 충분히 좋다고 판단했다. 먼저 이중으로 점검해야겠다고 생각했고, 이 아이디어가 기본 물리학에 위배되지 않음을 확실히 하고 싶었다. 나는 1939년에 칼텍에서 W. V. 휴스턴에게 양자역학을 배우면서 쓴 강의 노트를 찾아보았다. 내가 옳았다. 거기에 있는 방정식에 따르면 명료하게 복사의 자극 방출에 의한 증폭이 가능하고, 진정으로 위상이 일치하고 결맞는 신호를 만들어 낼 수 있다. 원리는 전쟁 전에 수강했던 대학원 과목에 모두 들어 있었다.

또한 공명 공동의 특성에는 더 자세한 생각이 필요했다. 파동이 공동 안에서 빠르게 오가면서 공동 벽에서 너무 빨리 에너지를 잃지 않아야 하는데, 이것을 공동의 Q값이라고 부른다. 계산에 따르면 구리 공동이 아마도 필요한 Q값(또는 반사 1회당 충분히 낮은 손실)을 제공하는 것으로 보였고, 전도도를 개선하기 위해 온도를 낮출 필요도 없어 보였다. 가장 중요한 것은, 공동에 초전도 물질을 시도해야 할 필요가 없다는 점을 계산으로 거의 명료하게 확인했다는 것이다. 초전도 물질은 매우 낮은 온도가 필요해서 훨씬 더 복잡해진다. 실온의 구리면 충분해 보였다.

나는 내 아이디어가 표준적이고 알려진 물리학만을 사용한다는 것에 스스로 만족했다. 나는 물리학의 역사에서, 사실상 분자와 원자의 전이로 증폭기를 만들 수 있다는 암시가 얼마나 많았는지 나중에 알았다. 몇몇 과학자들은 이것을 명시적으로 제안했고, 어떤 이들은 실험까지 했지만, 누구도 공명기를 사용할 생각은 하지 않았고, 대부분의 경우 증폭의 결맞음을 무시했다. 여기에서 놓쳐버린 실마리 몇 가지를 간략히 살펴보자.

아인슈타인은 1917년에 처음으로 복사가 원자 또는 분자를 때려서 더 많은 복사를 유도 또는 자극하는 것을 설명했다. 그 요구는 들어오는 광자 또는 복사의 양자 에너지가, 높은 상태에서 낮은 상태로 전이하는 원자(또는 분자)가 잃어버리는 에너지와 대략 같아야 한다는 것이었다. 따라서 아인슈타인은 복사를 일으키는 에너지를 주는 과정을 설명했다. 그는 결코 결맞음을 고려하지 않았다. 그러나 누군가가 아인슈타인에게 물어보았다면 그는 금방 결맞음이 있다는 결론을 얻었을 것이고, 전체적으로 증폭이 일어난다고 생각했을 것이라고 나는 확신한다. 나는 아인슈타인이 비평형 조건을 고려했는지에 대한 어떤 증거도 없다. 그런 용어로 생각해 보라고 알려주었다면, 그가 증폭과 결맞음의 암시를 놓쳤을 리가 없다.

칼텍에서 더 흥미를 가졌던 나의 선생님들 중에 리처드 톨먼이 있었다. 그는 물리학자이자 화학자였으며 일반상대성과 통계역학을 연구했다. 1924년에 그는 《피지컬 리뷰》에 실린 논문에서 복사의 자극 방출과 흡수에 대해 주의 깊게 논의했고, 자극 방출을 '음의 흡수'(이것은 증폭과 같다)라고 불렀다. 예를 들어 그는 이렇게 썼다.

그러나 위쪽의 양자 상태에 있는 원자가 '음의 흡수'에 의해 입사 빔을 강화하는 방식으로 낮은 상태로 되돌아갈 가능성이 있다. …… 일반적으로 수행되는 흡수 실험에서 일어나는 '음의 흡수'의 양은 무시될 수 있음이 지적될 것이다. (vol. 24, p. 697)

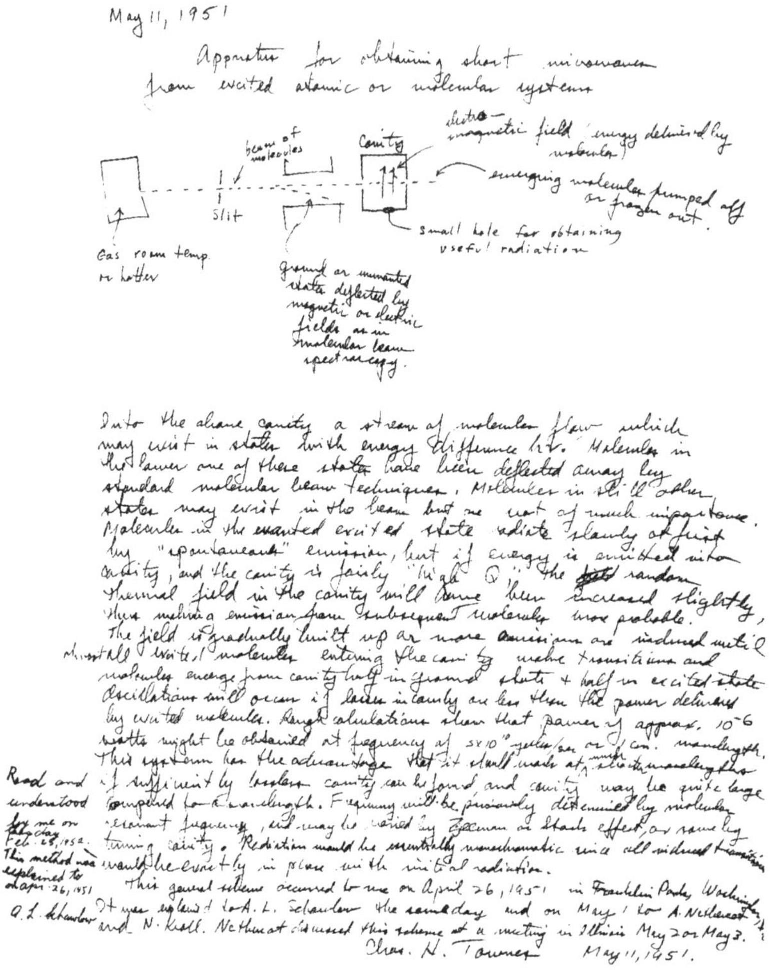

그림 3 1951년 5월 11일에 쓴 노트. 최초의 메이저 아이디어가 설명되어 있고, 증인으로 아서 숄로의 언급도 들어 있다.

이 시기에 그는 자신이 쓴 어떤 책에서 자극 방출이 자극하는 복사와 결이 맞다고 언급하기도 했고, 그러면서도 당시까지 여기에 대해 명쾌한 수학적 증명이 없다는 점도 알고 있었다. 따라서 자극 증폭 뒤의 일반적인 아이디어는 1920년대 중반에는 양자역학과 복사의 열역학을 다루는 물리학자들에게 이미 잘 이해되고 있었다.

1932년에 독일 물리학자 프리츠 게오르크 후테르만스는, 자기 실험실에서 기체 방전을 연구하던 어떤 실험가에게서 특정한 스펙트럼선이 이상하게 강하다는 말을 들었다. 후테르만스는 나에게 그 실험이 수행되고 나서 한참 뒤에, 이것이 빛(또는 광자)의 연쇄적 발생이었다고 생각한 일이 분명히 기억난다고 말했다. 이것이 열평형을 벗어난 기체의 자극 방출을 보여주는 생생한 길이었다. 후테르만스는 결맞음에 대해 생각해 보지 않았고, 이상하게 밝은 방출선에 대해 더 평범한(그리고 올바른) 설명을 찾아내고 나서 이 아이디어를 내려놓았다고 말했다. 더 중요한 것은, 그가 당시에는 이 현상이 발표하기에 충분할 만큼 흥미롭게 여기지 않았지만, 아서 숄로와 내가 1958년에 《피지컬 리뷰》에 발표한 「광학 메이저」 논문을 본 다음에 이 사례와 배후에 있는 물리학에 대한 자신의 회상을 발표했다는 것이다.

1939년에 러시아의 V. A. 파브리칸트는 기체 속에서 복사의 흡수와 방출을 설명하는 그리 잘 알려지지 않은 논문을 발표했다. 그는 이 논문에서 '음의 흡수' 또는 증폭이라고 부르는 것을 명시적으로 예견했다. 그는 결맞음이나 공명 공동을 언급하지 않았지만, 요즘의 기체 레이저에서 흔히 사용하는 '제2종 충돌'에 의해 필요한 상태 분포를 얻는 방법에 대한 시도를 제안했다. 그러나 그는 어떤 증폭도 달성하지 못했고, 그의 연구는 빠르게 잊혀졌다. 파브리칸트는 우리의 메이저 아이디어가 밝혀진 뒤에 1951년 6월 18일 자로 특허를 낼 수 있는 판본을 내놓았다. 이 특허 주장은 1959년이 되어서야 출판되었지만, 내가 듣기로는 소련의 법은 특허의 재작성과 날짜의 소급을 허용한다고 한다. 파브리칸트는 확실히 관련된 개념을 1939년쯤부터 일찍 연구하고 있었다. 하지만 불행하게도 그는 그리 멀리 가지 못했고 아무도 그의 연구가 흥미롭다고 언급하지 않았다.

얼마간 다른 유형의 에너지 준위 반전도 프랭클린 공원의 착상 이전에 연구되었다. 몇몇 과학자들이 전파로 들뜨게 하는 핵스핀 밀도 반전을 연구했지만, 전체적으로 증폭이라고 하기에는 충분하지 않았다. 하버드 대학교 그룹(퍼셀, 램지, 파운드)이 언급한 '음의 온도'에 대한 이야기는 이 연구에서 나왔다.

나 자신이 처음으로 분자 빔으로 복사를 증폭하겠다고 생각한 것은 1948년으로, 주로 물리학적인 원리를 증명하려는 의도였다. 그때 나는 이 아이디어를 공명 공동이나 발진기 제작과 연결하지 않았다. 1년쯤 지난 뒤에, 컬럼비아 대학교의 젊은 박사후 연구원 존 윌슨 트리슈카가 반전된 에너지 준위를 가진 분자 빔으로 자극 방출을 증명하려는 똑같은 아이디어를 떠올렸다. 우리는 같이 이야기했고, 이론적인 연구를 조금 하다가 이것이 매우 어렵고 많은 것을 증명하기 힘들다는 것을 깨닫고는 그만두었다.

1950년대에 윌리스 램[수소 스펙트럼 미세구조 발견으로 1955년에 폴리카프 쿠시와 함께 노벨 물리학상을 수상했다. — 옮긴이]과 로버트 C. 러더퍼드가 수소 스펙트럼의 미세구조에 대한 연구를 개괄하는 논문을 발표했다. 그들은 자신들이 알아낸 원자의 거동에 대해 설명하다가, 원자의 높은 에너지 준위가 낮은 준위보다 더 많으면 "전체적으로 유도 방출(음의 흡수!)이 일어날 것"이라고 썼다. 그들은 톨먼이 이미 그러한 과정을 똑같은 용어를 써서 1924년에 지적했다는 것을 몰랐다. 윌리스는 명백히 이 과정을 알고 있었고, 결맞음과 같은 것을 톨먼보다 더 완전하게 이해하고 있었다.

러시아의 천체물리학자 비탈리 긴즈부르크는 그의 교수 S. M. 레비에 대해 이렇게 썼다.

한참 오래전인 1930년대에 레비는 유도 방출의 의미와 그 가능한 역할을 명료하게 이해하고 있었다. 레비는 나에게 똑바로 이렇게 말했다. "더 높은 에너지 준위에 밀도 반전을 만들면, 증폭기가 될 것일세. 문제의 전체는 준위의 밀도 반전을 충분할 만큼 이루기가 어렵다는 것이지." 그러나 레이저가 왜 1920년대에 만들어지지 못했는지 나는 이해할 수 없다. 뒤돌아볼 때만 많은 것이 명확해진다.

따라서 자극 방출의 아이디어는 계속 떠다녔지만 아무도 그것을 추진하지 않았다. 그리고 그 기초물리학이 이해되었지만, 그것이 유용할지에 대해서는 아무도 몰랐다. 분자의 마이크로파 스펙트럼 연구가 실제로 증폭 또는 진동에 필요한 여러 아이디어를 통합하는 핵심적인 촉매였음은 틀림이 없었고, 분명히 필요한 개념과 기술이 마이크로파 엔지니어링과 장치에 대한 실제적인 경험이 있어야 했으며 또한 양자역학적 효과에 대해서도 잘 알아야 했기 때문일 것이다. 우리의 컬럼비아 대학교 실험실 외에 다른 두 곳에서도, 자극 방출에 의한 유용한 증폭에 대한 진지한 아이디어를 가진 사람들이 연구하고 있었다. 한 곳은 조지프 웨버의 메릴랜드 대학교였다. 웨버는 1952년에 전기공학자들을 대상으로 자극 방출에 의한 증폭에 대해 강연했다. 그에게는 공동도 없었고 유용한 양의 증폭도 없었지만, 확실히 기본 아이디어를 이해하고 있었으며 제안도 했다.

웨버의 짧은 논문 외에도, 1955년 봄까지 나는 몰랐지만, 모스크바 레베데프 연구소의 알렉산드르 프로호로프와 니콜라이 바소프가 1954년에 알칼리 할로젠화물(alkali halide)의 분자 빔을 공동에 통과시키면 마이크로 파 발진기를 만들 수 있을 것이라고 설명하는 논문을 발표했다. 이 논문은 우리의 암모니아 메이저가 발표되고 얼마 후에 출간되었지만, 우리 논문이 나오기 전에 접수되었다. 그들의 개념은 놀랄 만큼 나의 것과 같았고, 그들의 제안대로 알칼리 할로젠화물과 빔 방법을 사용하면, 그들이 보였듯이 공동의 Q값이 너무 높아야 해서 당시에는 실용성이 없었다는 점만 달랐다. 웨버와 러시아 연구진은 우리 시스템이 컬럼비아 복사연구소의 분기별 진전 보고서에 설명된 뒤에 논문을 발표했고, 웨버는 때때로 나를 방문했다. 따라서 어디까지가 그들의 아이디어였는지 의심스러울 수 있지만, 나는 그들의 연구가 독립적이지 않다고 주장할 이유가 없다고 본다. 러시아 사람들은 그러한 시스템의 구축을 계속 진행해서 이 분야에 기여한 공로로 1964년에 나와 함께 노벨상을 받았다.

1950년대까지 자극 방출에 의한 증폭의 아이디어가 이미 여기저기에서 인지되었지만, 이런저런 이유로 아무도 진정으로 이 아이디어의 잠재력을 알아보지 못했고 추진하지도 않았다. 그때까지 내가 몰랐던 러시아 연구자들만 예외였다. 내가 프랭클린 공원에서 떠올린 아이디어의 결정적인 부분은, 공동 공명을 사용해서 신호를 이쪽에서 저쪽으로 또 반대로 계속 반사하면 신호가 기체를 통과할 때마다 에너지를 얻는다는 것이었다. 이 진전은 사실상 무한대의 증폭을 제공할 것이다. 그렇지 않다면 진동의 출력이 공급할 수 있는 들뜬 분자의 양과, 많은 에너지가 반복적으로 지나가도 견딜 수 있는 정도로만 제한될 것이다. 이 모든 계획은 이미 알려져서 주위에 떠다니던 몇 가지 아이디어를 적절히 조합하기만 하면 되는 것이었다. 그리고 또 결정적인 것은, 이 일이 중요하다고 알아보는 것이었다.

메이저를 만드는 프로젝트는 바로 시작하지 않았다. 나는 학생들과 동료들에게 이 일에 대해 이야기했지만, 공식적으로 활발한 토의로 이어지지는 않았다. 드문 예외로 나의 박사후 연구원 아서 네더코트가 1951년 5월 초에 일리노이에서 열린 회합에서 언급한 일이 있다. 그는 청중석에 앉아 있다가 컬럼비아 대학교의 단파 연구 현황을 설명해 달라는 요청을 받았고, 전자기파를 증폭하는 새로운 개념을 대략적으로 설명했다. 이것이 최초의 공적인 설명이었지만, 네더코트의 기억 속에만 있고 기록은 남아 있지 않다.

실제로 컬럼비아 대학교에서 나의 모든 연구는 대학원생과 함께 진행하고 있었다. 증폭기 연구를 추진하기 위해서 나는 좋은 사람이 필요했는데, 이 일을 맡을 사람은 똑똑할 뿐만 아니라 몇 년 동안 계속 이 일을 할 수 있어야 했다. 최근에 MIT에서 온 제임스 고든은 거기에서 원자와 분자 빔을 연구했으며, 부지런하고 이해가 빠른 학생이었다. 나는 이렇게 말한 것으로 기억한다. "여기에 아주 흥미로운 아이디어가 있고, 우리는 이것을 동작하게 만들 수 있네. 자네가 학위를 마쳐야 할 때까지 성공할 수 있을지는 확신하기 어렵지만 이걸 하고 싶다면, 이 일에는 보상이 있을 걸세." 우리가 증폭을 얻지 못한다고 해도 이 장치로 분해능이 매우 높은 분광학을 할 기회가 있고, 그것으로 수준 높은 박사논문이 될 것이라고 그에게 확신시켜 주었다. 햅 슐츠가 나에게 카바이드 앤드 카본 펠로십을 제공하고 있었으므로, 나는 젊고 영특한 박사후 연구원 허버트 자이거를 세 번째 연구원으로 둘 수 있었다. 그는 라비 밑에서 분자 빔 연구로 학위를 마쳤고, 우리의 새 프로젝트에 이 분야의 전문성을 제공했다.

이 장치의 일반적인 윤곽은 명료해 보였다. 공명 공동이 필요하고, 여기에 들뜬 분자의 강한 빔을 흘려 넣어야 한다. 핵심 질문 다음과 같다. 어떤 파장을 먼저 시도할까?

나는 짧은 파장을 시도하고 있었기 때문에, 나의 첫 번째 아이디어는 스펙트럼의 적외선 영역에 있는 암모니아의 회전 전이를 이용하는 것이었다. 이것의 파장은 1밀리미터의 몇십분의 1이어서, 당시에 가능했던 어떤 발진기보다도 훨씬 더 짧은 파장이었다. 선택할 수 있는 분자 전이는 많았으며, 이러한 발진기는 내가 느끼기에 추후의 분광학에 진정 요긴하게 사용할 수 있었다. 그러나 이것이 처음으로 까기에는 너무 딱딱한 호두라고 판단하는 데는 오래 걸리지 않았다. 우리는 작동하기 쉬운 보통의 마이크로파 영역을 선택했다. 우리는 이 영역에 대해 이미 장비와 경험이 있었다. 우리는 그다음에 더 짧은 파장과 더 높은 진동수로 넘어갈 수 있을 것이다.

우리는 암모니아에서 가장 강한 전이인 1.25센티미터 파장을 목표로 삼았다. 이것은 1930년대로 거슬러 올라가서 클리턴과 윌리엄스가 측정했던 암모니아 공명의 일종이었다. 이것은 전시에 레이더에 사용하기 위해 군의 요청으로 연구했지만 수증기에 의한 흡수 때문에 사용하지 못한 파장 영역이었다. 1950년대 초에 우리는 암모니아 스펙트럼에 대해서 꽤 많이 알고 있었고, 이 파장 영역에서 유용한 기술도 있었으며, 성능 좋은 공명 공동을 만들어본 경험도 있었다. 또한 암모니아는 나의 오랜 친구였다. 오늘날 분자 또는 원자 증폭기를 만드는 것이 얼마나 쉬운지를 생각하면 거의 웃음이 나올 지경이지만, 처음에는 만들기가 그리 쉽지 않았다. 이 프로젝트는 학생의 학위 논문을 위한 것이어서 서두르지 않고 천천히 진행했다. 장비를 만들고 수정하고 개선하는 데 2년이 걸렸다.

기본적인 실험은 사각의 금속함에서 공기를 뽑아내면서 한편으로 관을 연결해서 암모니아 기체를 집어넣는다. 기체가 여러 개의 작은 관을 통해 확산해 들어가면서 분자 빔을 형성한다. 함 안에 분자 집속기를 설치했는데, 평행한 관 네 개를 정사각형으로 배열했고, 지름은 1인치(2.54센티미터)였다. 여기에서 더 흘러가면 공동이 있고, 양쪽 끝에 구멍이 있어서 분자들이 지나갈 수 있다. 공동에서 흘러나온 분자는 진공펌프로 제거하거나, 액체 질소 온도로 냉각한 표면에 기체를 닿게 하여 빠르게 응축시켜 제거한다. 〈그림 4〉에 나오는 함은 한 면을 열어서 네 개의 평행 관이 보이도록 했다.

그리스 펠로폰네소스에서 온 학생 조지 다우스마니스도 제임스 고든과 함께 약간의 예비 작업을 함께했다. 우리는 1951년 12월의 연구실 분기 보고서에 이 장치에 대한 최초의 공식 계획을 작성했다. 이것은 통상적인 의미의 공식 보고서는 아니었다. 엄밀히 말하면 이것은 출판물이라고 할 수 없었다. 하지만 사본이 회람되었고, 우리는 필요하다고 하면 누구에게나 사본을 보내주었다. 나중에 이 준(準)출판물이 특허 전쟁의 이슈가 되지만, 당시에 이런 일은 우리 마음속에서 아주 멀리 있었다.

우리는 여전히 미국 육군 신호부대의 통합 연구비를 받고 있었고, 이 프로젝트의 처음 2년 동안에 3만 달러쯤을 썼다. 나는 때때로 고든과 자이거와 함께 일했고, 프로젝트 전체를 감독했다. 그러면서 당시 지도하던 대학원생의 열 건이 넘는 논문을 감독하고 있었다. 우리에게 격려의 파도라고 할 만한 것은 거의 없었다. 연구실 방문객들에게 실험을 보여주면 대답은 항상 다음과 같았다. "네, 흥미로운 아이디어네요." 그러고는 떠날 뿐이었다. 2년쯤 연구를 진행한 어느 날, 라비와 쿠시[전자의 자기 모멘트가 이론값보다 크다는 측정으로 윌리스 램과 1955년 노벨 물리학상을 공동 수상했다. — 옮긴이]가 내 방으로 오더니, 자리를 잡고 앉았다. 두 사람은 각각 전직과 현직 학과장이었다. 둘 다 원자와 분자 빔 연구로 노벨상을 받았고, 그들의 견해에는 많은 무게가 실렸다. 그들에게는 걱정이 있었다. 그들의 연구는

그림 4 제임스 고든(오른쪽)과 내가 컬럼비아 대학교의 두 번째 메이저 앞에서 사진을 찍었다. 공기를 빼낸 금속함 속에서 메이저가 발생한다. 봉 네 개(사중극자 집속기)가 드러나 보이도록 함을 열어두었다. 이 집속기가 들뜬 분자들을 공명 공동(집속기 오른쪽의 작은 실린더) 속으로 보낸다. 생성된 마이크로파는 제임스 고든 근처에 있는 수직의 도파관으로 나온다. 두 번째인 이 메이저는 본질적으로 최초의 것을 복제한 것이고, 메이저 신호의 진동수가 얼마나 일정한지 측정하기 위해 만들었다. 두 파동의 맥놀이를 일으켜서 가청 신호를 얻는 것이다.

내 연구와 같은 기관의 지원을 받고 있었다. 그들은 이렇게 말했다. "이봐, 자네는 지금 하고 있는 연구를 중단해야 하네. 그건 성공하지 못할 걸세. 자네도 그게 작동하지 않는다는 걸 알잖아. 우리는 알아. 자네는 돈을 낭비하고 있네. 당장 그만두게!"

문제는 아직도 그들이 나를 분자 빔 분야의 외부인으로 취급한다는 것이었다. 이것은 그들의 분야였고, 그들은 내가 적절한 물리학을 전적으로 인정하지 않는다고 생각했다. 라비가 특히 고집을 부렸다. 주요한 과학 의제와 논쟁에서 라비는 현명하고 공정했지만, 작은 논제나 일상적인 일에서는 막무가내로 우기기도 했다. 그의 입장만 보면 그와 쿠시는 빔 전문가이고, 나는 분자분광학자일 뿐이었다. 그러나 나는 고든과 자이거와 함께 아주 주의 깊게 연구하고 있었다. 나는 빠르게 성공하기는 어렵다는 걸 알았지만, 배후에 있는 물리학은 튼튼하고 전망이 있다는 것도 알았다. 내가 느끼기에 라비와 쿠시는 본능에 더 많이 의지하고 있었다. 나는 그들에게 내가 가진 기회는 합당하며 계속할 것이라고 잘라 말했다. 그때 나는 진정으로 컬럼비아 대학교에 정년을 보장받고 부임한 것을 다행으로 여겼다.

이 아이디어를 연구하면서 2년이 지난 뒤에 허버트 자이거는 펠로십이 끝나서 링컨 연구소에서 고체물리학 연구로 직장을 잡았다. 그는 나중에 나에게 말하기를, 쿠시 교수가 이 어리석은 일에 2년을 허비하느라 좀 더 일반적인 연구 분야에서 견실한 논문을 더 쓸 기회를 날려 버렸다고 책망했다고 한다. 그러나 이 책망이 허버트에게 심각한 영향을 주지는 못한 것 같다. 그는 링컨 연구소에서 나중에 고체 레이저에 관해 선구적인 연구를 수행했다.

우리는 컬럼비아 대학교에서 암모니아 빔 장치에 열심히 매달렸다. 우리 연구실을 찾아오는 방문객들에게 이 새로운 발진기의 가능성에 대해 이야기를 했고, 몇몇 대학교는 우리 연구실 내부 보고서를 자신들의 서가에 꽂아두기까지 했지만, 아무도 이 아이디어를 추구하지 않았다. 물론 이것은 내 연구실의 유일한 프로젝트도 아니었다. 나에게는 열 명이 넘는 박사과정 학생이 있었고, 물리학자들도 여러 명이 있어서 다양한 마이크로파 분광학 연구로 나름 바쁘게 지내고 있었다. 그러나 나는 발진기에도 꾸준히 관심을 가졌는데, 이것이 분광학 연구에서 엄청난 도구가 될 것이라고 느꼈기 때문이다.

이 실험은 나의 주 실험실에서 진행했고, 나는 고든과 자이거와 자주 만났다. 우리는 설계와 계획을 두고 계속 주기적으로 대화했다. 우리는 분자의 주입 부분 개선과 공동의 에너지 손실을 분자 빔에서 얻는 이득보다 적게 하기 위해 특별히 노력했다. 우리는 자극 방출을 기대할 만할 때부터 바로 조짐을 보기 시작했고, 이것은 분해능이 매우 높아서 흥미로운 분광학을 제공했다. 제임스 고든이 논문을 쓸 만한 성과는 확보되었다. 문제는 공동의 손실이 너무 커서(Q값이 너무 낮아서) 공명 파동이 축적되어 반사하면서 왔다 갔다 할 정도가 되지 못한다는 것이었다. 우리는 이 문제를 조금씩 해결해 나갔다.

이 모든 것을 관통하는 아이디어는, 분자 빔이 한쪽 끝에서 공동의 반대편 끝으로 가면서, 마이크로파 영역에서 공동을 가로질러 이쪽에서 저쪽으로 반사되면서, 분자 빔이 흘러가는 방향의 직각으로 증폭이 일어난다는 것이다. 처음에 우리는 공동 전체를 최대한 감싸야 한다고 생각했다. 그러나 이렇게 하면 분자들이 들어오고 나가기가 어려워진다. 공동에서 분자들이 통과하는 구멍이 너무 크면, 공명하는 복사가 축적되는 것보다 더 빠르게 양쪽 끝으로 새어 나갈 것이다. 공동에서 마이크로파가 새어 나가지 않도록 막으면서 분자들은 잘 통과하도록 만드는 것이 어려운 문제였다.

우리는 공동의 양쪽 끝에 여러 가지 금속 링을 장착하려는 시도를 계속했다. 마이크로파가 너무 빨리 빠져나가지 않도록 금속 링으로 막으면서 분자들을 통과시킬 것이다. 막상 해결하고 보니 해답은 간단했다. 어느 날, 제임스 고든이 양쪽 끝을 거의 완전히 개방했다. 이것이 딱 필요한 조치였다. 양쪽 끝에 링이 없으니, 공동으로 충분히 많은 분자들이 들어갔다. 양쪽 끝으로 복사가 너무 많이 새어 나갈 것이라는 생각은 불필요한 염려였다. 링이 없으니 공동 속에서 복사의 형태가 더 단순해지고 더 효율적으로 속박되었다. 공동은 상당히 길었고, 복사는 대부분이 옆 벽 사이에서 이쪽에서 저쪽으로 반사되어서, 양쪽 끝의 완벽한 원형의 큰 구멍을 통해서 그렇게 많이 새어 나가지 않았다. 원래 공동 양쪽 끝에 장착했던 내부에 구멍을 낸 링은, 구멍이 완벽한 원형이 아니었거나 공동에 충분히 잘 연결되지 않았을 수 있다. 이렇게 되면 공동 속의 기본 공명 형태가 찌그러지고 실제로 에너지 손실이 커질 것이다.

1954년 4월 초에 많은 학생들과 함께 세미나를 하는 도중에 제임스 고든이 불쑥 들어왔다. 그는 세미나에 참석하지 않고 공동의 양쪽 끝을 여는 실험을 계속하고 있었다. 이것이 작동했다! 우리는 세미나를 중단하고 실험실로 가서 진동의 증거를 보고 축하했다.

얼마 뒤에 새로운 발진기 실험이 계속되는 중에, 나는 학생들과 점심식사를 하면서 새로운 장치에 이름을 붙여야 한다고 말했다. 라틴어와 그리스어 이름을 지어 보았지만 너무 긴 것 같았다. 그래서 물리적 원리를 설명하는 문구의 약자를 사용하기로 했고, 이렇게 해서 정해진 이름이 '메이저(microwave amplification by stimulated emission of radiation, 복사의 유도 방출에 의한 마이크로파 증폭)'였다. 폴리카프 쿠시가 이 연구를 그만두라고 한 지 3개월쯤 지나서였다. 그는 이 연구가 성공하자 자애롭게 대했고, 자기가 생각했던 것보다 내가 이 연구를 더 잘 파악하고 있었다는 걸 진작에 깨닫지 못했다고 후회했다.

이 역사(메이저와 그것을 광학 영역에서 구현한 레이저, 그 뒤의 파급 효과까지 포함해서)는 향후의 모든 장기적인 과학기술 프로젝트에 중요한 점을 시사한다. 어떤 과학사학자들은 그 시절을 돌이켜보면서, 우리가 어떤 방식으로든 군대에 의해 조율되고, 관리되고, 조작되고, 조종되었다고 말했다. 해군이 이미 밀리미터파의 사용을 명시적으로 기대했고 메이저와 레이저 같은 것을 내다보기라도 한 것처럼 말이다. 정치가와 기획가는 예산을 관리하면서, 또한 일반적으로 자금을 대는 기관은 특정하고 유용한 목적으로 계획에 집중해야 한다고 믿는다. 우리가 보는 관점에서, 해군은 메이저나 레이저 같은 것에 대해 특별한 기대를 하지 않았다. 이 분야에서 뭐든 새로운 것은 우리가 내놓은 것이었다. 군은 결과가 증명되기 전까지 나의 메이저 연구에 거의 관심이 없었다. 결정적인 것은, 내가 흥미롭고 중요하다고 생각하는 것을 자유롭게 연구할 수 있었다는 점이다. 나중에 뒤돌아볼 때는 원인과 결과가 뒤바뀌기도 한다. 산업계와 군이 우리를 풍족하게 지원하기는 했다. 그러나 나는 연구 경력 동안 나의 본능과 흥미를 따라가도록 해달라고 후원자들과 다른 사람들을 내내 설득해야 했다. 이는 순수 연구를 지향하는 많은 과학자들이 공유하는 경험이다. 이런 설득은 보상을 받는 경우가 많다.

5

메이저 발명의 흥분, 그리고 성찰의 시간

메이저가 만들어지기 전까지(그리고 그 뒤에조차), 매우 존경을 받는 물리학자들이 메이저의 성능에 대한 우리의 설명을 불신했다. 메이저의 원리에는 물리적으로 새로운 내용이 전혀 없었고, 모두 잘 알려진 물리학을 바탕으로 했는데도 그들은 믿지 않았다. 그들의 반대는 라비와 쿠시가 이 프로젝트를 요람에서 죽여버리려고 했던 시도보다 더 집요했다. 이 두 사람은 일반적인 아이디어인 발진기와 분자 빔에 대해서는 아무 질문도 하지 않았다. 그들은 단지 이 연구가 비현실적이고, 이 연구를 계속하면 기초 물리학과 다른 상식적인 연구에 배분되어야 할 학과의 자원을 낭비한다고 생각했을 뿐이다.

컬럼비아 대학교의 유명한 이론가 르웰린 H. 토머스는, 기초 물리학에 따라 메이저는 내가 예측한 일정한 진동수를 제공하지 못한다고 잘라 말했다. 그는 너무나 확신에 차서 내 설명을 들으려고 하지 않았다. 메이저가 성공하자 그는 나와 말도 섞지 않았다. 학과의 젊은 물리학자 한 사람은 이 장치가 최초로 성공적으로 동작한 뒤에도, 우리가 말한 대로 동작하지 않을 것이라면서 스카치위스키 한 병을 내기로 걸었다(그가 냈다).

우리가 두 번째 메이저를 만들어서 진동수가 놀라울 정도로 일정하다고 보여준 지 얼마 지나지 않아서, 나는 덴마크로 가서 위대한 물리학자이자 양자역학 개발의 선구자 닐스 보어를 만났다. 함께 거리를 걸으면서 그는 자연스럽게 내가 무엇을 하고 있는지 물었다. 나는 메이저와 그 성능에 대해 설명했다. "하지만 그건 불가능하네." 그가 외쳤다. 나는 가능하다고 말했다. 비슷한 일이 또 있었는데, 뉴저지 프린스턴의 칵테일파티에서 헝가리 출신 수학자 존 폰 노이만이 나에게 무엇을 연구하고 있는지 물었다. 내가 메이저와 그 일정한 진동수에 대해 설명하자, 그는 이렇게 단언했다. "그건 옳지 않다네!" 하지만 내가 옳다고 대답했고, 이미 실험으로 증명했다고 말했다.

이러한 반대는 물리학의 잘 알려지지 않은 측면에 대한 생각 없는 견해가 아니었다. 이 반대는 뛰어난 사람들의 깊은 사려에서 우러나온 것이었다. 그들이 반대하는 이유는 바로 불확정성 원리 때문이었다. 하이젠베르크의 불확정성 원리는 20세기의 전반 50년 동안에 물리학의 창조성이 놀랍도록 폭발한 기간에 만들어진 핵심적인 성취 중에서도 양자역학의 핵심 교리이다. 이것은 고전물리학에서 뉴턴의 법칙만큼이나 양자론의 중요한 기둥이라고 할 만하다. 그 이름이 암시하듯이, 이 원리는 계의 조건의 모든 측면에 대한 절대적인 지식을 얻는 것이 불가능하다고 말한다. 그 의미는 특정한 입자 또는 대상에 대해 매우 큰 정확도로 측정하거나 정의하려고 하면 비용을 치러야 한다는 것이다. 어떤 것을 정확하게 측정하거나 통제하려면, 다른 어떤 측면에 대해 알거나 통제하기를 포기해야 한다.

불확정성 원리에 대한 가장 대중적인 설명은 입자의 위치와 운동량을 함께 무제한으로 정확하게 알 수 없다는 것이다. 과학자는 하나를 얻기 위해 다른 하나를 희생해야 한다. 문제는 우주의 본성에 있는 것이지, 장비의 성능이 나빠서가 아니다. 메이저를 의심하는 사람들이 염려한 것은 불확정성 원리의 또 다른 형태로, 진동수(또는 에너지)를 임의의 짧은 시간에 커다란 정확성으로 측정할 수 없다는 것이다. 유한한 시간 안에 수행하는 측정에는 진동수 불확정성이 자동으로 따라붙는다.

많은 물리학자들이 이러한 불확정성 원리에 빠져들어서 메이저의 성능에 대해 보자마자 전혀 말이 안 된다고 지적했다. 메이저의 공동에서 분자들이 그렇게 짧은 시간, 약 1만분의 1초를 쓰기 때문에, 이 물리학자들이 보기에 복사의 진동수가 그렇게 좁게 제한되기는 불가능하다는 것이다. 그러나 메이저에서는 우리가 말한 그대로 정확하게 그런 일이 일어났다.

물론, 여기에는 불확정성 원리가 적용되지 않는 충분한 이유가 있다. 메이저는 명확하게 특정할 수 있는 분자 하나의 에너지 또는 진동수를 알려 주지 않는다. 분자 하나가 자극되어 복사를 방출할 때(자발적인 복사와 비교해서), 분자는 자극하는 복사와 정확하게 똑같은 진동수를 생성해야 한다. 또한 메이저 발진기 안의 복사는 함께 동작하는 많은 분자들의 평균을 나타낸다. 분자 하나하나는 정확하게 측정되거나 추적되지 않는다. 겉보기에 메이저에 불확정성 원리가 적용되어야 할 것 같지만, 실제로는 그렇지 않기 때문에 정밀성이 나올 수 있다.

엔지니어들은 그때까지 불확정성 원리 같은 이상한 것들에 거의 맞닥뜨려 본 적이 없었으므로, 메이저가 이론적으로 정확한 진동수를 만들 수 있는지 의심하느라 시간을 보내지 않았다. 그들은 발진기와 공동을 내내 다루고 있었고, 광범위한 물리 현상을 기초로 매우 일정한 진동수를 만들어

내고 있었다. 그들은 메이저 발진기가 한 일을 당연하게 받아들였다. 그들이 익숙하게 받아들이지 못한 것은 자극 방출이라는 아이디어였는데, 이것이 메이저가 증폭을 일으키는 핵심이었다. 메이저의 탄생에는 엔지니어링과 물리학 둘 다에 대한 본능과 지식이 필요했다. 마이크로파와 전파 영역의 분광학을 연구하는 물리학자들은 물리학뿐만 아니라 엔지니어링의 재주도 필요했으므로, 메이저를 즉각 이해하고 인정할 수 있는 경험을 갖추고 있었다. 라비와 쿠시는 비슷한 분야를 연구했으므로, 곧바로 메이저의 물리적 배경을 받아들일 수 있었다. 그러나 다른 사람들은 모두 깜짝 놀라면서 받아들이지 않으려고 했다.

내가 보어를 설득했는지에 대해서는 자신이 없다. 덴마크에서 길을 함께 걸어가면서, 그는 분자들이 메이저에서 그렇게 빠르게 이동하면 방출선이 넓게 퍼져야 한다고 강조했다. 내가 반박하자 그는 이렇게 말했다. "음, 그렇군. 자네가 옳을 수도 있지." 그러나 나는 그가 젊은 물리학자에게 조금 친절하게 대하려고 했다는 느낌을 받았다. 폰 노이만은 우리가 프린스턴의 파티에서 이야기한 뒤에 돌아다니면서 술을 더 마셨다. 15분쯤 뒤에 그가 다시 왔다. "그래 자네가 옳아." 그는 툭 던지듯 말했다. 확실히 그는 핵심을 알아보았다. 폰 노이만은 아주 흥미로워하는 듯했고, 나에게 반도체로 짧은 파장을 그 비슷하게 만들 수 있는 가능성을 물었다. 나는 그가 죽은 뒤에 발표된 논문에서 그가 이미 레이저에 대해 제안한 적이 있다는 사실을 나중에 알게 되었다. 그는 에드워드 텔러에게 1953년 9월 19일에 보낸 편지에서 들뜬 전자에 의한 반도체 속의 근적외선 복사의 연쇄적 생성에 대해 제안했는데, 강력한 중성자 복사의 포격을 이용하는 것으로 보였다. 폰 노이만은 계산과 함께 그의 아이디어를 이렇게 요약했다.

본질적인 사실은 여전히, 시간 t_1 동안 열역학적인 비평형을 유지해야 하며, 이 시간은 비평형의 가속적 붕괴를 자발적으로 일으키는 일종의 자가촉매적 과정이 $1/e$로 감소하는 시간 t_2보다 훨씬 더 길다는 것이다. 현재의 경우에 자가촉매의 요소는 빛이며, 근적외선, 즉 1만 8,000옹스트롬[1.8마이크론] 근처의 빛이다. 어쩌면 이러한 메커니즘보다 훨씬 더 좋은 물리적 구현도 있을 것이다. 나는 실제적인 응용까지 가지 않았으며, 이 모든 구도가 의미가 있다는 전제하에, 이것의 실제적인 구현에 대한 아이디어가 있으며……

그의 아이디어는 거의 레이저였지만, 그에게는 자극 방출의 결맞는 성질을 사용한다거나 반사 공동에 대한 생각이 없었다. 또한 텔러의 답장도 없었던 것 같고, 아이디어 전체가 묻혀 버렸다. 레이저가 완전히 자리를 잡은 뒤인 1963년에 폰 노이만의 초기 생각과 계산이 출판되었다. 그러나 그때는 폰 노이만이 죽고 없었으므로 나는 1953년에 그가 낸 아이디어를 그와 함께 탐구할 기회를 얻지 못했다. 우리가 메이저를 동작하는 동안 그는 이 아이디어에 대해 겸손하게 침묵을 지키고 있었다.[폰 노이만은 53세가 되던 1957년에 암으로 사망했다. — 옮긴이]

1954년 봄, 미국 물리학회의 워싱턴시 회합의 담당자가 새로운 발진기에 대한 논문을 마감 기한 이후에 접수해 주었다. 그때 윌리엄 니렌버그는 컬럼비아를 떠나 버클리에 가 있었는데, 나중에 그가 이것이 매우 흥분되는 발전이라고 나에게 말했다. 그러나 전체적으로 즉각적인 반응은 많지 않았다. 우리의 보고는 모임의 의사록이 게재되는 학회지에 싣기에 너무 늦었고, 그래서 최초의 논문이 그해 이른 여름에 《피지컬 리뷰》의 레터 섹션에 발표되었다.

우리는 최초의 메이저가 동작한 뒤에 거의 곧바로 두 번째 메이저를 만들기 시작했고, 두 진동수를 서로 비교하려고 했다. 그때는 중국에서 온 티엔 추안 왕이 합류했는데, 그는 상당한 엔지니어링 경력자였다. 우리는 6개월쯤 걸려서 두 번째 메이저를 완성했다. 두 장치가 각각 암모니아의 1.25센티미터 전이를 사용했고, 진동수는 초당 약 240억 회였다. 둘은 본질적으로 동일했지만, 완전히 똑같은 진동수가 나올 것으로 기대되지는 않았다. 공명 공동의 크기가 조금 다르기 때문에 두 신호가 미세하게 차이가 날 수 있었고, 그 차이는 약 1억분의 1쯤으로 예상되었다. 진동수의 일정함을 시험하기 위해, 두 메이저에서 나오는 출력을 중첩시켜서 '맥놀이'를 만들었다. 두 신호가 서로 위상이 맞았다가 틀어졌다가 하면서 초당 수백 회의 가청 진동수를 만들었다. 이때의 소리는 두 개의 똑같은 프로펠러가 달린 비행기 소리와 비슷해서, 프로펠러의 소음이 서로 강화되었다가 상쇄되어 소리가 커졌다가 작아졌다가 한다. 우리의 메이저에서는 맥놀이가 매우 일정했다. 그 순수한 사인파 형태는 즉각, 진정으로, 두 메이저가 정확하게 거의 진동수 변화 없이 동작한다는 것을 알려주었다. 메이저 중 어느 하나의 진동수가 상당한 정도로 변한다면 맥놀이는 시끄럽거나 불규칙해져야 하지만 우리 실험에서는 그렇지 않았다. 이 실험과 다른 테스트에 대한 데이터를 취합해서, 우리는 1955년 8월에 《피지컬 리뷰》에 더 길고 자세한 논문을 발표했다. 이 논문에는 더 완전한 정보를 담아서 메이저의 매력적인 성질을 물리학자들에게 알렸다. 많은 사람이 흥미를 느꼈고, 실험실에는 방문객의 행렬이 꾸준히 이어졌다. 패서디나의 제트추진연구소가 특히 이 새로운 장치의 실험에 민감해서, 월터 히가를 보내 한동안 우리와 함께 연구하도록 했다. 우리는 또한 배리안 어소시에이트사(Varian Associates, Inc.)의 사람들과도 주기적으로 교류했다. 팰로앨토의 스탠퍼드 캠퍼스 근처에 있는 이 회사 사람들은 상업적인 메이저를 만들고 싶어 했다. 1950년대 후반에 고체를 기반으로 하는 메이저가 나오자 《피지컬 리뷰》에 메이저에 관한 논문들이 정말 많이 쏟아졌다. 그중 많은 논문들이 사변적이어서 편집자들은 메이저 관련 논문은 받지 않겠다고 선언했다! 내가 알기로는 이 상황은 학술지가 이렇게 대응한 최초이자 유일한 사례이다. 메이저 연구는 아주 인기가 많아서 농담의 대상이 되기도 했다. 사람들이 자주 쓴 농담은, 메이저가 "means of acquiring support for expensive research(비싼 연구 지원을 획득하는 수단)"의 약자라는 것이었다!

고든, 자이거, 그리고 내가 메이저를 처음으로 작동시키기도 전에 우리는 그것이 안정되고 일정한 진동수로 말미암아 매우 정확한 '원자'시계를 위한 이상적인 기초가 될 것임을 알았다. 시간을 정확하게 유지하는 기술이 이미 급격하게 발전하는 시점에 등장한 메이저를 시계로 사용하는 것은 명백한 응용 분야였다. 사실, 나는 이른바 초기의 원자시계라고 부를 수 있는 장치들을 직접 연구한 적이 있다. 당시에 최고의 시계는 벨 연구소에서 개발한 것으로 석영 결정을 사용했다. 그러나 석영 결정은 오래 사용하면 기본 진동수가 조금씩 변하는데, 부분적으로는 기계적 진동 때문에 미세한 석영 조각이 조금씩 떨어져 나가기 때문이다. 이런 이유로 석영 시계의 정확도는 약 1억분의 1에 불과했다. 이 정도로도 충분히 인상적이라고 할 수 있지만, 물리학자들은 훨씬 더 높은 정확도를 원했다. 여러 물리학자들이 이 문제에 대해 생각했다. 내가 벨 연구소에 있을 때 라비는 분자 빔에서 일어나는 고주파 영역의 전이를 사용하자고 제안했고, 나는 암모니아 스펙트럼선을 바탕으로 실험적인 '시계'를 만들었다.

미국 국립표준국의 해럴드 라이언스는 기초 물리학에 대한 좋은 감각과 원자시계에 대해 특별한 열정을 가진 전기기술자였다. 그는 나에게 자문을 요청했고, 1949년 초에 최초의 완전한 원자시계를 발표했다. 정확도는 석영 결정 시계보다 향상되지 않았지만 올바른 방향으로 가는 발전이었고, 대중적으로 좋은 반응을 얻었다. 국제 방송사인 '미국의 소리(*Voice of America*)' 라디오 방송, 언론인 에드워드 R. 머로, 표준국이 소속되어 있는 미국 상무부 장관이 모두 이 성과를 높이 평가했다.

시계의 기초로서 메이저는 적어도 짧은 시간 동안 가장 일정한 진동수를 제공하겠다고 약속했고, 이 약속은 실현되었다. 메이저가 잘 작동하자마자, 나는 라이언스에게 우리가 완벽한 신호원을 얻었다고 알려주었다. 이런 시계는 정말로 정확하다. 하버드 대학교의 전파분광학자 노먼 램지가 발명한 수소 메이저는 1시간 동안 약 300억분의 1초 앞서거나 느리게 간다.

메이저만 유일하게 좋은 시계의 기초는 아니다. 평균적으로 훨씬 긴 시간 동안 안정된 다른 유형의 장치도 있다. 이 기술은 1950년대 MIT 물리학자이며 라비와 함께 분자 빔을 연구한 제럴드 자카리아스가 개발했다. 그의 기술은 자극 방출 없이 세슘 원자 빔을 사용했는데 현재 이 일반적인 유형의 시계는 최고의 장기간 정밀도를 제공한다.

역사적으로 세슘 원자 시스템뿐만 아니라 메이저도 원자시계라고 불렀지만 정확한 이름은 아니다. 원자라는 단어는 제2차 세계대전 직후 몇 년 동안 대중에게 큰 인기를 끌었다. 원자폭탄과 원자력이 뉴스에 등장하자 시간 장치의 이름으로 원자시계가 아주 좋아 보였다. 물론 최초의 메이저와 라이언스가 만든 것과 같은 분자의 안정된 선을 이용하는 시계는 실제로는 분자시계이다. 어쨌든 메이저 기반의 '원자시계'는 정확할 뿐만 아니라 나에게도 매우 만족스러운 이유가 있었다. 나는 언제나 고정밀 물리학에 매력을 느꼈다. 기술을 조금씩 조금씩 꾸준히 개선해서 점점 더 높은 정밀도에 도달하는 일은 내 경력 내내 언제나 흥분과 도전의 원천이었다. 다른 대부분의 것들과 마찬가지로, 과학에서 무언가를 더 자세히 들여다 보면 거의 언제나 새로운 것을 볼 수 있다. 나는 메이저 발진기로 시계를 만들면 대단히 쓸모가 많다는 점을 알았다. 정밀한 시계가 있으면, 예를 들어, 지구의 자전이나 천체의 운동을 정확하게 확인할 수 있다. 시간을 정확하게 맞출 수 있으면 상대성 이론과 그 이론의 결과, 즉 운동하면 시 간의 빠르기가 달라진다는 진술을 검증할 수 있다. 시계 장치의 성능이 좋 아지면 내비게이션과 다른 실용적인 분야에도 도움이 된다. 이런 이유로, 시간을 정확하게 맞추는 방법은 미국 표준국(나중에 미국 표준기술연구소로 개칭)과 미국 해군천문대의 임무 가운데 하나였다. 오늘날 개인들이 작은 장치를 이용해서 지구상이나 공중에서 자기가 있는 위치를 확인할 수 있 는 범지구위치결정시스템(GPS)도 원자시계를 이용한다.

나와 해럴드 라이언스 사이의 교류와 협력은 과학에서 인간관계와 우정 이 얼마나 놀랍고 다양한 방식으로 열매를 맺는지를 보여주는 한 예에 불 과하다. 내 생각에 과학에는 구조화할 수 없는 사회적인 측면이 있고, 이 런 측면은 충분히 인지되지 않았다. 내가 말하려는 것은, 중요한 발명과 발견이 여러 과학자와 아이디어가 우연히 얽히면서 일어난다는 것이다. 그 들은 별다른 생각 없이 실용적인 목적으로 단순한 일 하나를 해결하기 위 해 협력하다가 갑작스럽게 중요한 발견에 다가가고, 이렇게 해서 아무도 예측할 수 없는 방식으로 엄청난 발견을 이루기도 한다.

1948년 내가 컬럼비아 대학교에 부임한 직후에 라이언스와의 첫 교류는 어쩌면 우연이었겠지만 중요한 결과로 이어졌다. 1955년에 라이언스는 캘 리포니아에 있는 휴스 연구소로 옮겨서 분광학과 양자전자공학(나중에 우 리가 메이저 연구와 기술에 붙인 이름이다)을 연구하는 그룹을 만들었다. 그는 표준국에서 마이크로파 분광학 전문가 몇 사람과 함께 왔다. 그는 휴스 연구소에서 일하는 동안 여러 훌륭한 물리학자들을 고용했다. 그중에서 시어도어 메이먼은 나중에 보게 된 것처럼 레이저 개발에서 중요한 역할을 한다. 메이먼은 최근에 윌리스 램 밑에서 전파와 마이크로파 분광학으로 박사 학위를 받았다. 컬럼비아 대학교와 복사연구소에서 나와 친하게 지낸 램은 당시에 컬럼비아를 떠나 스탠퍼드 대학교에 있었다. 컬럼비아에서 시작된 개인적 관계의 거미줄은 결국 전국으로 퍼져 나갔다. 과학에서 발견이나 지식의 축적에 대한 차갑고 객관적인 필연성은 없으며, 사건들을 통제하거나 결정하는 중요한 논리도 없다. 메이저와 같은 발견에는 어느 정도의 불가피성이 있을 수 있지만, 그 시기나 진행의 정확한 순서에는 결코 필연성이 없다. 어떤 사람이 아이디어를 떠올리고, 실험을 하고, 다른 사람들을 만나고, 조언을 얻고, 옛 친구들에게 전화를 하고, 예상하지 못한 조언을 듣고, 새로운 아이디어를 가진 새로운 사람들을 만난다. 이 과정에서 경력이 바뀌기도 하고 뜻밖의 풍부한 보상을 받기도 하지만 아주 멀리 있는 안내판을 미리 보는 일은 거의 일어나지 않는다. 나의 경력뿐만 아니라 과학과 기술 전반에서 메이저와 레이저의 개발에는 특별한 각본이 없었으며 이해하고, 탐구하고, 창조하려는 인간의 본성만을 따라갔을 뿐이다. 사람들에게 유익하고 중요한 기술이 어떻게 대학의 기초 연구에서 자라날 수 있는지를 보여주는 두드러진 사례로서, 레이저의 개발은 일반적인 패턴에 부합한다. 자주 그렇듯이, 그것은 미리 계획할 수 없는 패턴이었다.

어떤 연구 기획자가 강력한 빛이 필요하다고 해서 마이크로파에 의한 분자 연구를 시작하겠는가? 어떤 기업이 절단이나 용접에 필요한 새로운 장치를 개발하기 위해, 어떤 의사가 레이저와 같은 새로운 수술 도구를 개발하기 위해 마이크로파 분광학 연구를 시작할까? 양자전자공학의 모든 분야는 기초 연구에서 예상할 수 없고 광범위하게 적용할 수 있는 기술이 자라난 교과서적인 예이다.

그 당시의 일상적인 관심사로 돌아가면, 첫 번째 메이저를 만드는 동안 우리의 주요 목표는 높은 진동수를 만들 수 있는 발진기였다. 우리가 연구를 시작한 지 얼마의 시간이 흐른 후, 나는 이 장치가 분광학의 용도 외에도 훌륭한 증폭기가 될 수 있음을 깨달았다. 메이저는 벨 연구소에 있을 때 내가 익숙하게 사용하던 예전의 전자증폭기보다 성능이 수백 배 더 좋아질 수 있다. 증폭기는 물론 한쪽 끝에서 작은 신호가 들어오고 다른 쪽 끝으로 더 강력한 신호를 내보내는 장치이다. 증폭기는 민감할수록 출발 신호가 약해도 깨끗하게 증폭된 형태로 나올 수 있다. 제임스 고든은 메이저 발진기의 작은 요동을 포함한 여러 본질적인 특징들을 이론적으로 연구했다(아서 숄로와 내가 나중에 이 연구를 레이저에 적용했다). 그러나 잡음이 거의 없는 메이저의 성능에 대한 엄격한 이론적 논의(즉, 증폭 과정에서 생기는 정적 클러터와 다른 클러터가 거의 없는 신호를 얼마나 잘 증폭시킬 수 있는지에 대한 정확한 통계적 설명)가 나오려면 더 오랜 시간이 필요했다.

첫 번째 메이저가 가동된 후 1~2년 동안 나는 메이저를 이용해서 다양한 마이크로파 분광학 연구를 했을 뿐만 아니라, 어떻게 하면 이 기술을 확장할 수 있는지에 대해 생각했다. 메이저가 작동하는 원리는 정확하게 증명되었지만, 유용한 도구로서는 심각할 정도로 제한적이었다. 우리는 더 짧은 파장에서 작동할 수 있는 메이저와, 튜닝이 가능한 메이저가 필요했다. 암모니아 메이저는 기본적으로 고정된 진동수를 가지고 있었지만, 몇 가지 암모니아 공명 진동수 중에서 선택할 수 있었다. 원자와 분자의 분광학 연구를 위한 이상적인 발진기는 광범위한 진동수에 걸쳐 조정할 수 있는 신호를 제공해야 한다. 그러면 발진기의 출력 범위 안에서 다이얼을 돌리면서 원자와 분자의 공명을 조사하고 전이와 에너지 준위들을 찾아낼 수 있다. 비슷한 이유로 증폭기로서 암모니아 메이저의 가치도 제한적이었다. 나의 친구들 중 많은 사람들은 암모니아 메이저가 흥미로운 아이디어라고 생각했지만, 그렇게 좁은 띠를 가지고 있고 튜닝할 방법이 없어서 시계 말고는 실용적인 가치가 거의 없다고 생각했다.

나는 컬럼비아 대학교에서 튜닝이 가능한 메이저에 대한 몇 가지 아이디어를 노트에 적어두었다. 여기에는 흘러가는 기체가 아니라 고체를 메이저의 매질로 사용하는 것도 있었다. 많은 고체는 외부 자기장이 걸리면 전자의 스핀 방향이 뒤집어지면서 마이크로파가 방출되거나 흡수될 수 있다. 그렇다면 고체에 에너지를 주어서 거의 모든 전자들이 한 방향이 되는 것을 상상할 수 있다. 광자가 이런 고체를 통과하면, 전자의 스핀이 반대로 되면서 에너지를 얻는다. 외부 자기장을 변화시키면 스핀 방향이 역전되면서 방출되는 에너지를 변화시킨다. 이런 방식으로 진동수의 튜닝이 가능해진다.

이 기간 동안, 1955년 4월 초 영국에서 열린 패러데이 소사이어티 회의에서 나는 러시아에서도 거의 같은 시기에 메이저의 아이디어가 나왔다는 놀라운 사실을 알게 되었다. 그러나 그때 무슨 일이 일어났는지 설명하기 위해 먼저 훨씬 더 많은 시간이 지나 메이저와 레이저가 기술 사회 전반에 걸쳐 정착된 뒤의 일을 설명해야 한다. 1991년 캘리포니아 몬터레이에서 열린 제7차 학제간 레이저 과학회의에서 있었던 일이다. 나는 아서 숄로와 알렉산드르 프로호로프를 기리는 시간에 개회사를 하기 위해 그곳에 있었다. 이 회의에는 소련 과학아카데미가 프로호로프를 기념하기 위해 설립하고 그가 소장으로 취임했던 일반 물리학연구소 소속의 러시아 물리학자도 참석했다. 이 연구소를 대표해서 참석한 물리학자가 나에게 준 아름다운 연구소 소개 책자에는 다음과 같이 적혀 있었다.

> 양자전자공학은 1954년에 FIAN 진동연구소(FIAN Oscillations Laboratory)에서 A. M. 프로호로프와 N. G. 바소프가 암모니아 분자 빔에서 작동하는 최초의 메이저를 개발했을 때 시작되었다고 분명히 언급해야 한다. 같은 발견이 같은 시기에 미국의 C. H. 타운스에 의해 독립적으로 이루어졌다.

프로호로프, 바소프, 그리고 내가 결국 노벨상을 공동 수상하게 되었고, 그들이 실제로 그 분야에서 좋은 독립적 아이디어를 가지고 있었다고 해도, 그들이 '최초의 메이저를 개발'했다는 주장은 물론 명백히 오류다. 메이저와 레이저가 가진 권위를 이용하기 위해 홍보담당자들은 자기 기관 소속의 과학자가 더 크게 기여했다고 선전한다. 미국을 포함해서 여러 나라의 관련 기관들은 서로 메이저와 레이저 개발에 공로가 더 크다고 자랑한다.

나는 1955년 영국에서 열린 패러데이 소사이어티 회의에서 프로호로프와 바소프를 처음 만났다. 나는 전에 프로호로프가 쓴 마이크로파 분광학에 관한 문헌을 몇 번 보았을 수도 있지만, 나는 그의 연구에 대해 잘 알지 못했다. 그때 케임브리지에서 놀라운 일이 일어났다. 그 시절에 소련의 과학자들이 미국을 방문했다는 말은 거의 들어본 적이 없지만, 영국으로 가는 것은 조금 더 쉬웠다. 그래서 그들이 거기에 있었다. 나는 암모니아 메이저를 사용한 최근의 결과를 정리한 논문을 이 회의에 제출했지만, 주최 측은 이 논문이 회의의 주제에 맞지 않는다고 알려주었다. 그래서 나는 그 논문 대신에 분자의 자기 효과에 대해 발표했다. 두 러시아인은 소련의 일반적인 방식대로 강연 주제를 통보하지 않았다. 그들은 참석 여부조차 불확실했기 때문이었다. 그들의 차례가 왔을 때, 그들은 암모니아 메이저가 어떻게 작동하는지에 대해 설명했다(물론 그들은 그것을 메이저라고 부르지 않았다). 그들의 논의는 모두 이론적이었지만, 그들은 이 장치가 곧 작동할 것으로 기대했다. 그들의 발표가 끝난 뒤에 내가 일어나서 말했다. "음, 그것은 매우 흥미롭지만, 우리가 그것을 작동시키고 있습니다." 이렇게 해서 생긴 기회에 나는 우리의 성과를 간략하게 설명했다. 나중에야 나는 바소프와 프로호로프가 이미 그러한 장치의 가능성에 대한 논문을 발표했다는 것을 알았다.

그들과 함께한 일은 매우 재미있는 경험이었다. 우리는 케임브리지 거리를 산책했는데, 그들은 회의장에서보다 조금 더 자유롭게 이야기하는 것 같았다. 그들은 우리의 메이저가 어떻게 작동하는지 알고 싶어 했는데, 그것은 그들 자신의 장치에 여전히 문제가 있었기 때문이다. 마찬가지로 나도 그들이 하는 연구와 상황에 대해 듣고 싶었다. 그들은 분자 빔과 공명 공동 등 본질적으로 거의 같은 것들을 가지고 있었다. 그들이 놓친 한 가지는 내가 1951년에 독일 물리학자 파울에게 배운 사중극자 집속기였다. 파울은 1951년에 이것을 발표했고, 그래서 1954년에 사용할 수 있었다. 따라서 러시아 사람들이 사중극자를 사용하지 않을 특별한 이유는 없어 보였지만 어쨌든 그들은 사용하지 않았다. 나는 그들에게 사중극자 집속기의 중요성까지 포함해서 내가 하고 있는 모든 내용을 알려 주었다. 그들은 과학자였다. 그들은 좋은 과학자이지 비밀요원이 아니었으므로 나는 항상 그때나 지금이나 여전히 대학에서의 연구를 다른 과학자들과 공개적으로 공유한다. 그들은 곧 암모니아 메이저의 작동에 성공했고, 심지어 집속기에 네 개 이상의 극을 넣어서 실험을 개선했다. 나중에 나온 많은 메이저들은 그들이 만든 여러 개의 극으로 이루어진 집속기를 사용했다.

바소프와 프로호로프가 1955년 케임브리지 회의에서 발표한 내용을 바탕으로 논문을 쓸 때, 그들은 이미 출판된 우리의 연구를 인정했다. 그들은 또한 1954년에 그들이 발표한 논문을 참조하여 자신들의 아이디어를 설명했다. 나는 그전에는 그들의 논문을 본 적이 없었지만, 나중에 찾아보았다. 그들은 어떤 의미에서는 놀라울 정도로 우리와 비슷한 빔 개념을 가지고 있었다. 그러나 처음에 플루오르화세슘을 사용했기 때문에 극도로 뛰어난 공명기가 필요했다. 그들이 우리가 작성한 컬럼비아 대학교 내부 진행 보고서를 읽었는지는 결코 알 수 없었다. 이 보고서가 의도적으로 소련으로 전달되지는 않았겠지만 우리의 자매 연구소에서 쉽게 이용할 수 있었다. 예를 들어 이 보고서는 하버드 도서관 서가에 꽂혀 있었다. 나는 그들이 마이크로파 분광학을 연구하다가 자연스럽게 아이디어의 대부분을 독립적으로 생각해냈다고 생각하며 다른 의심을 하지 않는다.

프로호로프와 바소프는 신사적이고 훌륭한 과학자이다. 나는 그들이 우리가 컬럼비아 대학교에서 해내기 전에 최초의 암모니아 메이저를 개발했다고 스스로 주장했을 리는 없다고 확신한다. 그러나 이 일은 소련 과학자들이 서방, 특히 미국 과학자들보다 더 잘해야 한다는 압력이 얼마나 컸는지를 잘 보여준다. 그리고 그들은 헌신적이고 충성스러운 공산주의자들이었다. 많은 시간이 지난 뒤에 내가 그들과 크게 다르다고 생각하게 된 일이 있었는데, 안드레이 사하로프에 대한 그들의 견해였다. 사하로프가 공산주의에 반대하는 성명을 발표하자 그들은 매우 강력하게 반대하는 성명서에 서명했고, 이 성명은 떠들썩하게 선전되었다.

메이저 뒤에 숨은 중요한 개념들이 러시아에서도 독자적으로 나왔다는 것은 나에게는 꽤 분명해 보인다. 가장 흥미로운 점은 프로호로프와 바소프가 마이크로파 분광학의 경험이 풍부했다는 사실이다. 바소프는 마이크로파 분광학에서 신호 대 잡음 비율을 높이고 스펙트럼의 선폭을 좁히는 방법으로 분자 빔을 고려하고 있다고 말했다. 이 아이디어가 나중에 흡수보다는 자극 방출로 발전했고, 발진기를 만들게 되었다. 나는 이러한 아이디어가 마이크로파 분광학의 비옥한 토양에서 나온 것이 이상한 우연은 아니었다고 생각한다. 사실 앞에서 말했듯이, 메이저를 발명했다는 세 번째 주장은 메릴랜드 대학교의 조지프 웨버로부터 나왔다. 마찬가지로 마이크로파 분광학에 대한 경험이 있던 웨버는 적어도 한동안은 아이디어를 최초로 발표한 사람이었고, 따라서 메이저의 공식적인 시작에 대해 인정을 받을 만하다고 느꼈다. (이 이야기의 자세한 내용은 다음 장의 특허 분쟁에서 다룬다.)

나는 메이저 연구에서 매우 풍부한 결실을 거두는 시기에 러시아 사람들과 이처럼 흥분되는 만남을 가졌지만, 그때는 내 경력의 중요한 단계가 끝날 무렵이었다. 메이저에 대해 많이 흥분했지만, 나는 마이크로파 분광학 분야 전체가 물리적인 면에서는 거의 끝났다고 보았다. 물리적으로 새로운 아이디어의 대부분이 이론적으로나 실험적으로 탐구되었다. 마이크로파 스펙트럼으로 쉽게 알아낼 수 있는 거의 모든 원자핵의 스핀과 형태에 대한 정보가 나왔다. 내가 보기에 그때부터 이 분야는 주로 화학에서 중요한 방법이 될 것 같았다. 이제 나는 결말을 짓고 다른 일을 해야 했다.

나는 자연스럽게 이 분야의 창시자 중 한 사람이 되어 이 분야의 성숙과정까지 함께하면서 많은 만족감을 얻었다. 그러나 나는 젊은이로서 다시는 마이크로파 분광학에 몰두한 것과 같은 방식으로 다른 분야에 접근한 적이 없다. 나는 언제나 새로운 분야가 정착되기 시작하면 바로 다른 분야로 넘어가겠다고 다짐하고 있었다. 나는 새 돌을 뒤집어서 그 밑에 무엇이 있는지 보는 것을 좋아한다. 나는 변경에서 다른 사람들은 관심을 갖지 않지만 내게는 흥미로운 분야를 탐구하는 것이 가장 즐겁다. 일단 어떤 분야가 열려서 성공하고 다른 사람들이 그 분야로 몰려들게 되면, 나의 노력은 그 분야에서 더 이상 중요하지 않다고 느낀다. 그쯤되면 나는 내가 보기에 유망하지만 다른 사람들이 간과하는 분야로 넘어가기를 좋아한다. 사람들이 몰려든 뒤에도 내가 금방 떠나지 않고 계속 머물러 있었던 분야는 마이크로파 분광학이 유일한 사례이다.

마이크로파 분광학에 대한 나의 참여를 잘 마무리하기 위해, 나는 매부인 아서 숄로와 함께 이 분야를 정리하는 책을 썼다. 숄로는 젊은 박사후 연구원으로 우리 그룹에 합류한 지 2년 뒤인 1951년에 내 여동생 아우렐리아와 결혼했다. 맥그로힐에서 출판된 이 책은 1955년 여름에 나왔고, 지금까지 마이크로파 분광학의 기본서로 남아 있다.

숄로와 내가 이 책을 탈고하고, 패러데이 소사이어티 회의가 끝난 직후, 나는 안식년을 맞았다. 또한 나는 3년 동안 컬럼비아 대학교 물리학과장의 임기를 막 마치면서 느긋하고 충분한 휴식을 위해서 안식년과 해외여행을 계획했다. 이제 성찰의 시간이 왔다. 나의 마음은 완전히 새로운 아이디어나 방향에 대해 열려 있고, 주위를 둘러보면서 무엇이 흥미로운지 살펴보고 있었다. 가장 유력한 가능성은 전파천문학, 새로운 유형의 분광학, 상대성 이론을 비롯한 기초 물리학을 검증하기 위한 고정밀 측정이었다. 나의 의도는 그때까지 해왔던 물리학에서 벗어나려는 것이었기에 가장 중요한 결정은 메이저 연구를 계속해서 주요 주제로 강력하게 추진할 것인가 하는 것이었다. 안식년은 보람찬 기간이었다. 메이저를 계속 추구하기로 한 결정은 저절로 내려졌다. 알고 보니 조금 놀랍게도, 메이저가 나를 좇아왔다.

안식년의 재정 지원을 위해, 나는 1년이 조금 넘는 기간 동안 제한이 별로 없는 구겐하임 펠로십과 함께 파리 대학교와 도쿄 대학교에서의 강의를 지원해 줄 풀브라이트 펠로십을 얻었다. 하지만 우선, 나는 유럽 각지의 연구실들을 방문하면서 물리학자들이 무엇을 하는지 알아볼 예정이다. 그것은 우리 딸들, 적어도 위의 두 딸인 린다와 엘런에게는 세계의 여러 곳을 볼 수 있는 좋은 기회이기도 했다. 작은딸인 칼라와 홀리는 각각 여섯 살과 세 살이어서 이 아이들에게 유럽 방문은 큰 의미가 없었다. 하지만 일본은 어린아이들에게 훌륭한 곳이었다. 일본인은 아이들을 매우 좋아했으며, 그들의 여러 가지 흥미로운 관습, 의식, 장난감은 오랫동안 깊은 인상을 주었다. 1955년 여름 동안 네 딸과 함께 스위스·스웨덴·프랑스의 캠프에 등록했고, 프랜시스와 나는 유럽의 여러 흥미로운 장소와 과학 시설을 방문했다. 우리는 인스브루크, 바젤, 하이델베르크, 케임브리지, 옥스퍼드 등 여기저기에 있는 아파트에 머물렀다. (옥스퍼드에서는 브레비스 블리니를 방문했다. 그는 저압의 암모니아로 마이크로파 분광학을 처음 시작하고 있어서 내가 도와주었다.) 나는 몇 개의 세미나에 참석했고, 분광학과 메이저에 대해 이야기했다. 이뿐만 아니라 나는 할 수 있는 한 많은 과학 강좌와 세미나에 참석했다.

나는 특히 천문학의 상황을 유심히 살펴보았다. 내가 사랑하지만 그때까지 한 번도 제대로 연구해보지 못한 이 분야에 대해 내가 얼마나 기여할 수 있을지 알아보려고 했다. 이러한 목적을 가지고 케임브리지의 전파천문학 그룹과 맨체스터 대학교의 대형 안테나를 방문했고, 프랑스의 전파천문학자 에브리 샤츠만과 토론도 했다. 아마도 가장 중요한 사건은 성간 구름에서 21센티미터 파장의 수소 마이크로파 공명을 관측할 수 있다고 처음 제안한 네덜란드 천문학자 헨드릭 판데르휠스트가 나에게 천문학자들이 찾아야 할 다른 마이크로파 공명에 대한 강연을 요청한 일일 것이다.

나는 이 강연을 위해 성간 공간에서 발견할 수 있다고 생각하는 분자를 연구해서 논문을 썼다. 이 논문은 나중에 내가 이 주제를 한층 더 발전시키는 발판이 되었다.

가을이 되자 우리 가족은 모두 파리에 머물렀다. 그곳에서 나는 사무실에 자리를 잡고 파리고등사범학교에서 가르쳤다. 그리고 파리의 한 서점에서 나와 숄로의 마이크로파 분광학 책이 출간된 것을 처음 보았다. 그것은 나에게 물리학에서 하나의 모험을 완성하고 앞으로 이 분야에서의 발전을 상징했다.

나는 파리의 파리고등사범학교에 있는 알프레드 카스틀레르의 훌륭한 연구실에서 시간을 보냈다. 그는 내가 한 것과는 전혀 다른 분광학을 연구하고 있었다. 당시에 그의 밑에서 공부하던 여러 학생들은 이제 유명해졌고, 그 뒤로 그들의 경력이 쌓여가는 것을 보는 것은 즐거운 일이었다. 우연히 나는 클로드 코엔타누지라는 이름의 똑똑하고 젊은 대학원생과 사무실을 같이 썼다. 알프레드 카스틀레르는 나중에 분광학 분야의 업적으로 노벨상을 받았고, 클로드도 노벨상을 받았다. 클로드는 파리고등사범학교에서 중요한 인물이 되었고, 레이저로 원자를 극저온으로 냉각시킨 공로로 노벨상을 받았다. 또 다른 우연의 일치로 당시에 나에게 마이크로파 분광학을 배운 아널드 호닉도 같이 있었는데, 그는 물리학자 장 콩브리송과 함께 연구하고 있었다. 호닉이 나에게 매우 흥미로운 이야기를 들려주었다. 그와 콩브리송은 전자 스핀 공명(자기장에서 전자의 에너지 준위)이 매우 긴 완화 시간을 갖는 실리콘 기반 반도체를 발견했다는 것이다. 즉, 이 물질에서 전자가 높은 에너지 상태에서 긴 시간 동안 지속되는 경향이 있으며, 자기장이 걸렸을 때 스핀이 자기장 방향으로 정렬하여 높은 에너지 상태로 있다가, 스핀이 뒤집어지면서 낮은 에너지 상태가 된다. 이 전자들의 완화 시간은 30초 정도였고, 이것은 내가 알고 있는 대부분의 다른 물질들과 비교했을 때 영원이나 마찬가지였다. 다른 물질에서 전자의 완화 시간은 보통 수백에서 수천분의 1초 정도에 지나지 않는다.

나는 이미 고체에서 전자 스핀 공명을 이용하는 메이저를 만드는 방법을 생각해보았지만, 상당히 어려울 것 같아서 미뤄두었다. 이 소식을 듣고 나는 곧바로 호닉에게 이렇게 말했다. "이보게, 그게 바로 성능 좋은 메이저 증폭기에 필요한 것이라네." 이것은 복사로 자극을 주면 높은 에너지 상태에서 오랫동안 머물 수 있을 뿐만 아니라 자기장을 변화시키기만 해도 진동수를 조절할 수 있는 물질이었다. 이것으로 튜닝이 가능한 증폭기를 만들 수 있다. 호닉, 콤브리송, 그리고 나는 함께 연구하기로 했다.

그해 겨울에 나는 과학회의에 참석하기 위해 잠시 미국으로 돌아왔다. 파리에서 벨 연구소에 있는 친구들과의 전화 통화에서 용기를 얻어 예정에는 없었지만 잠시 귀국했다. 전에 나의 학생이었던 제임스 고든은 그때 벨 연구소에 있었고, 내가 처음으로 전화로 이야기했던 사람이라고 생각한다. 물론 그는 메이저와 관련된 모든 것에 관심이 많았다. 나는 그와 더불어 전자 스핀에 대해 많은 연구를 한 벨 연구소의 물리학자 조지 페허에게 파리에서의 구상과 함께, 특별한 실리콘 재료가 필요하다고 말했다. 오늘날에는 수많은 전자회사에서 다양한 종류의 반도체를 얻을 수 있지만, 당시에는 벨 연구소의 고체물리학과 트랜지스터 연구는 최고였고, 반도체 제조 능력은 거의 독보적이었다. 그들이 만드는 것과 같은 재료는 매우 드물었다.

벨 연구소는 우리에게 필요한 정확한 재료를 제공해 주었고, 나는 이 재료를 파리로 가져가서 호닉, 콤브리송과 함께 튜닝이 가능한 고체 메이저를 연구했다. 내가 도쿄로 떠날 예정이었기 때문에 주어진 시간은 석 달뿐이었다. 고든과 페허는 우리의 아이디어를 받아들여 우리와 경쟁하지 않기 위해 고체 메이저 연구를 몇 달 동안 미루기로 합의했다. 우리는 파리에서 순 증폭을 결코 얻지 못했지만(불가피한 회로 손실을 극복할 만큼 충분하지 않았다) 조금만 더 발전하면 작동할 수 있다는 기대를 보여줄 만큼 충분한 증폭을 얻었다. 내가 파리를 떠나기 전에, 우리는 이 아이디어와 초기 결과를 논문으로 작성했다. 프랑스에서 연구했다는 것을 확실히 알리기 위해, 우리는 그 논문을 프랑스의 유서 깊은 학술지 《콩트랑뒤(*Comptes Rendues*)》에 프랑스어로 발표했다.

약속을 지키기 위해 연구를 보류하고 있던 벨 연구소의 고든과 페허는 나와 가족이 도쿄로 간 뒤에 같은 재료로 최초의 고체 메이저를 만들기 시작했다. 얼마 후에 그들의 결과를 보았는데, 그들은 순 증폭을 아슬아슬하게 넘겼다.

우리 말고도 이 방향을 추구한 사람들이 있었다. 1956년 초의 어느 날, 우리가 파리에서 연구를 시작한 지 조금 뒤에, 그러나 분명히 독립적으로, MIT의 뛰어난 마이크로파 분광학자 우디 스트랜드버그가 전자 스핀을 메이저 증폭에 사용하는 아이디어를 떠올렸다. 그가 하버드 대학교에서 이 아이디어에 대해 열광적으로 강연하는 자리에 니콜라스 블룸베르헌이 있었다. 강연이 끝나자 블룸베르헌은 이런 장치가 왜 필요한지 물었다. 스트랜드버그는 이 장치가 기존의 어떤 증폭기보다 훨씬 더 예민한 증폭기로서 메이저의 잠재력이 있다고 알려 주었다. 그 직후에 블룸베르헌은 우리가 파리에서 막 발표한 논문을 보았다.

블룸베르헌은 액체와 고체의 전파 및 마이크로파 분광학자였다. 그는 한동안 상자성 물질(즉, 외부 자기장에 약하게 반응하는 물질)을 연구했으며, 이러한 물질에서 전자 스핀의 거동에 대해 많은 것을 알고 있었다. 아마도 그는 이 분야에서의 상당한 경험으로 우리가 파리에서 한 것보다 더 낫고 진보한 시스템을 구상하게 되었을 것이다. 여기에서 3준위 전자 스핀 메이저가 탄생했다. 이 장치에서는 마이크로파 에너지에 의해 처음에 가장 낮은 준위의 전자들이 중간 준위를 뛰어넘어 세 번째 준위로 올라간다. 이렇게 에너지를 얻은 물질은 입력한 복사보다 조금 낮은 진동수, 즉 전자가 중간의 준위로 떨어질 때 방출되는 에너지에 해당하는 진동수를 증폭시킬 수 있다. 이는 메이저의 출력과 파장이 다른 에너지로 메이저 매체를 펌핑해서 들뜬상태로 만들 수 있다는 뜻이다.

이러한 메이저가 작동하려면, 전자가 특정 유형의 비대칭성을 가진 결정 안에 있어야 한다. 당시에 나는 상자성 물질에 대해 잘 알지 못했기 때문에, 그런 물질에서 이러한 에너지 준위의 배치가 가능하다는 것조차 알지 못했다. 이 분야에서는 블룸베르헌이 나보다 더 능숙했고, 그가 3준위 상자성 메이저를 생각해냈다.

과학자들이 서로 교류하면서 아이디어가 무르익는 방식은 훨씬 더 복잡해졌다. 옥스퍼드에서 브레비스 블리니와 함께 상자기 공명을 연구한 벨 연구소의 물리학자 H. E. D. 스코빌은 나의 친구 제임스 고든과 조지 페허에 의해 전자 스핀 메이저에 관심을 가지게 되었다. 그는 블룸베르헌이 메이저에 대한 새로운 아이디어가 있다는 것을 알았지만, 블룸베르헌은 당분간 그것을 비밀에 부치고 있었다. 뭔가 새로운 것이 떠돌고 있다는 것을 알고 있었기 때문에 스코빌도 3준위 전자 스핀 개념을 고안해냈고, 이것이 바로 블룸베르헌이 비밀리에 추진하는 것이라고 정확히 추측했다. 스코빌과 블룸베르헌 그룹은 곧 연락을 취했고, 그들은 합의했다. 벨 연구소는 기본 특허의 아이디어와 소유권에 대한 블룸베르헌의 우선권을 인정할 것이다. 동시에, 벨 연구소는 자신의 목적을 위해 그 특허를 무료로 사용할 수 있게 될 것이다. 이 합의는 과학과 사업에 대한 벨 연구소의 지배적인 윤리를 보여주는데, 이 윤리는 특히 특허로 돈을 벌기보다 새로운 기술을 사용할 권리를 더 중요하게 생각한다. 그것은 비교적 개방적인 아이디어 교환을 육성하는 접근방식이었다.

블룸베르헌과 스코빌은 시안화칼륨을 사용하여 3준위 메이저를 작동시키기 위해 노력했다. 스코빌과 조지 페허는 이 아이디어에 대한 또 다른 자극을 주었다. 그들은 스코빌이 옥스퍼드에서 이미 블리니와 함께 연구한 결정인 에틸황산란탄(lanthanum ethyl sulfate) 결정을 사용하여 증폭 시스템을 만들었다. 결정 안에는 공명을 일으키기 위해 소량의 가돌리늄을 넣었고, 가돌리늄의 완화를 돕기 위해 더 적은 양의 세륨을 넣었다. 이 결정의 전자 스핀은 높은 준위에서 중간 준위로 빠르게 완화되어 메이저를 작동하게 한다.

이 이야기와 레이저 개발에 얽힌 여러 이야기들은 새로운 분야의 가장 중요한 측면을 보여준다. 한 분야가 좋은 출발을 하려면 과학 공동체의 많은 사람들이 그 중요성과 잠재력을 인식해야 한다. 그런 다음에 과학사회학이 작동한다. 여러 가지 배경과 관점을 가진 사람들 사이에서 공생적이고 서로를 증폭시키는 아이디어들이 오가면서 그 분야가 발전하고 성장한다. 가장 중요한 문제는 이 주제가 중요하고 잠재력이 있다는 확신을 여러 사람이 공유하는 것이다.

미국에서 연구가 활발하게 진행되는 동안 나는 여전히 안식년을 보내고 있었고, 무엇보다 안식년을 보내는 동안 메이저를 계속 연구할 생각이 없었다. 그러나 놀라운 우연으로 파리에서 제자를 만나고 매혹적이며 새로운 메이저 재료를 알게 되어, 메이저를 조금 더 연구할 수밖에 없게 되었다. 카스틀레르의 연구실에서 그해 겨울을 알차게 보낸 뒤에, 나는 안식년의 다음 단계로 새로운 분야를 들여다보려는 새로운 의도를 갖고 떠났다. 메이저는 다시 내 의식의 배경으로 물러났지만, 배경으로만 머물러 있지 않을 것이었다.

1956년 5월 초에 나는 가족과 함께 일본으로 가기 위해 출발했다. 우리는 이리저리 돌면서 이스라엘, 인도, 미얀마, 태국, 홍콩을 지나면서 당연히 나는 내가 갈 수 있는 모든 물리학 연구실을 찾았다. 특히 이스라엘의 바이츠만 연구소를 방문한 기억이 생생하다. 그곳에서는 테러리스트의 공격에 대비해 물리학자들이 밤마다 돌아가며 경비를 섰다. 뉴델리에서는 인도 국립물리연구소의 K. S. 크리슈난을 방문했다.

나는 도쿄 대학교에 머물렀는데, 여기에서도 나는 그들이 무엇을 하는지 그냥 지켜볼 작정이었다. 우연히도, 나와 함께 컬럼비아 대학교에서 박사 후 연구원으로 메이저 연구에 참여했던 시모다 코이치가 이 대학교의 교수였다. 그러나 내가 도쿄에서 메이저 물리학을 만난 것은 코이치를 통해서가 아니었다. 그런 기회가 전혀 예상하지 못한 방향에서 와서 매우 놀랐다.

나와 마찬가지로 안식년으로 와 있던 또 다른 컬럼비아 출신의 프랜시스 라이언이라는 생물학자가 있었다. 컬럼비아에서도 잘 알고 지냈던 우리는 자연스럽게 대화를 하게 되었다. 그는 영국의 이론화학자 찰스 앨프리드 콜슨이 미생물 개체수 증가를 다룬 특이한 논문을 연구하고 있었다. 콜슨은 미생물이 죽어가면서도 동시에 증식할 때 발생하는 개체수 변동을 정량적으로 기술하려고 했다. 콜슨은 이 논문에서 미생물이 죽을 확률도 있고 분열에 의해 증식할 확률도 있는 방정식의 풀이를 제시하고 논의했다.

나는 이것이 메이저의 어떤 측면을 이해하기 위해 필요한 수학적 공식화임을 즉각 알아챘다. 광자는 (흡수되어) 죽기도 하고, 동시에 다른 광자의 존재에 의해 (자극되어) 태어나기도 한다. 나는 메이저에서 자발적으로 나타나는 광자들을 고려하기 위해 콜슨의 방정식에 항을 하나 더 추가해야 한다는 것을 알았다. 광자는 저절로 생겨나지만 미생물은 원래 있던 미생물의 분열에 의해서만 태어나기 때문이다! 이는 물리학과 전혀 다른 분야에서 나온 방법이었지만, 소음의 요동과 증폭을 설명하기에도 아주 적합한 이론이었다.

이렇게 해서 또 한 번의 우연으로 나는 도쿄에서도 메이저를 만났다. 거기에는 시모다와 함께 뛰어난 응용수학자인 히데토시 다카하시가 있었다. 우리 셋은 아주 정확하고 일반적인 요동 이론과 소음이 거의 없는 메이저의 이론을 만들어냈다. 이번에도 나는 일본에서 만든 이론을 일본 물리학회 학술지 《일본 물리학회지(The Journal of the Physical Society of Japan)》에 발표하면 좋겠다고 생각했다. 그러나 나의 일본어 실력이 논문을 쓸 정도는 아니었기에, 현지 언어가 아닌 영어로 발표했다.

안식년이 끝나가면서, 나는 앞으로 어떤 연구를 해야 할지를 확실하게 결정했다. 메이저 물리학을 계속 만나고 몰입하면서, 나는 메이저와 응용을 추구해야 한다고 확신하게 되었다. 더 높은 진동수로 올라가는 것이 명백한 목표였다. 그러나 더 높은 진동수의 메이저는 내 머릿속에서 첫째가 아니었다. 이것은 나중에 해도 된다. 오히려, 나는 가능한 한 빨리 전파천문학에 사용할 수 있는 메이저 증폭기를 만들기로 했다. 나는 메이저를 마이크로파 안테나의 초점 위치에 설치해서 정확한 천문 관측 자료를 얻는 쪽으로 열심히 밀고 나가기로 결심했다. 이 장치는 우리 은하와 더 먼 곳에 있는 별과 기체 구름에서 지구로 오는 희미한 마이크로파 신호를 그때까지 사용하던 어떤 장치보다 더 크게 증폭할 것이다. 이 새롭고 강력한 기술로, 나는 마침내 대학원 시절부터 내내 관심이 있었던 분야에 뛰어들 것이었다.

6
메이저에서 레이저로

1956년 가을에 나는 메이저로 전파천문학을 연구하겠다는 열정을 품고 컬럼비아 대학교의 사무실로 돌아왔다. 두 명의 우수한 대학원생이 나와 함께 이 연구에 참여했는데, 캐나다 출신의 조지프 지오드마인과 리 올솝 이었다. 얼마 지나지 않아서 이 연구에 필요한 전자 공명을 연구한 프랭크 내시가 합류했고, 좀 더 지나서 발전된 메이저를 연구하기 위해 아노 펜지 어스도 참여했다.

오늘날 워싱턴 D.C.를 방문하는 사람들은 여전히 해군연구소(Naval Research Laboratory) 건물 위에 있는 지름 15미터의 알루미늄 접시안테나 를 볼 수 있다. 이 전파망원경은 나와 학생들이 전파천문학을 시작하기에 가장 알맞은 설비였다. 증폭기를 지주에 매달아 안테나에서 전파가 모이 는 초점 위치에 둘 수 있다. 해군의 접시안테나는 일반적인 증폭기로도 이 미 과학 발전에 확실한 기여를 하고 있었다. 그중에 주목할 만한 것에는 금성의 온도가 놀라울 정도로 높다는 발견도 있다. 이것은 우리의 자매 행성이 심각한 온실효과를 겪고 있기 때문이라고 밝혀졌다. 이로 인해 금성은 지옥 같은 곳이 되었고, 표면 온도는 너무 높아서 납이 녹을 정도이다. 해군연구소 안테나는 우리의 메이저를 사용해 볼 수 있는 이상적인 장비였다. 게다가 나는 해군연구소에 아는 사람들이 있어서 그들의 협력으로 안테나를 사용할 수 있었다.

컬럼비아 복사연구소(Columbia Radiation Lab)의 기계공작실은 좋은 부품들을 빨리 만들어 주었다. 내가 컬럼비아로 돌아온 지 20개월 만에 우리는 해군연구소 안테나에 천문학 측정 도구인 메이저 증폭기를 설치했다. 처음에 우리는 하버드의 블룸베르헌이 제안하고 벨 연구소의 스코빌과 다른 연구원들이 만든 시안화물 결정체를 사용할 계획이었다. 하지만 이 일을 본격적으로 실행하기 전에 미시간 대학교의 치히로 기쿠치는 이런 용도로는 루비가 더 좋다는 사실을 보여주었다. 루비는 산화알루미늄 결정(강옥이라고 부르는 광물)으로, 약간의 크롬이 함유되어 분홍색이나 빨간색을 띤다. 루비 결정은 단단하고 거의 파괴되지 않기 때문에 시안화물보다 훨씬 안전하고 다루기도 쉽다! 더 중요한 점은, 에너지 구조와 들뜬 전자가 원래로 돌아가는 시간이 메이저로 사용하기에 더 적합하다는 것이다.

우리는 증폭기가 3센티미터 파장에서 작동하도록 만들었다. 여기에는 몇 가지 이점이 있었다. 첫째로, 장비가 다루기에 편리할 정도로 작아졌다. 또한 이 파장 영역에는 쉽게 구할 수 있는 발진기로 밀도 반전을 일으킬 수 있는 에너지 전이가 있다. 게다가 3센티미터는 전파천문학에서 흥미로운 신호가 많은 파장 영역이었다. 전체적인 장치는 높이와 폭이 각각 30센티미터쯤이었다. 공동 자체는 파장의 절반 크기였고, 아이들이 갖고 노는 주사위와 같은 모양과 크기의 루비가 들어 있었다.

또한 진공 보온 용기에 채운 액체 헬륨 속에 공명기와 루비를 잠기게 하고, 이것을 다시 액체 질소가 들어있는 진공 보온 용기에 담았다. 루비에 구멍을 뚫어 액체 헬륨이 루비에 침투하여 외부에서 에너지를 주입하는 동안 냉각되도록 했다. 루비에서 전자의 완화 속도를 낮게 유지하기 위해서는 극저온이 필요했다. 극저온은 우주에서 날아오는 희미한 신호를 방해할 수 있는 주변의 열복사를 막는 역할도 한다.

워싱턴에 메이저를 설치하기 위해 해군연구소의 천문학자 코니 메이어와 긴밀히 협력했다. 해군은 안테나를 만들 때 저렴하고 쉽게 구할 수 있는 장비를 이용했다. 예를 들어 안테나의 받침대는 해군의 5인치(12.7센티미터) 대포를 그대로 활용했다. 이 받침대는 대포를 조준하기에 좋았겠지만 커다란 둥근 접시는 바람이 불면 방향이 흔들려서 천문학 연구가 불가능할 정도였다.

메이저에서 액체 헬륨이 모두 증발해 없어지면 사다리를 타고 접시 한가운데로 올라가서 받침대에서 메이저를 분리해서 안테나 아래에 있는 방으로 가져와 헬륨을 다시 채워야 했다. 보통은 순조로웠지만 언제나 그렇지는 않았다. 한번은 한밤중에 실수로 액체 질소를 바닥에 흘렸고, 액체 질소는 바닥을 타고 흘러가서 커다란 보관 용기에 닿았다. 용기가 갈라지면서 속에 들어 있던 황산이 새어 나왔다. 황산으로 엉망이 되어 버린 방을 정리하는 데 꽤 많은 시간이 걸렸다. 이 사고는 특히 당혹스러웠는데, 조지프 지오드마인은 캐나다 사람이어서 그 해군 시설에 출입할 자격이 없었기 때문이다.

시간이 조금 걸렸지만 결국 루비는 아주 잘 작동했다. 우리가 처음 수행한 연구 중 하나는 해군 천문학자들이 백조자리에 있는 시그너스 A라고 부르는 성운의 잘 알려진 마이크로파 원천에 관련된 몇 가지 연구를 재현하는 것이었다. 이를 통해 우리가 만든 증폭기의 성능을 시험할 수 있었고, 이전의 증폭기보다 감도가 열 배 이상 좋아졌음을 확인했다. 6년 전에 내가 처음 아이디어를 떠올렸던 공원의 벤치는 해군의 접시안테나에서 그리 멀지 않은 곳에 있었다. 이제 이 장치가 오랫동안 내가 뛰어들고 싶었던 분야에서 작동하게 되는 것을 보게 되어 매우 흐뭇했다. 이 장치는 실험실이나 심지어 지구상의 신호에는 반응하지 않았다. 수천 년 전 은하계의 먼 곳에서 태어난 희미한 광자가 메이저의 한쪽 끝으로 들어갔다. 광자는 작은 루비 안에서 강력한 복사를 방출하여 백조자리에서 오는 신호를 거의 완벽하게 증폭해서 광자의 눈사태를 일으켰다.

다음으로, 우리는 당시에 많은 관심을 불러일으킨 행성들의 마이크로파를 조사했다. 우리는 금성이 실제로 매우 뜨겁다는 해군연구소의 이전 증거를 확인했고, 또한 천천히 회전하는 이 행성의 밤인 쪽도 태양이 비치는 쪽과 마찬가지로 뜨겁다는 것을 발견했다. 금성이 뜨거운 이유는 밀도가 매우 높은 대기가 두꺼운 담요를 덮은 것 같은 효과를 내기 때문이다. 우리는 목성도 관찰했는데, 목성의 온도는 드라이아이스보다 낮아서 매우 춥다는 것을 알아냈다.

아노 펜지어스는 은하 간 공간에서 수소 기체를 찾는, 중요하지만 불확실한 연구를 수행하기 위해 새 메이저를 제작했다. 그는 중성수소가 방출하는 신호인 21센티미터 파장의 복사에 민감한 루비 메이저 증폭기를 만들었다. 천문학자들은 불과 6년 전인 1951년에 21센티미터 복사를 이용하여 성간 공간, 즉 우리 은하에 있는 별들 사이에 있는 중성수소의 농도를 알아냈다. 이 측정으로 우리 은하의 나선팔 구조의 지도를 최초로 만들었다. 그러나 우리는 아노가 제작한 메이저를 전파망원경에 설치하고 우리 은하 평면으로부터 은하 간 공간으로 향하게 했지만 이 장치에는 아무것도 기록되지 않았다. 조금 실망스러웠지만 예상하지 못한 일은 아니었고, 사실은 좋은 결과였다. 부정적인 대답은 종종 긍정적인 대답만큼 유용한 정보를 줄 수 있다. 우리는 은하들 사이의 어둡고 빈 공간처럼 보이는 곳이 대부분 정확히 비어있음을 알아냈다. 물론 아노는 나중에 중요한 우주 신호를 발견했다. 불과 4년 뒤인 1965년에 그는 벨 연구소에서 라디오 안테나로 연구하다가 로버트 윌슨과 함께 빅뱅의 잔재인 희미한 마이크로파를 발견하였다. 앞에서 말했듯이, 그들은 이 발견의 공로로 1978년에 노벨 물리학상을 받았다.

우리가 해군연구소에서 금성과 목성에서 직접 나오는 마이크로파 복사를 탐지하던 것과 거의 같은 시기에, 링컨 연구소의 과학자들은 금성에서 반사되는 레이더 신호를 감지하기 위해 메이저 증폭기를 사용했다. 그들이 처음으로 탐지한 반사 신호는 약하고 해석하기 어려웠다. 그러나 이 연구가 나온 뒤로 메이저 증폭기를 사용해서 다른 행성에 신호를 보내는 일은 매우 힘들지만 일반적으로 사용하는 방법이 되었다.

나는 아직도 전파천문학용 메이저에 최초로 사용한 루비를 집에 보관하고 있다. 루비의 과학적 연구가 끝난 지 한참 뒤에 결혼 20주년을 맞았고, 나는 이 루비를 워싱턴에 있는 보석상에게 가져가서 프랜시스를 위한 브로치로 만들었다. 브로치 디자인에는 포물선 모양의 은색 받침대(안테나 모양)에 에너지 준위와 원래의 암모니아 메이저의 집속기를 나타내는 그림이 새겨져 있다. 루비의 냉각 구멍은 착용을 위한 은(銀) 와이어를 끼우기에 편리했다. 메이저 루비는 한동안 우리 집에서 인기가 있었다. 딸 린다는 열다섯 살쯤 되었을 때 다른 루비를 얻었다. 린다는 색이 너무 짙어서 메이저에 쓸 수 없는 이 루비를 연구소 기계공의 도움으로 하트 모양의 펜던트로 만들어 엄마에게 선물했다.

1957년 늦여름 천문학 연구가 잘 진행되고 있을 때, 나는 지금이 메이저의 아이디어를 확장하려고 했던 원래의 목표를 향해 나아갈 가장 적합한 때라고 느꼈다. 그것은 1밀리미터 미만의 파장에서 작동하는 발진기로, 표준적인 전자공학으로 얻을 수 있는 것보다 더 짧은 영역이었다. 한동안 나는 이 연구를 곰곰이 생각해 보았다. 나는 머릿속에서 아주 근사한 아이디어가 떠오르기를 기다렸다. 그런 일이 저절로 일어나지는 않았기 때문에, 나는 무엇이건 내가 생각해낼 수 있는 최상의 방법을 찾는 데 집중하기로 했다. 나는 내가 이 문제에 대해 알고 있는 것들과 잠재적인 해결책에 대해 모든 것을 고려하면서 해결 방안을 짜내려고 했다.

나는 실험실에서 그냥 시도해 보는 것을 좋아하지 않았다. 나는 어떤 일이 일어날지에 대해 명확하고 잘 짜여진 생각 없이는 실험하지 않는다. 내가 과학을 하는 방법은 무슨 일이 일어날지 미리 알아내는 것이다. 물론 자연이 내가 생각해낸 이론과 잘 맞지 않는다고 실험실에서 입증되면, 내 이론을 더 자세히 들여다본다. 그러나 일반적으로 나는 그렇게 될 수밖에 없다는 확신이 든 다음에야 실험을 시작한다. 나는 이것이 실험실에서 어느 정도 맹목적으로 이것저것 해보는 것보다 더 효율적이라고 생각한다. 물론 이론이나 심지어 명확한 가설조차 없이 곧바로 실험에 뛰어들면서도 매우 좋은 성과를 내는 과학자들이 있다. 이런 방식으로 아름답고 놀라운 발견이 이루어지기도 한다. 이것도 생산적인 방법이 될 수 있지만, 내가 사용하는 방법은 아니다.

메이저의 파장을 줄이기 위한 가장 명백하고 직접적인 접근법은 난해하지도 않았고, 당시에는 그리 매력적이지도 않았다. 그것은 표준적인 메이저의 규모를 축소해서 짧은 파장을 얻는 것으로, 내가 암모니아 기체를 메이저에 사용하던 아이디어를 확장하는 것이었다. 사실 그것은 1951년 당시의 내 아이디어였다. 문제는 더 작은 공동(空洞)을 사용한다면 그 공동 속으로 더 적은 분자들이 흘러들어가고, 들어간 분자들은 그 안에 더 짧은 시간 동안 머무른다는 것이었다. 이렇게 되면 진동이 겨우 일어나게 되어 이미 달성한 것보다 파장이 더 짧아지기 어려울 것이다.

좋은 대안이 떠오르지 않아서, 나는 알려진 메이저 기술을 짧은 파장에 맞게 바꿈으로써 얼마나 멀리 갈 수 있는지 보기 위해 여러 가지 접근 방법을 살펴보았다. 나는 먼저 당시 메이저 설계 뒤에 숨겨진 가정과, 웬만큼 짧은 파장을 증폭하려면 충분한 수의 원자들을 들뜬상태로 유지할 수 없다는 당시의 일반적인 견해를 재검토했다. 당시에 몇몇 훌륭한 물리학자들은 나에게 이것이 사실이고, 메이저 아이디어는 아주 짧은 파장에서 작동하지 않을 것이라고 말했다.

그때까지 비관론이 지배했던 이유는 분자의 다른 특성들이 대체로 동일하다고 가정할 때 분자의 에너지 복사율이 진동수의 네제곱으로 증가하기 때문이다. 즉, 전자나 분자가 들뜬상태에서 1센티미터가 아닌 0.1밀리미터의 파장에서 증폭되도록 유지하려면 펌핑 출력을 몇 배나 증가시켜야 한다. 그러므로 예를 들어 1센티미터가 아니라 0.1밀리미터 이하의 파장을 증폭하려면 전자 또는 분자를 들뜬상태로 유지하기 위해 자릿수를 몇 개나 올린 정도의 펌핑 출력이 필요하게 된다. 또 다른 문제는 기체 분자 또는 원자는 진동수가 올라갈수록 도플러 효과에 의해 방출 스펙트럼선의 폭이 점점 더 넓어진다는 사실이다. 이는 특정한 공명 진동수를 구동하기 위한 분자당 증폭이 적다는 것을 의미한다.

가능한 분자와 원자의 전이, 그것들을 들뜨게 하는 방법, 메이저의 작동을 지배하는 수학을 다양하게 검토하자, 오늘날에는 잘 알려진 것들이 갑자기 분명하게 떠올랐다. 즉, 매우 짧은 파장으로(짧은 적외선이나 심지어 가시광선 영역까지) 곧바로 내려가면 한 단계씩 내려가는 것만큼 쉽거나 더 쉬울 수도 있다는 것이다. 이것은 계시와 같았고, 내가 분명히 있다고 생각하는 방에 문을 열고 들어가는 것과 같았다.

첫 번째 요점은, 파장이 짧아질 때 도플러 효과는 원자(또는 분자)가 반응하는 진동수를 번지게 하지 않으며, 도플러 효과를 상쇄시키는 다른 요인이 있다는 것이다. 높은 진동수로 인해 원자가 빠르게 전이하기 때문에, 파동을 일정한 양만큼 증폭하는 데 필요한 원자의 수는 늘어나지 않는다.

둘째, 일정한 수의 원자를 들뜬상태로 유지하는 데 필요한 출력은 진동수가 증가할수록 증가하지만, 필요한 총출력은 심지어 가시광선처럼 짧은 파장으로 내려가도 도달할 수 없을 정도로 커지지는 않는다. 마이크로파 진동수에서, 복사의 자발적인 방출이 있어도 들뜬상태의 수명은 사실 매우 길다. 전자가 한 상태에 머무는 시간이 짧아지는 것은 복사와의 상호작용이 아니라 그 전자가 소속된 결정과의 상호작용 때문이다. 고립된 원자의 경우, 적외선이나 가시광선 영역의 파장에서 복사가 수십억 배 더 빠르다고 해도 도달할 수 없을 만큼 빠르지는 않다. 진동수가 더 높아져서 엑스선이라면 자발적 방출의 빠르기와 필요한 출력이 엄청나게 높아진다(사실 지금은 엑스선 레이저도 존재하지만 매우 짧은 파장에 대해 너무 큰 출력이 필요해서 한 번 작동할 때마다 적어도 시스템의 일부가 크게 파괴된다).

매우 짧은 파장 또는 높은 진동수로 바로 넘어갈 때 특별히 극복해야 할 난점이 없을 뿐만 아니라, 반대로 매우 큰 장점이 있다. 가장 큰 매력은 근적외선과 가시광선 영역에서 우리는 이미 광학에 사용되는 도구와 같은 많은 경험과 장치를 가지고 있다는 것이다. 0.1밀리미터에 가까운 파장과 그 파장을 다루는 기술은 비교적 덜 알려져 있었다. 이제는 큰 걸음을 내

딛어야 할 때였다.

　여전히 문제가 남아 있었는데, 그것은 공명 공동이었다. 충분한 양의 원자나 분자가 들어 있어야 하기 때문에 공동은 복사의 파장에 비해 커야 하는데, 아마 수천 배는 되어야 할 것이다. 이는 어떤 공동도 하나의 진동수에서만 매우 선택적으로 공명하지는 않음을 의미했다. 모든 원자와 분자의 전이는 정확한 진동수가 아니라 작은 범위 안에서 일어난다. 특히 내가 염두에 두었던 기체 메이저에서 이렇게 된다. 분자들이 일정한 속도로 이동하지 않기 때문에 도플러 효과로 인해 진동수가 서로 약간씩 달라진다.

　공동이 한 파장보다 훨씬 크면 비슷하기만 하고 완전히 같지 않은 여러 파장들이 공명 모드를 일으킬 수 있다. 첫 번째 모드가 가장 크게 발생하다가 그다음에는 또 다른 것이 가장 크게 될 것이다. 이것은 모드 도약이라고 불리는 현상을 일으킨다. 한 진동수에서 다른 진동수로 조금씩 바뀌는 광학 메이저는 이상적이지 않다. 하지만 적어도 짧은 시간 동안 하나의 진동수에 머물 수 있다. 그리고 가시광선이나 그보다 파장이 조금 긴 근적외선 영역의 발진기는 흥미롭고 유용할 수 있기 때문에 나는 계속 진행할 준비를 했다.

　나는 매우 운이 좋게도 더 나아가기 전에 도움과 또 다른 좋은 아이디어를 얻었다. 나는 해외에서 안식년을 보내고 돌아온 뒤에 다시 벨 연구소에 자문을 하게 되었다. 한 달에 이틀씩 연구소를 방문하거나 연구소가 관심을 가질 만한 일을 하기로 했다. 내 임무는 기본적으로 연구소의 친구가 되어서, 학계와 교류하면서 지적인 자극을 주어 연구소가 수행하는 전반적인 연구를 촉진하는 역할이었다.

　벨 연구소를 한두 번쯤 방문한 뒤에, 선임 물리학자 앨버트 클로그스턴이 특정한 목적으로 방문해 달라고 요청해왔다. 그는 나중에 중요한 레이저 발명가가 된 나의 제자 알리 자반에게 조언하게 되었다. 나의 매부이자 박사후 연구원인 아서 숄로도 그의 밑에 있었다. 클로그스턴은 나에게 숄로가 뭔가를 알아냈다고 말했다. 가족이지만 나는 항상 숄로를 높이 평가했다. 컬럼비아 대학교의 가족 채용을 금지하는 정책만 아니었다면 나는 숄로를 교수진의 일원으로 남도록 강하게 밀어붙였을 것이다. 나는 벨 연구소를 방문하여 기쁘게 그와 다시 만났다.

숄로와 나는 그가 연구하는 초전도성에 대해 토론했을 뿐만 아니라 자연스럽게 광학 메이저에 대해 내가 생각해온 것을 말해 주었다. 그는 매우 적극적인 관심을 보였는데, 그도 똑같은 방향으로 생각하고 있었기 때문이다. 우리는 공동(cavity) 문제에 대해 이야기했으며 숄로가 해결책을 생각해냈다. 나는 충분히 잘 막혀 있는 공동의 양쪽 끝에 거울이 있고 구멍이 뚫려 있어서, 그 구멍으로 기체에 에너지를 주입할 수 있고 파동이 반사할 수 있는 방향을 막을 정도로만 크게 뚫려 있는 것을 생각하고 있었다. 숄로는 단지 평판 두 개, 즉 단순한 거울 두 개를 사용하고 옆면을 그대로 두자고 제안했다. 이러한 거울의 평행 배치는 이미 광학에서 사용되고 있었지만 목적도 다르고 크기도 달랐다. 이것을 파브리-페로 간섭계라고 부른다. 이러한 기본적인 설계는 익숙한 것이었다. 심지어 나에게는 몇 년 전에 마이크로파 파브리-페로 시스템을 연구한 학생도 있었다. 내가 왜 광학 시스템에 대해 이 아이디어를 생각해내지 못했는지 알 수 없었지만, 나는 생각하지 못했고 아서는 해냈다. 어쩌면 그가 토론토에서 박사 학위 논문을 연구할 때 파브리-페로 간섭계를 사용했기 때문일 수도 있다.

숄로는 옆을 막는 벽이 없으면 내부 반사로 생겨나는 많은 진동 모드가 없어질 것이라고 보았다. 양쪽 끝에 있는 거울에 비스듬히 부딪히는 것들은 결국 스스로 공동 밖으로 나가 사라지게 되고, 에너지를 축적하지 못하게 된다. 살아남아 진동할 수 있는 유일한 모드는 거울 사이에서 정확히 앞뒤로 반사되는 모드일 것이다.

정밀하게 검토하고 계산한 결과, 거울의 크기와 두 거울 사이의 거리로 하나의 모드 또는 진동수만 진동할 수 있도록 선택할 수도 있었다(편광은 임의의 방향이지만). 물론 거울 사이를 정확하게 정수 배로 채우는 파장이기만 하면 공동 속에서 공명이 일어난다. 이것은 피아노 줄이 하나의 기본 진동수뿐만 아니라 많은 음악적 배음을 만들어내는 것과 같다. 그러나 잘 설계된 시스템에서는 앞뒤로 정확하게 반사되어 공명할 수 있는 모든 파장 중에서 오직 하나만이 메이저 매질의 전이 에너지에 정확하게 맞을 것이다. 다른 공명 파장은 스펙트럼선과 일치하지 않아 저절로 보강되면서 커질 수 없다. 증폭된 파동에서 단일한 편광을 얻는 것도 어렵지 않다. 이는 전기장이 한 방향으로만 진동하고 그 수직 방향으로는 진동하지 않음을 의미하며, 편광을 만드는 다양한 장치를 쓰면 된다. 수학적으로나 물리적으로나 이것은 '깔끔'했고 모든 것이 타당했다.

숄로와 나는 광학 메이저에 관한 논문을 함께 쓰기로 했다. 우리가 실제로 광학 메이저를 만들 수 있다는 것은 분명해 보였지만 시간이 좀 걸릴 것으로 예상했다. 메이저 분야는 너무 많은 관심이 집중되고 있어서 광학 메이저에 대한 아이디어를 더 빨리 발표하고 만드는 것을 나중에 해야 한다고 생각했다. 최초의 메이저를 만들 때 제임스 고든이 박사 논문 프로젝트로 메이저를 만들 때까지 발표를 미뤘던 것과는 다른 출판 전략이었다. 우리는 남는 시간에 틈틈이 논문을 쓰느라 약 9개월을 보냈다. 우리는 특히 엔지니어링과 사용할 재료 따위의 몇 가지 세부 사항을 구체화하고, 약간의 이론도 다듬어야 했다. 논문은 우리가 하는 다른 연구를 방해하지 않고 완성되었다. 마이크로파 분광학 책을 함께 썼기 때문에, 우리는 서로 손발이 잘 맞는 공동 저자였다. 숄로와 나는 둘 다 이 주제에 대해 생각하고, 몇 가지 아이디어를 내고, 전화로 이야기하거나 내가 벨 연구소를 방문했을 때 만나기도 했다. 마무리 작업은 실제로 내가 생물물리학에 관한 여름 연구회의로 콜로라도에 있을 때 전화와 편지로 진행되었다.

당시에 우리는 프린스턴 대학교의 마이크로파 물리학자 밥 딕이 밀리미터 이하 메이저의 평행판 사용에 대해 특허를 준비하고 있었고, 모스크바 레베데프 연구소의 알렉산드르 프로호로프가 메이저의 평행판과 관련된 논문을 발표하기 위해 제출했다는 사실을 몰랐다. 이 두 사람은 모두 마이크로파 물리학자였는데, 이는 이 아이디어들이 마이크로파 분광학 분야에서 가장 쉽게 발전한다는 것을 다시 한번 보여준다. 그러나 그들의 연구는 원하지 않는 모드를 제거하기 위한 시스템의 구체적인 설계에 대해서는 논의하지 않았다.

나는 이 논문과 관련된 모든 특허권이 벨 연구소에 귀속되어야 한다고 꽤 일찍 결정했기 때문에, 모든 것이 소유권의 문제라고 느꼈다. 숄로와 처음 접촉한 뒤에, 나는 벨 연구소의 특허 부서에 원고 사본을 주어 그들이 적절히 처리할 때까지 벨 연구소 외의 누구와도 이 연구에 대해 말하지 않았다. 숄로는 벨 연구소의 동료들과 자유롭게 대화할 수 있었고, 그들로부터 많은 반응을 얻었다.

이 아이디어를 소유권으로 취급했다는 것은 알리 자반이 컬럼비아에 있는 동안에 광학 메이저의 아이디어에 대해 전혀 몰랐다는 뜻이다. 내가 처음 아이디어를 떠올렸을 때 그는 나와 함께 박사후 연구원으로 일하고 있었다. 알리는 벨 연구소에 입사해서 이 새로운 연구에 대해 듣고 나서 큰 관심을 보였다. 앞으로 보게 되듯이, 그는 이 분야에서 중요한 발명가 중 한 명이 된다.

1958년 여름에 숄로와 나는 벨 연구소에 있는 몇몇 사람들에게 원고의 예비 초안을 배포했다. 숄로의 상사인 앨버트 클로그스턴은 파브리-페로 장치, 즉 벽이 없는 두 거울 사이에서 실제로 공명이 일어날 수 있는지에 대해 상당히 의심한다고 말했다. 이는 엔지니어와 물리학자의 차이가 나타난 또 다른 사례였다. 숄로와 나에게는 이 아이디어가 분명히 충실해 보였지만, 닫힌 공명 공동에 익숙한 많은 전기기술자들은 직관적으로 이 아이디어가 틀렸다고 생각했다. 클로그스턴은 알리 자반에게 우리가 말한 것을 검토하고 그것이 정말 옳은지 조언을 부탁했다. 자반의 대답은 기본적으로, "물론 이것은 옳다"였다. 그럼에도 불구하고 벨 연구소의 몇몇 사람들이 쉽게 납득하지 않았기 때문에, 우리는 원고를 다시 쓰고 공명기에 대한 논의를 수학적으로 더 철저하게 확대하기로 했다.

8월에 원고가 완성되었다. 그때쯤 벨 연구소의 특허 변호사들이 이 아이디어를 보호하는 조치를 완료했다고 알려주었다. 그래서 8월 말까지 우리는 연구소와 전국에 있는 여러 동료들에게 이 원고를 보냈다. 우리는 이 논문을 《피지컬 리뷰》에 제출했고, 1958년 12월 15일에 게재되었다.

내가 아서 숄로와 이 문제를 논의하기 전에, 레이저에 관해 조금 이상한 일이 컬럼비아 대학교 안에서 시작되었다. 이 사건은 나중에 복잡하게 꼬였지만 당시에는 전혀 의심스러울 것이 없었다. 폴리카프 쿠시의 대학원생 한 사람이 자기의 논문에 대해 나와 자주 이야기를 나누었다. 그의 이름은 고든 굴드였다. 쿠시는 굴드가 제법 똑똑한 학생인데 어찌된 일인지 진전이 없다고 나에게 말했고, 그가 논문을 끝내지 못할 것 같다고 걱정했다. 그래서 나는 당연히 그를 격려하려고 노력했다.

굴드는 내 사무실에서 방 몇 개쯤 떨어진 곳에서 일했다. 그는 꽤 일찍부터 메이저에 대해 알고 있었는데, 그가 사용하던 건물의 공유 공간에 이 장치가 있었고, 나의 학생들과도 친했기 때문이다. 굴드는 탈륨 원자 빔을 연구하고 있었고 이 원자의 높은 에너지 상태를 연구하려고 했다. 유럽에서 수행된 몇 가지 연구를 보고 라비의 제안에 따라 굴드의 의도는 매우 밝은 탈륨 램프를 사용하여 빔 속에 있는 탈륨 원자들을 들뜨게 하는 것이었다. 물리학에서 쓰는 용어로 말하면, 그는 탈륨 스펙트럼선을 이용하여 들뜬 탈륨 원자를 만들어 분자 빔 분광학에 사용하려고 했다.

굴드는 탈륨 빔으로 마이크로파를 증폭하는 메이저를 생각했고, 나에게 와서 이 문제에 대해 의논했다. 그는 이 아이디어로 특허를 얻는 일에 많은 관심을 보였고, 장치를 실제로 만드는 것과 상관없이 특허를 내는 방법을 집중적으로 물어보았다. 나는 이렇게 설명해 주었다. 무엇보다 실제로 작동할 수 있는 아이디어를 구상해야 하고, 그것을 적은 다음에 공증을 받아야 한다. 그렇게 하면 나중에 특허 출원을 원할 경우에 대비해서 요건을 충족할 수 있는 기록을 가진 것이다. 한 가지 더 알아두어야 할 점은, 아이디어가 발표된 뒤 1년 이내에 특허를 신청해야 한다는 것이다. 그는 나에게 정확한 절차에 대해 온갖 것을 꼬치꼬치 캐물었다.

고든 굴드는 탈륨을 이용한 메이저로 특허를 낼 만큼 연구를 발전시키지 못했다. 나는 1957년 9월 19일에 광학 메이저의 아이디어를 나의 학생인 조지프 지오드마인을 증인으로 문서화했다. 그리고 나서 한 달쯤 뒤에, 나는 굴드를 내 사무실로 불러서 에드먼드 사이언티픽 컴퍼니가 제공한 탈륨 램프에서 강도가 얼마나 나오는지 물어보았다. 탈륨을 사용할 생각은 없었지만, 광학 메이저를 들뜨게 하기 위해 필요한 강도에 대해 내가 계산한 값만큼 램프 출력이 나오는지 알고 싶었다.

나는 왜 이 문제에 관심이 있는지에 대해 그에게 말했다. 그것은 광학 메이저가 가능하다고 생각하기 때문이었다. 그때는 아서 숄로와 이 아이디어에 대해 말하기 전이었고, 따라서 그때까지는 벨 연구소와 관련이 없었기 때문에, 나는 평소처럼 내 연구에 대해 자유롭게 이야기했다. 고든에게 내가 이러이러한 방식으로 하면 빛처럼 짧은 파동을 일으키는 메이저를 만들 수 있다고 생각한다고 말하자, "나도 그렇게 생각한다"고 그가 대답한 것을 기억한다. 그는 기꺼이 램프의 성능에 대해 기억나는 숫자를 나에게 알려주었다. 며칠 뒤에 그가 최신 정보를 또 알려주어서 우리는 거기에 대해 다시 길게 논의했다. 나는 그에게 광학 메이저가 가능하다고 생각한다고 또 한 번 말했다. 그는 분명히 큰 관심을 보였지만 우리는 더 길게 논의하지 않았다. 그 뒤에 얼마 지나지 않아서 숄로와 벨 연구소가 관련되어 소유권이 생겼기 때문에, 나는 더 이상 컬럼비아의 누구와도 이 주제를 이야기하지 않게 되었다.

한 달쯤 지나서 11월 중순에 굴드는 동네 사탕가게에 갔다. 그 가게는 공증인인 주인이 겸업으로 운영하는 곳이었다. 그는 노트에 광학 메이저에 대해 꽤 완전한 아이디어를 적었는데 정량적인 이론까지는 들어가지 않았다. 그때 이후로 그는 사람들에게 내가 그와 이야기를 나눈 뒤에 주말 동안에 자신의 생각을 노트에 적어서 즉시 공증을 받았다고 말했다. 그가 실제로 공증을 받은 날짜는 상당히 늦었지만, 그가 전에 나에게 했던 말로 보아 좀 더 일찍 광학 메이저에 대해 생각했을지도 모른다. 다음 장에서 볼 수 있듯이, 그의 노트는 레이저에 대한 특허권을 놓고 숄로와 나에 대한 법정 싸움에서 증거물로 제출되었다. 이 분쟁에서는 굴드가 졌지만 이것은 수많은 법정 소송의 서막일 뿐이었고, 레이저 설계의 다양한 측면에 대한 권리를 놓고 굴드와 다른 사람들 사이에 오랜 투쟁이 있었다.

꽤 오랫동안 굴드는 나에게 광학 영역의 메이저에 대해 아무 말도 하지 않았으며, 얼마 뒤에 박사 과정를 끝내지도 않고 컬럼비아를 떠나 테크니컬 리서치 그룹(Technical Research Group)이라는 롱아일랜드의 신생 기업으로 늘어가서 일했다. 굴드는 나중에 레이저를 연구하고 싶었지만 쿠시가 순수 과학에 너무 관심이 많아서 그 연구를 하도록 허락하지 않았다고 말했다. 사실 쿠시는 그런 요청을 받은 적이 없었다. 굴드가 나에게 왔더라면 나는 분명히 그에게 용기를 주었을 것이다. 벨 연구소가 관여하기 전이라면 확실히 도왔을 것이고, 그 뒤에도 나는 그가 컬럼비아 대학교에서 광학 메이저를 연구할 수 있도록 도와주었을 것이다.

레이저라는 용어는 이 시기에 생겨났다. 여기에는 재미난 이야기가 숨어 있다. 우리가 메이저라는 용어를 사용하고 나서 내 연구실 학생들은 주제에 따라 여러 용어를 사용했다. 복사의 자극 방출에 의한 적외선 증폭을 위한 이레이저(iraser), '감마선'을 증폭하는 게이저(gaser), '전파'를 증폭하는 레이저(raser), '빛'을 증폭하는 레이저(laser)가 있었다. 아서 숄로는 이 용어를 비틀어서 데이저(dasar)라는 용어도 만들었는데, '복사의 흡수에 의한 어둠의 자극 증폭(darkness amplification by stimulated absorption of radiation)'이라는 뜻이고, 간단히 '검은 것'이라고 할 수 있다.

겉보기에 레이저라는 말을 처음 기록한 이는 굴드였다. 그는 앞에서 말한 노트에 이 단어를 썼다. 처음에 숄로와 나는 레이저라는 용어를 별로 좋아하지 않았다. 메이저가 기본적인 장치였고, 광학 메이저나 적외선 메이저와 같이 단순히 여러 변형들을 메이저의 일종으로 분류하는 것이 더 질서정연하고 체계적으로 보였다. 우리가 쓴 초기 논문들은 대개 이 용어를 사용했다. 그러나 레이저가 더 짧고 말하기 쉬웠고, 이 아이디어가 점점 더 인기를 얻으면서 이 장치는 결국 레이저라는 이름으로 굳어졌다. 심지어 오늘날에는 거꾸로 된 용어까지 생겨나서, 메이저를 '마이크로파 레이저'라고 부르기도 한다.

마침내 좋은 아이디어가 나오면, 갑자기 많은 사람들이 자기들도 내내 같은 아이디어를 생각하고 있었다고 말하는 일은 흔한 경우다. 그들은 정말로 그 아이디어에 대해 어쩌다 가끔씩 생각했을 수도 있고, 그 아이디어가 어디에선가 보이면 자신의 아이디어를 발표하기도 한다. 하지만 아무도 그 아이디어를 공표하지 않으면, 그들은 결코 스스로 그 아이디어를 진지하게 대하지 않는다.

내가 광학 메이저에 대해 입을 다물게 된 (벨 연구소의 독점 소유라고 느꼈기 때문에) 1957년 늦가을부터 1958년 말에 우리 논문이 배포될 때까지, 나는 그 누구도 광학 메이저가 가능하다고 발표하거나 공적인 문서를 출판했는지 알지 못했고, 그 기간 동안 다른 누군가가 그러한 장치를 연구했다는 어떠한 증거도 알지 못했다. 굴드조차도 강력한 관심을 가졌다고 말하기만 했을 뿐 법원의 특허 소송에서 그 시기에 실제로 레이저를 연구했다는 증거를 보여주지 못했다. 전반적으로 논문이 발표되기 전의 몇 달 동안, 그 분야 전체가 매우 조용했다. 많은 사람들이 관심이 있었다고 나중에 말했고, 그 주장이 옳을지도 모르지만 아무도 뭔가를 할 만큼 충분히 진지하게 고려하지는 않았다.

그리고 내가 보기에는 사람들이 나중에 역사적 사건을 정리하려고 할 당시에는 알 수 없던 것들을 알고 있었다고 말하는 경향이 흔히 나타난다. 아마도 그러한 이유 때문에 오늘날에 레이저를 군사적으로 많이 사용하기에 당연히 군에서 레이저에 바로 달려들었을 것이라고 대개 생각한다. 사실 일부 사람들은 처음부터 군이 레이저를 후원했고, 그래서 레이저를 개발할 수 있었다고 주장한다. 그러나 문서는 반대의 증거를 보여준다. 1957년에 나는 공군과학자문단으로 여름의 일부를 보냈다. 1945년에 수행한 「새로운 지평을 향하여」라는 연구가 매우 성공적이었고, 이번 연구는 비슷한 형태의 두 번째 연구였다. 첫 번째 연구는 칼텍의 유명한 항공공학자 시어도어 폰 카르만이 주도했다. 두 번째 연구의 목적은 앞의 연구처럼 향후 25년 동안 공군에 필요한 중요한 기술을 예측하는 것이었다. 카르만이 다시 의장을 맡았지만, 그는 이제 늙어서 활동적으로 일할 수는 없었다. 그 모임은 매사추세츠의 케이프코드에서 열렸는데, 가족을 데리고 가기에도 아주 좋은 곳이어서 나는 2주 동안 이 연구에 참여하기로 했고, 다른 열 명 정도의 사람들과 함께 전자공학 부분을 맡았다.

물론 내가 강조한 것 중에는 메이저도 들어 있었다. 메이저는 내 마음속에서 매우 중요했으며 매우 큰 잠재력이 있다고 생각했다. 보고서에는 공군이, 예를 들어, 민감한 증폭기와 시간 표준으로 메이저를 계속 개발하도록 지원해야 한다는 권고 사항이 들어갔다. 또한 적어도 메이저의 파장을 중적외선 영역(또는 약 0.01밀리미터)까지 내려야 한다고 권고했는데, 이것은 당시에 내가 보기에 가능한 한도였다. 군이 첨단 통신과 전자공학에 그토록 관심을 갖고 있고, 아직 개발되지 않은 기술을 주시하고 있으므로 내가 보기에 메이저와 관련한 개발은 잠재적으로 유망한 투자였다. 이 보고서는 9월에 완성하였는데, 앞에서 언급한 노트에 적은 대로 내가 매우 짧은 파장을 달성할 수 있음을 깨닫기 직전이었다.

그때 내가 흥미를 갖고 제안하려던 또 다른 주제는 우주 연구에 관심을 가질 필요가 있다는 것이었다. 공군 대표들은 자기들도 우주에 대해 고려해 보았다고 말했다. 그러나 그들은 그렇게 말하면서도 우주에 대해서는 보고서에 아예 언급하지 말라고 당부했다. 공군은 의회가 좀 더 의미에 닿고 진지한 일이 아닌 우주 같은 터무니없는 것에 매달린다고 질책할 것을 두려워했다.

그런데 보고서가 인쇄되기 직전인 10월에 소련이 '스푸트니크 1호'를 발사했다. 그러자 갑자기 의회뿐만이 아니라 공군이 우주에 대해 고려하기를 원했다. 두뇌가 있는 사람이라면 우주를 무시하지 않을 것이다. 물론 우리의 보고서는 공군이 앞에서 했던 당부를 그대로 따랐다. 공군이 다음 25년 동안 미래의 방향에 대한 보고서를 내면서 우주에 대해 아무 말도 하지 않는 것은 끔찍하게 당혹스러웠을 것이므로, 공군은 즉시 이 보고서를 보류했다.

그러나 그것이 끝은 아니었다. 공군은 다음 해인 1958년 여름에 대부분의 사람들을 다시 불러모아서 보고서 수정을 요청했다. 물론 이 보고서에는 우주 활동과 연구의 군사적 잠재력을 언급해야 했다.

이 이야기에서 더 중요한 사실은, 1958년에는 내가 이 일에 참여하지 않았다는 것이다(그해에 나는 앞에서 언급한 생물물리학 그룹과 콜로라도에서 가족과 함께 '휴가'를 보냈고, 그 기간에 아서 숄로와 함께 광학 메이저 논문을 마무리하고 있었다). 그런데 그때 모인 공군자문단은 메이저를 중적외선 영역과 같은 더 짧은 파장으로 만드는 부분을 제외하기로 결정했다. 당시에 숄로와 내가 쓰고 있던 논문은 1958년 8월에야 일반에 공개되었고, 공군자문단 사람들은 이 논문에 대해 알지 못했을 것이다. 앞에서 말했듯이 지난 9개월 동안 광학 메이저 또는 적외선 메이저에 대해 거의 아무런 논의가 없었기 때문에, 공군의 전자공학자문단은 이 분야를 추구하기보다 그것이 중요해질 수 있다고 내가 작년에 했던 제안을 제외하기로 했다.

공군자문단은 또한 메이저를 적외선 영역만큼 짧은 파장으로 낮출 수 없다고 보았거나, 그렇게 되어도 공군이 관심을 가질 만한 군사적 관련성은 크지 않다고 생각했다. 그들은 내가 마이크로파 영역의 메이저에 대해 쓴 초안만 보고서에 남겼다. 훨씬 더 짧은 파장으로 가는 아이디어를 강조해야 할 내가 없는 상황에서 그 모든 열정은 제외되었다. 아마도 다른 위원들은 그것이 단지 내가 좋아하는 장난감일 뿐이고 비현실적인 연구라고 생각했을 것이다. 물론 공군 대표들은 작년에 작성한 초안에서 적외선 메이저에 관한 부분을 보았지만, 그들 중 누구도 마지막에 그 부분이 제외된 사실에 대해 뭐라고 말하지 않았다. 요즘도 어떤 사람들은 군대가 레이저를 강력하게 후원했기 때문에 레이저가 개발되었다고 믿겠지만, 진짜 증거는 정반대를 가리킨다.

한편으로, 군의 대표들 중 일부가 개별적으로 우리 연구를 따라오면서 이해했다는 것도 사실이다. 1956년 말이나 1957년 초에 공군과학연구국(Air Force Office of Scientific Research) 직원인 빌 오팅이 나를 찾아왔다. 그는 물리학 석사로, 컬럼비아 복사연구소의 공군연락관으로 있으면서 우리가 하는 연구를 지켜보았다. 그는 스스로의 판단으로, 나에게 메이저를 적외선 영역으로 구현하는 연구 논문을 쓰라고 재촉했다. 나는 그에게 이렇게 말했다. 나도 파장이 더 짧은 메이저를 원하지만, 아직은 어떻게 해야 할지 좋은 아이디어가 없다. 좋은 아이디어가 떠오르면 당신에게도 알려줄 것이고 기쁜 마음으로 논문을 쓰겠지만 현재는 아이디어가 없다. 그는 누가 또 그런 일을 할 수 있을지를 물었고, 나는 내 연구실의 박사후 연구원 알리 자반이 특히 이론적으로 뛰어나다고 말해주었다. 그러나 자반도 그의 말에 응하지 않았고, 그래서 결국 그 논문은 나오지 않았다. 이것은 모두 1958년 여름 공군 자문단 이전의 일이었고, 결국 자문단의 보고서에는 파장이 짧은 메이저에 대한 언급이 들어가지 않았다.

광학 메이저에 대한 우리의 논문이 회람되기 시작한 후에, 짧은 파장의 메이저에 대한 공식적인 군사적 지원의 부족은 오래가지 않았다. 1959년 초 해군연구국(Office of Naval Research)의 뉴욕 대표인 어빙 로가 나에게, 당시에 뜨거운 주제가 된 메이저에 관한 콘퍼런스를 후원하면 어떻겠느냐고 물었다. 그는 해군연구국의 전자공학과 물리학 부서의 자금을 지원할 수 있다고 하면서 나에게 의장직을 맡아 달라고 부탁했고, 나는 이 자리를 수락했다. 해군연구국은 컬럼비아 대학교에 이 모임을 위한 보조금을 지급했는데, 비서 한 명과 조수 한 명을 두기에 충분한 돈까지 포함되어 있었다.

나는 11명으로 운영위원회를 구성했다. 하버드 대학교의 니콜라스 블룸베르헌, 프린스턴 대학교의 로버트 딕, 스탠퍼드 대학교의 안소니 시그만, 휴스 연구소의 조지 번바움, 캘리포니아 대학교 버클리 캠퍼스의 찰스 키텔, MIT의 우디 스트랜드버그, 벨 연구소의 루디 콤프너가 포함되었다. 나는 이론에 밝은 물리학자부터 실제적인 문제를 가장 잘 이해하는 엔지니어까지 모두 포함하려고 노력했다. 대규모 모임보다는 핵심 인원 100명쯤의 모임을 목표로 했다. 다행히도 많은 조직 업무를 나의 학생들이 맡아서 했는데, 그중에는 패트릭 타데우스, 해럴드 레카, 조지프 지오드마인, 빌 로즈, 프랭크 내시, 아이작 아벨라, 허먼 커민스가 있었다.

1959년 초여름에 계획한 회의가 열리기 전에, 나는 워싱턴 D.C.에 있는 국방분석연구소(Institute for Defense Analysis)의 연구책임자 겸 부소장에 취임하기 위해 컬럼비아를 떠나기로 동의했다. 이때는 스푸트니크 쇼크 이후에 미국이 국방력뿐만 아니라 중요한 과학과 기술 분야에서 소련에 뒤처지고 있다는 우려가 여전히 높은 시절이었다. 국방분석연구소는 미국 국방부의 비영리 자문기구로, 내가 있던 컬럼비아 대학교 총장을 비롯해서 여러 대학교 총장들이 참여하고 있었다. 나는 언제나 과학자들이 가끔씩 사회에 봉사해야 한다고 생각했다. 따라서 나는 워싱턴으로 가서 미국의 과학 연구를 감시하고 국방부와 정부의 다른 기관들에 필요한 기술 개발에 대해 조언하기로 결심했다. 나는 2년 동안 그곳에 있다가 다시 학계로 돌아가기로 계획했다.

나는 워싱턴에 있는 동안 매주 토요일마다 컬럼비아로 가서 나의 학생들의 상황을 점검하고 메이저 물리학 모임의 준비를 감독했다. 1959년의 회의는 메이저와 관련된 물리학이 별도의 공식적인 하위 분야로 탄생했음을 알렸다. 위원회는 이 회의의 명칭을 '양자전자공학: 공명 현상에 관한 회의'로 결정했다. 이는 설명적이면서 당시에 관련된 모든 주제를 다룰 만큼 충분히 광범위해 보였고, 이것이 양자전자공학이라는 용어의 기원이 되었다.

이 회의는 9월 14일부터 16일까지 뉴욕주 캐츠킬스에 있는 리조트 호텔 샤완가 로지에서 열렸다. 로는 개회사에서 양자전자공학이 "실제로 마이크로파 기술에 혁명을 일으키고 있다"고 선언했다. 그는 또 "해군연구소에 대해 잘 모르는 사람들은 해군이 왜 이런 유형의 과학회의에 돈을 쓰는지 의아할 것"이라고 말했다. 그는 해군의 전파망원경에서 메이저를 사용할 뿐만 아니라 해군천문대가 공식적인 국가 시간 표준의 역할을 하면서 원자시계를 사용한다고 대답했다. 그는 해군연구국의 관심이 "주로 즉각적이고 실용적인 응용에만 집중하지 않으며…… 주로 기초적인 과학연구를 장려하는 데 관심이 있고, 자연의 근본적인 과정에 대한 더 나은 이해를 제공하는 데 중점을 둔다"고 설명했다. 이는 훌륭하고 올바른 견해였다. 이 회의를 보면 1940년대 후반과 1950년대에 국방부가 기초 연구를 지원하는 데 중요한 역할을 했다는 것을 잘 알 수 있다. 국립과학재단(National Science Foundation)과 다른 비군사적 정부 지원은 오늘날처럼 많지 않았다.

이 회의에서는 주로 분광학과 전자공학이 만나는 지점을 탐구했으며, 메이저가 주도적이기는 했지만 유일한 주제는 아니었다. 메이저의 이론과 실제에 대한 논의 외에도 원자시계, 메이저 방식을 사용하지 않는 증폭기,

원자와 분자의 에너지 전이에 관련된 기초 물리학에 대한 논문들이 있었다. 아침부터 저녁까지 이어진 토론, 대화, 상담에 60편 남짓의 논문이 촉매가 되었다. 이 회의는 열띤 분위기 속에서 진행되었다. 리조트에서 열린 회의였지만 배우자와 함께 온 참가자는 거의 없었다.

이것이 오랫동안 이어져 온 '양자전자공학'에 관한 국제회의의 시초였다. 내가 최근에 참석한 회의는 7,000명이 넘는 사람들로 붐벼서 첫 번째 모임에서 내가 계획한 100명과 비교된다. 또한 지금은 책, 실험 장비, 의료 기구, 소형 장치에서 제조 장비에 이르기까지 상당한 규모의 제품 전시회도 함께 열린다.

1959년에 제임스 고든이 분자 빔 메이저에 대한 전반적인 설명과 함께 회의 진행을 시작했는데, 여기에는 러시아의 바소프와 프로호로프가 수행한 연구도 언급되었다. 그들은 미국을 처음 방문하여 청중석에 앉아 있었다. 회의가 끝난 뒤에 그들은 컬럼비아 대학교에 있는 내 연구실을 찾았고, 프랜시스와 나는 그들을 기꺼운 마음으로 집에 초대하였다.

회의가 끝나는 날, 아서 숄로가 광학 메이저에 대한 우리의 결론을 발표했다. 자반은 기체 광학 메이저를 '제2종 충돌'에 대한 자신의 아이디어와 함께 논의했다. 고든 굴드도 이 회의에 초대되었다. 그는 논문을 발표하지 않았지만, 내가 예상했던 대로 자반의 강연에 대해 몇 가지 언급했다. 1958년 말과 1959년에 굴드가 컬럼비아를 떠나 테크니컬 리서치 그룹으로 가서 우리의 논문을 본 후, 그는 가끔 컬럼비아로 와서 나와 이야기를 나누었다. 그가 한 말 중에 내가 기억하는 하나는 그가 '제2종' 충돌을 이용하여 원자를 들뜨게 해서 광학 메이저를 만드는 새로운 아이디어를 가지고 있었다는 것이다. 그는 잘 알려진 물리 현상을 이용하기를 원했다. 들뜬상태의 전자를 가진 원자가 낮은 상태의 다른 원자와 충돌하면, 때때로 들뜬 원자에서 다른 원자로 에너지가 이동할 수 있다. 이런 일은 서로 다른 원소끼리도 주는 쪽과 받는 쪽 원자의 자연적인 전이에서 에너지가 일치하기만 하면 일어날 수 있다. 이것은 운동에너지가 아니라 전자에너지 또는 내부에너지의 전달이다.

완전히 독립적으로, 벨 연구소의 알리 자반은 이미 같은 아이디어에 대해 나와 이야기를 나누었다. 나는 알리에게 계속 연구해서 발표하도록 격려했다. 자반은 숄로와 내가 생각했던 루비나 다른 어떤 고체도 사용할 생각을 하지 않았다. 그는 한 인터뷰에서 이렇게 말했다. "나는 항상 기체 매질만 생각했다. …… 나는 고체를 연구하지 않는다. 나는 단일 원자나 단일 분자의 단순한 상호작용을 선호한다."

굴드가 제2종 충돌을 에너지원으로 사용하는 아이디어에 관심이 있다고 말한 뒤에 또 한 사람이 거의 똑같은 아이디어를 가지고 나를 찾아온 것이다. 물론 나는 더 자세히 연구해서 발표하라고 그를 격려했다. 나는 두 사람의 관심사를 어느 한쪽에게 밝힐 수 없었다. 자반은 굴드보다 훨씬 더 완전하게 연구한 결과를 1959년에 《피지컬 리뷰 레터(*Physical Review Letters*)》에 발표했다. 어쨌든 두 사람이 아서 숄로와 내가 생각하지 못한 아이디어를 동시에 떠올렸다는 점이 재미있었다. 빠르게 성장하는 레이저의 아이디어에 대해 이와 비슷한 비밀 유지 문제는 한 번 이상 일어났다. 반도체 레이저가 나올 때 나는 세 개의 다른 그룹으로부터 같은 아이디어를 비밀리에 들었는데, 그중 두 곳은 대기업 소속이었다. 세 그룹은 모두 서로의 연구에 대해 알지 못했으며 나는 아무 말도 하지 않았다. 이것 말고도 누가 정보를 가지고 있었는지 또는 누가 정보를 가지고 있어야 했는지에 대해 다른 불편한 문제들이 있었다.

1958년 12월에 굴드가 속한 테크니컬 리서치 그룹은 국방부 고등연구

계획국[Advanced Research Projects Agency, 1958년에 설립되었다. ― 옮긴이]
에 레이저 연구 제안서를 제출했다. 고등연구계획국은 소련의 스푸트니
크 발사로 충격을 받은 미국이 소련과 치열한 경쟁을 하기 위해 설립되었
다. 고등연구계획국은 새로운 아이디어와 기술 개발을 지원하기 위해 많
은 예산을 확보했고, 당시의 새로운 기술 제안에 대해서 예산을 매우 유연
하게 분배하였다. 테크니컬 리서치 그룹은 지원금이 필요했고, 이 제안으
로 합리적인 계약을 맺기를 바랐다. 미국 국방부는 연구 목적이 '레이저 장
치의 특성 연구'로 명시된 제안의 검토를 나에게 요청했다. 나는 이때 처음
으로 테크니컬 리서치 그룹이 진지하게 이 게임에 뛰어들었다는 것을 알았
다. 테크니컬 리서치 그룹의 래리 골드문츠 사장은 나중에 나에게 제안서
를 작성하기 위해 고든 굴드와 함께 앉아서 일해야 했다고 말했다. 이 제
안서는 테크니컬 리서치 그룹의 직원 일곱 명을 지원하는 프로젝트의 개요
를 설명하고 있었다. 군에 제출하는 제안서가 대개 그렇듯이 매우 두꺼운
문서였다. 나는 검토할 시간이 없다고 말했지만, 국방부의 누군가가 다시
전화했다. 그는 테크니컬 리서치 그룹에서 이 제안서의 검토를 반드시 나
에게 맡겨 달라고 부탁했다고 말했다. 아마 그 회사는 그들의 독점적 정보
를 다른 사람이 검토하는 것을 신뢰하지 않았기 때문이라고 생각했다. 어
쨌든 그들은 내가 이 분야를 잘 알기 때문에 호의적으로 바라볼 것임을 알
고 있었다. 나는 회사의 주장을 듣고 나서 이 일을 수락했다.

테크니컬 리서치 그룹은 레이저 이론, 파브리-페로 공명 모드, 통신과
레이저 레이더, 인공위성으로의 전력 송전을 다루었고, 레이저 무기는 언
급하지 않았다. 제안서에 언급된 내용의 대부분은 레이저 출력이 몇 와트
정도에서 가능한 것들이었지만, 어떤 부분은 자외선 영역에서 100킬로와
트의 출력도 가능하다고 언급되었다.

물론 그때까지 어떤 형태의 레이저도 실제로 만들어지지는 않았다. 우리가 논문에서 논의한 것들은 몇 밀리와트의 출력을 가질 것이었다. 테크니컬 리서치 그룹이 구체적으로 논의한 내용은 100밀리와트를 생산할 것으로 추정했다. 그러나 테크니컬 리서치 그룹은 넓은 의미에서 10와트나 되는 높은 출력의 레이저를 만들 수 있다는 희망을 언급했다. 오늘날 우리는 테크니컬 리서치 그룹이 가능하다고 언급한 높은 출력이, 당시에는 타당성이 없었지만, 올바른 목표 설정이었음을 알 수 있다. 현존하는 거대한 레이저 중 어떤 것은 테크니컬 리서치 그룹이 제안한 자외선 파장은 아니지만 1메가와트(100만 와트) 출력의 연속적인 빔을 만든다.

　그래서 나는 제안서를 읽고 이것은 가치 있는 일이므로 이 분야를 개발해야 한다는 의견을 냈다. 내가 보기에 킬로와트 출력을 만들 수 있을지는 확신할 수 없었지만, 수백 와트의 지속적인 출력은 가능성이 컸다. 이 제안은 구체적인 결과를 제시하지 않았고, 단순히 '레이저의 특성'을 연구하는 것이었다. 나는 기꺼이 자금 지원을 추천했고, 고등연구계획국은 테크니컬 리서치 그룹에 100만 달러(회사는 30만 달러를 요청했지만)를 배정할 정도로 열성적이었다. 그러나 테크니컬 리서치 그룹의 제안서에는 조금 거슬리는 면도 있었다. 이 제안서에는 숄로와 내가 쓴 논문에서 많은 것을 그대로 베껴 놓고도 출처를 제시하지 않았고, 우리의 연구를 인정한다는 언급도 없었다. 다음에 굴드와 이야기할 때, "고든, 우리 논문 못 봤어?" 하고 물었던 기억이 난다. 그는 읽었다고 했는데, 그가 쓴 노트에서 알 수 있듯이 그는 실제로 읽어 보았다.

　나는 그들이 성공하기를 바랐다. 그렇지만 테크니컬 리서치 그룹은 계속 힘들게 노력했음에도 그들의 레이저 연구는 특별한 진전이 없었다. 그래서 1959년 콘퍼런스가 열렸을 때, 나는 숄로에게 광학 메이저에 대한 일반적인 강연을 하면서 굴드의 연구에 대해 뭔가 좋은 말을 해주면 좋겠다고 말했다. 그렇게 되면 굴드와 테크니컬 리서치 그룹이 조금 용기를 얻을 것 같았다. 숄로는 그들의 연구를 긍정적으로 언급해 주었다.

이 회의에서 굴드는 숄로의 강연에 이어 전반적인 논의에 참여했고, 펄스 레이저의 최대 출력이 1메가와트쯤 나올 수 있다고 말했다. 아직 아무도 레이저를 만들기 전이었으므로 이것은 대담한 예측이었지만, 나중에 꽤 정확하다는 것이 밝혀졌다.

또 하나 흥미롭게 들은 것은 휴스 연구소의 시어도어 메이먼의 발언이었다. 메이먼은 휴스로 가서 해럴드 라이언스가 조직한 원자물리학 그룹에 합류했고, 실용적이며 능력있는 물리학자이자 실험가로서 명성을 쌓고 있었다. 그는 루비 메이저를 연구했고, 이 회의에서 마이크로파 장치 연구의 일부를 발표했다. 메이먼은 또한 루비를 사용한 광학 메이저 또는 레이저에 대해 이미 생각해 보았다고 말했다.

숄로의 강연은 주로 칼륨 램프로 펌핑하는 칼륨 기체 레이저와 알리 자반이 제안한 헬륨-네온 기체 레이저에 대한 전망을 다루었다. 그러나 메이먼은 아마도 고체인 루비 레이저의 가능성에 대한 숄로의 설명을 가장 자세히 들었다. 숄로는 분홍빛 루비의 에너지 준위가 레이저에 적합하지 않다고 결론지었다. 난점은 낮은 상태로 사용할 준위가 바닥상태여서, 에너지 역전에서 아래의 상태가 되도록 그 준위를 충분히 비우기 어렵다는 것이었다. 그는 대신에 색깔이 짙은 루비를 사용하면 이런 문제를 피할 수 있는 에너지 준위가 있다고 말했다. 숄로는 이렇게 덧붙였다. "더 적합한 고체 물질을 찾을 수 있을 것이고, 우리는 그런 물질을 찾고 있습니다."

메이먼은 나중에 숄로가 너무 비관적으로 생각하는 것 같았고, 회의를 끝내고 떠날 때 분홍빛 루비를 사용하는 레이저를 만들겠다고 마음먹었다고 말했다. 어쨌든, 이후 몇 달 동안에 메이먼은 루비에 대해 놀라운 측정을 수행했는데, 강한 빛으로 가장 낮은 에너지 준위를 들뜨게 해서 적어도 부분적으로 비울 수 있음을 알아낸 것이다. 그 뒤에 그는 더 밝은 광원을 사용하는 방향으로 나아갔다. 1960년 5월 16일, 메이먼은 캘리포니아 컬버시티에 있는 휴스 연구소에서 지름 1센티미터, 길이 1.5센티미터인 루비 결정을 감싼 제너럴 일렉트릭 플래시 램프를 작동시켰다. 이것이 효과가 있었다는 증거는 얼마간 간접적이었다. 휴스 그룹은 빛의 반점이 비칠 수 있는 벽이나 그 비슷한 것을 설치하지 않았다. 그들이 처음에 성공했다고 말했을 때 나는 휴스의 선임과학자에게 번쩍이는 빛이 보였는지를 되풀이해서 확인했다. 그것이야말로 확실한 검증이었지만 그런 빛은 보이지 않았다는 대답이었다. 그래서 실제로 어떤 일이 일어났는지에 대해 의심이 남아 있었다. 그러나 이 연구 결과 루비의 형광 스펙트럼에 큰 변화가 나타났다. 스펙트럼에서 봉우리의 폭이 매우 좁아져서 자극에 의한 방출이 일어났다는 것을 명확하게 보여주었고, 게다가 복사의 봉우리가 나타난 영역이 예측과 일치했다. 플래시 램프에 의해 들뜬 펄스 레이저였지만, 처음에는 단색광 복사가 많이 나오는 것으로만 보였다. 얼마 지나지 않아서 휴스 그룹과 벨 연구소의 아서 숄로가 독립적으로 강한 섬광을 얻었다. 이 섬광은 벽에 반점을 만들었는데, 이는 레이저가 작동한다는 명확하고 직관적인 증거였다.

휴스 연구소는 1960년 7월 7일 뉴욕에서 열린 기자회견에서 최초의 레이저를 발표했다. 다음 날 아침 《뉴욕타임스》는 1면에 「과학자가 빛의 증폭을 주장하다」라는 온건한 제목의 기사를 실었고, 이전의 메이저 연구를 차분하게 언급했다. 그리 유보적이지 않은 설명도 있어서, 휴스 연구소가 미래의 전쟁에서 사용될 살인광선총을 발명했다고 암시하는 기사도 있었다. 메이먼은 나중에 공식 발표 당시 기자들에게 둘러싸여 있었던 이야기를 이렇게 전했다. 그는 무기로서의 사용 가능성을 과학적 응용과 측정 장치보다 훨씬 아래에 두었다. 기자들은 무기라는 방향에 좀 더 열정을 보여달라고 그를 압박했다. 어떤 작가는 화를 내면서 메이먼에게 레이저 무기를 배제하는지 따져 물었다. 메이먼은 아니라고 말했다. 그는 무기로서의 용도를 배제할 수 없었으며 그 결과 살인광선 레이저 이야기가 탄생했다.

휴스 연구소는 보도자료를 널리 배포했다. 휴스 연구소가 내보낸 사진들 중에 신문사가 특히 좋아한 것은 보호용 고글을 쓴 메이먼의 얼굴이 거의 전체를 채운 사진이었다. 그는 레이저를 바로 코앞에 들고 있었다. 이 사진에 나오는 루비 결정은 두께가 1센티미터쯤이고, 길이가 몇 센티미터쯤이었다. 이렇게 비교적 길고 얇은 모양은 사실상 나중에 루비 레이저에서 훌륭하고 흔한 디자인이 되었다. 이 비율은 많은 과학자들에게 전형적인 루비 레이저로 받아들여졌다. 그러나 이 루비는 최초로 작동한 레이저가 아니었다. 최초의 레이저 루비는 짧고 굵었다. 《피지컬 리뷰 레터》에는 메이저에 관련된 논문들이 쏟아져 들어왔고, 편집자들은 나중에 후회했지만 메이먼의 논문을 심사하지 않고 거절하였다. 편집자들은 이 논문이 그가 이미 발표한 어떤 논문의 후속편이고, 단지 또 다른 메이저 연구라고 잘못 생각했다. 그래서 메이먼은 《네이처》에 다시 투고했고, 《네이처》는 이 역사적인 성취에 대한 간략한 설명을 받아들여서 8월 6일에 발표했다. 그 짧은 논문은 레이저의 핵심이 "1센티미터 크기의 루비 결정"이라고 묘사했기 때문에, 나뿐만 아니라 많은 사람들이 의아하게 생각했다. 당시에 그가 세계에서 가장 먼저 레이저를 개발했다는 사실은 의심의 여지가 없었지만, 처음 발표된 사진에 나온 루비 레이저는 메이먼과 그의 동료들이 보고한 크기와 일치하지 않았다.

메이먼은 지금 산타바버라에서 살고 있는데, 나는 최근에 메이먼에게 왜 그렇게 되었는지 설명을 들었다. 휴스 연구소의 홍보 담당자들은 시어도어 메이먼이 한 일을 전해 듣고, 사진작가를 그의 연구실로 보냈다. 메이먼은 그의 첫 레이저인 짧은 루비를 집어들었다. 사진작가는 그 루비가 충분히 인상적으로 보이지 않는다고 생각했고, 더 길고 훨씬 근사해 보이는 루비 결정을 근처에서 발견했다. 거기에 또 다른 루비가 있던 이유는 간단했다. 메이먼은 제너럴 일렉트릭에 세 가지의 플래시 램프를 주문했다. 그는 가장 작은 램프를 사용하기로 결정했다. 그러나 만약을 대비해서 더 큰 결정과 더 큰 램프를 사용하는 실험도 준비해 두었다. 메이먼은 사진작가의 말을 그대로 따랐는데, 이 예비 장치도 잘 작동했기 때문이다. 이렇게 해서 첫 번째 레이저가 아닌 두 번째 또는 세 번째 레이저의 모습이 전 세계에 처음이라고 알려졌다.

물론 실용적인 면에서 이런 시시콜콜한 것은 중요하지 않았다. 수많은 뛰어난 사람들이 열심히 레이저를 추구하고 있었다. 시작을 알린 루비 레이저는 강력한 빛을 사용하는 실험에서 계속 중요했고, 다양한 레이저와 레이저 기술이 폭발적으로 발달했다. 기체와 고체, 심지어 액체에서도 작동하는 레이저(그리고 앞에서 말한 아서 솔로의 젤리 레이저)가 빠르게 뒤를 이었으며, 현대 기술 사회를 가득 채우는 수만 가지 응용이 나왔다. 그다음으로 IBM 연구소에서 두 종류의 고체 시스템이 나의 제자 미렉 스티븐슨과 니콜라스 블룸베르헌의 제자 피터 소로킨에 의해 개발되었다. 그 뒤를 이어 곧바로 알리 자반의 헬륨-네온 레이저가 나왔는데, 제작에는 컬럼비아 복사연구소에서 벨 연구소로 옮겨간 나의 또 다른 제자 빌 베넷과 벨 연구소의 광학 전문가 돈 헤리엇이 참여했다. 헬륨-네온 레이저는 약간 개조되어 오랫동안 세계에서 가장 흔한 레이저의 기초가 되었다. 최근에는 고체물리학에서 나온 반도체 레이저가 수백만 개씩 생산되면서 헬륨-네온 레이저보다 더 많이 사용되고 있다.

내가 워싱턴 D.C.의 국방분석연구소에 있는 동안 컬럼비아 복사연구소에 있는 우리 그룹은 레이저를 연구해 왔다. 연구에 대한 열정은 컸지만, 학위 논문의 주제였기 때문에 보통의 학위 논문처럼 매우 느리게 진행했다. 휴스에서 첫 번째 레이저가 나온 후, 나의 학생인 허먼 커민스와 아이작 아벨라는 세슘 증기의 들뜸과 레이저의 강력함을 가능하게 하는 2광자 흡수에 대한 최초의 연구를 논문으로 썼다. 조금 뒤에 아서 숄로와 내가 논문에서 세밀하게 기술한 레이저의 종류 중 하나를 테크니컬 리서치 그룹에서 만들었지만, 그것은 단지 보여줄 수 있을 뿐 결코 실용적이지는 않았다.

거의 모든 레이저가 기업의 실험실에서 처음 제작되었다는 사실은 주목할 만하다. 우리가 처음으로 광학 메이저 또는 레이저에 대해 발표한 직후부터 이 분야는 뜨겁게 달아올랐다. 기업연구소가 성공한 이유의 일부는, 일단 레이저가 중요하다는 것이 알려지자 기업연구소에서는 대학연구소가 일반적으로 할 수 있는 것보다 훨씬 더 많은 자원을 쏟고 연구에 집중했기 때문이다. 기업은 목표가 분명할 때 매우 효과적으로 일할 수 있다. 최초의 레이저는 기업의 실험실에서 만들어졌지만, 최근에 대학에서 마이크로파와 전파 분광학을 연구한 뒤에 고용된 젊은 과학자들, 컬럼비아 대학교 복사연구소에서 함께 일한 윌리스 램, 폴리카프 쿠시, 그리고 나와 하버드 대학교의 니콜라스 블룸베르헌의 학생들이 발명하고 제작했다. 이 분야 전체가 분명히 이런 유형의 물리학적 사고와 경험에서 비롯되었다.

나로서는 레이저 자체에 대한 연구가 끝나가고 있었다. 그 시점부터 나는 과학 실험을 위해 레이저를 널리 사용하게 되지만, 다른 사람들이 레이저 기술의 지속적이고 놀라운 확장을 계속하도록 맡겨두었다. 내가 알 수

없었던 것은, 내 경력의 한 단계에서 레이저가 있게 된 뒤로 특허 문제와
법정 소송이 몇 년 동안 계속해서 벌어지는 것이었다.

7
특허 게임

어떤 사람이 어떤 발명을 했는지 정확히 하는 것은 상당히 미심쩍은 문제이며, 심지어 그 발명이 가진 의미에 대해 물을 때도 마찬가지이다. 예를 들어 고에너지 물리학에 사용하는 원형 입자가속기의 일종인 싱크로트론의 위상 안정성에 대해 살펴보자.

입자를 가속하면 입자가 빛의 속도에 가까워지면서 질량이 계속 증가하므로, 입자의 가속 타이밍을 영리하게 조절해야 입자 빔을 안정되게 유지할 수 있다. 당시에는 이런 방법으로 입자가속기가 상대론적 에너지에서 작동하지 못하는 장애를 극복할 수 있었다. 어떤 물리학자가 고에너지 싱크로트론을 발명했는지 묻는다면, 고 에드윈 맥밀런이라는 대답이 돌아올 것이다. 1951년에 플루토늄을 합성한 공로로 글렌 시보그와 함께 노벨 화학상을 받은 에드윈은 캘리포니아 대학교 버클리 캠퍼스의 물리학자였다. 어니스트 O. 로런스가 죽은 뒤에 에드윈은 로런스 복사연구소(현재의 로런스 버클리 국립연구소)의 소장이 되었다. 그는 최초로 싱크로트론을 1억 전자볼트의 에너지에서 작동하도록 만들었다. 이 업적은 이 분야의 폭발적 성장을 자극했고, 로런스가 죽은 뒤에도 연구소가 고에너지 물리학에서 오랫동안 우수성을 유지하는 주요 원인이 되었다.

'독창적인' 아이디어 중의 많은 것들이 그렇듯이, 고에너지를 가능하게 한 에드윈의 위상 안정성 아이디어도 일부는 이전에 나온 것이었다. 러시아의 과학자 블라디미르 벡슬레르가 1945년 3월에 제출한 논문은 위상 안정성의 원리를 상당히 잘 설명하고 있다. 그러나 아무도 이 논문에 관심이 없었고, 에드윈도 1945년 9월에 출판을 위해 자신의 논문을 제출할 때까지 이 논문을 보지 못했다. 에드윈이 이 아이디어를 발표하고 얼마 지나지 않아서, 제너럴 일렉트릭(GE)의 물리학자들은 그들이 이미 가지고 있던 작은 고에너지 장치에서 이 아이디어를 처음으로 실험했다.

나는 한때 에드윈에게 이렇게 서로 모순되는 주장들에 대해 물어보았는데, 그는 이렇게 대답했다. "내가 말할 수 있는 모든 것은, 내가 이런 기계를 발명해야 했던 마지막 사람이었다는 것이다." 에드윈이 남긴 말에는 지혜가 담겨 있다. 아이디어를 낸 것은 좋은 일이고, 그 아이디어를 적어서 다른 사람들이 이용할 수 있도록 하면 더 좋은 일이다. 뭔가를 독립적으로 생각해냈을 뿐만 아니라 그러한 발명이 불필요하도록 하고, 사실상 그 누구도 재발명할 수 없도록 그 발명을 현실화하는 것이 훨씬 더 좋다.

발명에 대한 논쟁과 여러 사람이 저마다 자기가 발명했다는 주장은 만찬 뒤의 대화에 활기를 불어넣는 좋은 주제이지만, 특허법에서는 사정이 달라진다. 특허는 발명을 통해 누가 돈을 벌고 누가 그것을 사용하기 위해 돈을 내야 하는지 결정하는 중요한 수단이다. 법정에서 다루는 특허는 매우 심각한 사업이다. 에드윈의 통찰력 있는 농담은 특허 재판관에게는 해당되지 않을 것이다. 중요한 경우에 누가 무엇을 발명했는가에 대한 법적인 판단은 거대한 기업들의 운명을 가를 수 있으며, 이러한 법률적인 논쟁에는 오랜 시간이 걸린다.

많은 사람들은 과학적 발견이 일반적으로 발명과 비슷하다고 생각한다. 실제로 둘 사이에는 비슷한 점이 있고, 때로는 서로 밀접한 관련이 있다. 그러나 커다란 차이가 있는 것도 사실이다. 메이저와 레이저의 경우에서 볼 수 있듯이, 법규의 세부 조항(주요 아이디어에 대한 사소한 변경 또는 아이디어가 공식적으로 공개되었는지 따위에 대한 조항들)에 따라 특허 소유권의 부여 여부가 크게 달라진다. 게다가 특허는 과학과 거리가 먼 법률가, 배심원, 자금 조달과 같은 요소에 의해 크게 좌우된다. 또한 특허를 받을 수 있는 대상은 장치이지 새로운 원리나 자연에 대한 발견이 아니다. 특허의 관점에서는 자연 또는 기본 법칙에 대해 과학자가 새롭게 발견한 것은 새로운 것이 아니다. 그런 것들은 이미 존재하던 것들이다. 과학자는 새로운 이해의 흥분과 만족을 위해 연구한다. 그에 대한 보상은 부분적으로 자연에 대한 새롭고 멋진 통찰과, 부분적으로 스스로 성공을 인정하고 동료들의 인정을 받는 것이다. 과학적 진보는 이러한 새로운 통찰 또는 원리를 발견하면서 이루어진다. 물론 이 원리는 태초부터 있었지만 이전까지 사람들이 깨닫지 못했다는 의미에서 새롭다. 그러나 발명이 우선적인 목적이라면, 자연에서 일어나지 않으면서 실용적으로 쓸 수 있는 새로운 장치를 만들어야 한다. 발명가가 얻는 보상은 유용한 장치를 만들었다는 큰 만족감일 수도 있고, 금전적인 것일 수도 있다. 미국에서 특허를 얻으려면 특허법을 따라야 하는데, 200년도 훨씬 전에 사려 깊은 사람들이 만들어 놓은 이 법의 필수적인 기준과 특정한 규칙은 잘 맞을 때도 있고 그렇지 않을 때도 있다.

과학자들은 본능적으로 동료들과 자유롭게 토론하면서 아이디어를 공유한다. 그러나 특허와 관련되면 이러한 공개적인 태도를 권장할 수 없게 된다. 누가 무엇을 발명했는지가 특허의 핵심이자 법적 요건인데, 이것이 모호해지기 때문이다. 공공성의 표상인 협력과 자유로운 토론은 거의 불가피하게 집단적 창의성을 강화한다. 그러나 특허로 얻는 금전적 보상이 커지면 동료들 사이에 비밀이 생기고 법정에서 불쾌한 충돌이 일어날 수 있다. 그러므로 과학에 최적화된 문화는 특허법의 미로와 겹치는 부분도 많지만 양립할 수 없는 부분도 있다.

전쟁 중에 내가 벨 연구소에서 근무할 때, 나는 기술적인 발전의 기록이 실질적으로 중요하다는 점에 대해 철저한 교육을 받았다. 기업에 근무하는 사람으로서, 나는 특허가 될 가능성이 있는 것이라면 무엇이든 주의를 기울여야 했다. 특허로 돈을 버는 것이 중요하다기보다 회사가 최신 기술을 자유롭게 사용할 수 있다는 점이 더 중요하다. 벨 연구소의 연구에서 나온 특허는 모두 회사 재산이었기 때문에, 특허가 개입된다고 해도 회사 안에서의 개방성과 협업에는 아무 문제가 없었다. 나는 벨 연구소에 근무하면서 열 가지가 넘는 특허를 얻었는데, 분자시계 또는 '원자'시계도 여기에 포함되었다. 내가 특허 분쟁에 복잡하게 얽혀서 처음으로 엄청난 수난을 겪은 것은 벨 연구소를 떠난 뒤의 일이다.

컬럼비아 대학교에 부임한 뒤에, 나는 교수 클럽에서 가끔 에드윈 H. 암스트롱 소령과 시간을 보내기도 했다. 그는 전기공학과 교수였고 뛰어난 발명가였다. 그의 발명품으로는 예를 들어 회생 회로(regenerative circuits), 초회생 증폭기, 슈퍼헤테로다인 수신기, 광대역 FM 라디오 등이 있다. 그는 매우 창의적이었고 할 수 있는 것이면 뭐든지 특허를 얻으려고 했다. 그는 스물다섯 살에 이미 특허로 백만장자가 되었다. 특허를 보호하고 방어하는 일은 그에게 큰 부담이 되었다.

우리는 대개 점심식사를 하면서 대화를 나눴는데, 그는 주파수 변조(FM 라디오의 기초가 되는 기술)에 관련된 특허를 방어하느라 겪는 어려운 일과 씁쓸한 느낌에 대해 자주 이야기했다. RCA를 포함한 많은 회사들은 암스트롱이 주장하는 특허료를 지불하지 않았다. 그는 재산이 많았지만, 특허료를 받아내기 위해 이미 재산의 대부분을 써버렸다.

어느 날, 나는 암스트롱이 자살했다는 소식을 듣고 충격을 받았다. 그는 13층 창문에서 뛰어내렸다. 아무도 정확한 이유를 모른다. 나는 그에게 약간의 개인적인 문제가 있다는 것을 알고 있었지만, 특허 문제와 파산 직전까지 이르게 한 비용이 분명히 그가 겪은 고통의 주요 원인이었다. 그가 죽은 뒤에, 그의 재산 관리를 맡은 변호사 데이나 레이먼드가 주파수 변조에 관련된 특허 분쟁을 강력하게 밀어붙여서 승소했다. 암스트롱의 상속자들은 약 1,000만 달러를 받았고, 그의 재산은 회복되었다.

특허를 추구할 때 강조해야 할 한 가지는 돈의 중요성이다. 특허 소송은 오래 끌 수 있기 때문에 끈기가 없는 사람이라면 지쳐서 나가떨어질 수 있다. 좋은 변호사를 구하려면 돈이 필요하고, 좋은 변호사가 나서면 사건의 유리한 점을 넘어서 훨씬 더 좋은 결과를 얻을 수 있다. 암스트롱의 상속자들도 이런 혜택을 누렸다. 나로서는 돈이나 특허 분쟁 때문에 자살한다는 것을 상상조차 할 수 없지만, 암스트롱의 일을 보면서 나는 특허권, 특허료, 변호사가 과학 경력에 너무 깊이 들어오면 얼마나 위험한지에 대해 각별히 생각하게 되었다.

물론 나에게도 가족을 위한 추가 수익은 언제나 즐거운 일이다. 특허료는 더러운 돈이 아니므로 일부러 거부할 이유는 없다. 특허를 다루어야 할 때, 나는 주의 깊게 나의 이익을 지키려고 노력한다. 그러나 수익의 극대

화가 가장 중요하지는 않다. 과학과 다른 가치들이 우선이다. 돈만을 위해 무언가를 하는 것은 옳지 않다는 게 나의 본능적인 느낌이고, 나는 그런 식으로 시간을 낭비하고 싶지 않다. 벨 연구소에서 내가 얻은 특허 중에서 어떤 것도 엄청난 가치가 있을 거라고는 생각해 보지 않았지만 메이저는 달랐다. 내가 컬럼비아 대학교의 동료 물리학 교수에게 메이저에 대해 말하자 그는 즉시 이렇게 대답했다. "이봐, 그걸로 백만 달러를 벌 거야!" 나는 "어쩌면"이라고 말하고 웃었다.

1950년대에 컬럼비아 대학교에서는 특허에 대한 명확한 방침이 없어서 되는 대로 취급하고 있었다. 정부 자금으로 수행하는 연구는 특허권을 대학교가 가지고, 정부에는 특허를 자유롭게 사용할 권리를 주도록 계약했다. 나의 특허가 이런 경우였다. 특허에 관련된 일을 검토하는 상임위원회가 있었지만 그리 활동적이지는 않았다. 내가 특허위원장에게 메이저의 특허를 받아야 한다고 말하자, 위원장은 실제로 그러한 문제에 대해 대학교에는 명확하게 정해진 절차가 없다고 말했다. 위원회는 메이저의 특허를 내고 싶다면 내가 직접 해야 한다고 결정했다. 이 장치의 특허를 받아야 하는 것은 분명했다. 그러나 특허로 많은 돈을 벌 수 있다고 해도 어쩌면 일어날지도 모르는 법적 분쟁의 가시덤불에 걸려들고 싶지는 않았다.

다행히도 특허 업무를 맡기기에 아주 좋은 곳이 있었는데(지금도 있다), 나에게도 아주 잘 맞는 곳이었다. 1912년에 화학자이자 발명가인 프레더릭 G. 코트렐이 설립한 리서치 코퍼레이션(Research Corporation)이 바로 그 기관이었다. 그는 독창적이고 원칙적이면서 엄청나게 활동적인 사람이었다. 코트렐은 캘리포니아 오클랜드에서 자랐고, 열여섯 살에 캘리포니아 대학교 버클리 캠퍼스에 입학해서 3년 만에 학위를 받았다. 그는 1939년에 국립과학아카데미의 회원이 되었다.

코트렐은 1907년에 버클리 북쪽의 카르퀴네즈 해협에 있는 납 제련소 굴뚝에 자신이 발명한 장치를 부착했다. 제련소 주변의 농부들은 매연 때문에 농작물이 피해를 입을 뿐만 아니라 집의 창문까지 오염되자 화가 나서 소송을 제기했고, 제련소 소유주들은 파산 위기에 몰려 있었다. 이때 코트렐은 성공적인 정전 집진기를 최초로 발명했다. 이 장치는 높은 전압을 사용하여 제련소의 굴뚝에서 연무와 오염 물질을 제거했다. 그는 이 특허로 큰 부자가 될 수 있었지만, 사회를 위하는 마음으로 워싱턴에 있는 스미스소니언 연구소와 함께 설립된 새로운 기관에 특허의 관리와 수익을 맡겼다. 코트렐은 이 돈으로 과학을 활용한 유용한 제품의 개발을 장려하려고 했다. 그가 당시의 미국화학회(American Chemical Society)에서 말했듯이 "현재 미국 전역의 대학과 기술 연구소에서 지적인 부산물이 낭비되고 있는데, 그 이유는…… 사람들이 기술의 사업적인 측면에 뛰어들기를 꺼리기 때문이다."

요즘은 민간 재단뿐만 아니라 많은 정부기관들이 여러 가지 연구비를 집행하고 있지만, 20세기 초에는 대부분의 연구자들이 새로운 연구를 수행할 수 있는 재원을 얻는 것이 얼마나 어려웠는지 알아야 한다. 리서치 코퍼레이션은 특히 제2차 세계대전이 일어나기 전까지 미국 과학에 중요한 역할을 했다. 한 예로 어니스트 로런스는 버클리에서 초기 사이클로트론 개발비를 리서치 코퍼레이션의 지원에 부분적으로 의존했다. 컬럼비아 대학교의 I. I. 라비는 리서치 코퍼레이션의 지원으로 분자 빔 연구를 수행했다. 이 기관은 오늘날에도 존재하며, 애리조나에 본사를 두고 소규모 대학의 연구원들에게 과학 연구를 위한 지원을 계속하고 있다.

어쨌든 나는 이 기관을 존경한다. 이 기관은 특허 문제를 내 손에서 가져가서 골치 아픈 문제에서 해방되게 해주었다. 이 기관에 메이저 특허에 대한 법적 업무를 위탁하고, 나는 기술적인 것만 신경 쓰면 되었다. 나는 특허로 수익이 나면 우선적으로 기관의 법률 비용을 지불하는 데 쓰도록 규정을 만들었다. 가장 큰돈이 들 것 같은 법률 비용을 빼고도 수익이 있으면 그중의 75퍼센트를 내게 매년 2만 5,000달러까지 지급하도록 했다. 왜 2만 5,000달러로 했을까? 이것은 당시 내 연봉의 세 배 정도였고, 그 이상은 정말로 필요가 없다고 생각했다. 그것은 많은 돈이었다. 그다음에는 회사가 75퍼센트, 나는 20퍼센트, 그리고 제임스 고든에게 5퍼센트를 주기로 했다. 고든이 특허의 지분을 소유하지는 않았지만 그는 최초의 메이저를 작동시키기 위해 정말로 많은 일을 했기 때문에, 나는 고든이 약간의 특허료를 받아야 한다고 생각했다. 또한 메이저를 만드는 일을 도운 박사후 연구원 허버트 자이거와 두 번째 메이저가 뛰어난 성능을 보이도록 도왔던 중국 이민자 티엔 추안 왕에게 각각 1,000달러를 주도록 했다.

미국 법은 특허 보호를 위해 특허가 가능한 장치나 시스템을 다루는 아이디어가 처음 발표된 후 1년 이내에 특허를 신청해야 한다고 규정하고 있다. 메이저가 최초로 발표된 때는 1954년 6월이었다. 내가 메이저에 대해 발표할 때는 특허를 염두에 두지 않았지만, 1년 안에 특허를 출원해야 한다는 시한이 정해졌다. 리서치 코퍼레이션에서 이 일을 처음으로 맡았던 변호사는 조금 나이든 해럴드 스토웰이었다. 스토웰과 나는 메이저 특허를 제대로 공식화하기 위해 많은 교류를 해야 했고, 내가 유럽과 일본에서 안식년을 보내는 동안에도 특허 때문에 계속 편지를 주고받았다. 나는 이 특허가 최대한 넓은 범위를 포괄하도록 각별히 주의를 기울였다. 새로운 아이디어가 마이크로파 진동수로 작동하는 암모니아 메이저보다 훨씬 더 넓은 분야를 열었기 때문이다. 나는 일반적인 전자기파를 증폭하는 기술의 특허를 받고 싶었다. 이 기본적인 방법은 명백히 마이크로파 이외의 파장과 암모니아 이외의 매질에서도 작동할 것이다. 우리는 넓은 진동수 스펙트럼과 광범위한 재료를 사용하는 다양한 응용 분야가 불가피하게 포함되도록 하는 문구를 작성하기로 했다.

이 특허 출원에는 내가 느끼기에 이 분야 전체를 아우르기에 충분할 정도로 광범위한 주장뿐만 아니라 몇 가지 매우 구체적인 주장도 포함했다. 그러나 일이 더디게 진행되면서 실제로 특허를 받는 데는 몇 년이 더 걸렸다. 나는 일이 빨리 끝나기를 간절히 원했고, 리서치 코퍼레이션의 변호사들에게도 그렇게 말했다. 이때 나는 특허법에 관련된 사업의 냉철한 교훈을 얻었다. 변호사들은 특허를 빨리 받으려고 서두르는 것이 현명하지 않을 때가 더 많다고 설명했다.

아이디어를 최대한 빨리 공표하는 것이 특허법뿐만 아니라 과학에서도 중요할 수 있지만, 특허로 얻는 수익은 발효 날짜가 늦으면 늦을수록 대개 더 많은 돈을 벌 수 있다. 이것은 돈의 문제이며, 대부분의 새로운 장치와 아이디어에서 나오는 가장 큰 수익은 발명 후 수년 또는 심지어 수십 년 후에 나온다. 특허는 17년 후에 만료된다. 당시에 적용되던 법에 따르면 특허의 시작을 더 늦출수록 그 발명품으로 얻는 특허 수익이 더 많아지게 된다. 사실 많은 발명들이 원래의 특허가 아니라 부가적인 것들(원래의 발명을 바탕으로 특허가 가능한 작은 추가와 변형)이 더 나중에 나오기 때문에 더 많은 돈을 벌게 된다. 메이저의 아이디어는 1954년에 발표되었고 특허 출원은 1년이 지나지 않아 이루어졌지만, 특허 자체는 최초의 레이저가 만들어지기 직전인 1959년이 되어서야 발효되었다. 리서치 코퍼레이션의 변호사들이 확실히 옳았다. 우리가 최종 특허를 더 오래 지연되도록 계약을 썼다면 10년쯤 특허 기간을 미룰 수 있었을 것이고, 그동안에 더 많은 돈이 들어왔을 것이다.

메이저의 특허는 리서치 코퍼레이션이 맡았지만, 레이저의 특허는 벨 연구소가 맡았다. 물론 메이저 특허는 빛을 포함하여 광범위한 파장을 포괄할 수 있도록 작성되었으며, 이것이 주요 특허가 되었다. 레이저는 별도의 특허를 받을 만큼 충분히 새로운 장치였지만, 여전히 레이저는 메이저에 종속된 특허가 되어야 했다.

레이저 특허가 벨 연구소의 것이라고 결정하기 전까지, 나는 여러 윤리적 문제에 직면했다. 특허 소유권이 어디에 있어야 하는지 명확하지 않았다. 내 연구를 지원하는 기관이 내가 가진 특허 지분의 법적 소유자가 되어야 한다. 그것이 컬럼비아 대학교라면 메이저가 그랬듯이 나의 특허 지분은 결국 나의 것이 될 것이다. 사실, 나는 컬럼비아 대학교에서 레이저를 연구하기 시작했다. 나중에야 나는 벨 연구소의 아서 숄로와 이야기했고, 그가 중요한 아이디어를 추가했다. 컬럼비아 대학교와 벨 연구소가 특허를 공동으로 소유해야 할까? 둘 중 어느 한 기관에 주어야 할까? 나는 공식적으로 컬럼비아 대학교에서 주당 40시간을 근무해야 했지만 당연히 나는 그 이상으로 일했다. 게다가 관례대로 일주일에 하루 동안 자문을 할 수 있었고, 벨 연구소를 위해 장소나 시간을 정확히 정하지 않고 자유롭게 자문하기로 합의했다. 내가 연구한 시간 중에서 어떤 시간에 어떤 기관을 위해 일했는지 분명하지 않았다. 이 문제의 결정권은 나에게 있었다. 나는 법적으로 어느 쪽도 괜찮다고 생각했다. 어차피 메이저 특허가 전체를 포괄하고 있고, 벨 연구소의 아서 숄로가 분명히 중요한 공헌자인데 내가 레이저 특허의 지분을 가지려고 하면 내가 이기적이라고 생각했다. 그래서 나는 단순히 이 특허를 벨 연구소에 부여하기로 결정했다.

나는 특허 절차 자체를 숄로에게 부탁했다. 왜냐하면 그는 벨 연구소에서 전임으로 근무하고 있었기 때문이다. 우리는 그때 '광학 메이저'라고 불렸던 것에 대한 논문을 벨 연구소의 변호사들에게 가져가서 특허 출원을 부탁했다. 나는 숄로에게 벨 연구소의 최고 특허 변호사인 아서 J. 토시글리에리에게 부탁하자고 말했다. 그는 트랜지스터 특허를 담당했는데 트랜지스터의 발명가 중 한 사람인 빌 쇼클리는 내게 그는 매우 뛰어나다고 말했다. 그러나 이 일은 그보다 아래에 있는 변호사가 맡게 되었다. 놀랍게도, 숄로가 돌아와서 특허 변호사가 이 장치의 특허에 별로 관심이 없는 것 같다고 말했다! "왜 그렇지?" 내가 물었다. 벨 연구소와 모기업인 AT&T는 통신 사업을 하고 있었고, 변호사는 광파와 통신은 무관하다고 생각했다. 특허 변호사, 아서 숄로, 그리고 나의 기억은 세부적인 내용에서 조금씩 다르지만, 나의 기억은 특허를 얻고 싶다면 우리가 직접 해야 한다는 말을 숄로가 내게 전했다는 것이다. 이는 변호사가 기술을 잘 이해하지 못해서 생긴 오해일 뿐이며 벨 연구소가 특허를 얻도록 우리가 설득하지 않으면 그들에게 불공평하다는 생각이 들었다. 아마도 변호사에게는 이 모든 것이 단순히 매력적이고 전문적인 과학적 아이디어로 보였을 것이다. 나는 숄로에게 그들과 더 이야기하자고 제안했다. 이번에는 숄로가 이것이 통신에 유용하다는 것을 보여주면, 그들이 관심을 가질 것이라고 말했다. 변호사들 중 한 명은 심지어 숄로에게 연구소의 설립자이자 수호성인인 알렉산더 그레이엄 벨이 어떻게 빛을 통신에 사용하려고 노력했는지에 대한 이야기를 들려주기도 했다. 벨은 워싱턴 D.C.에 있는 프랭클린 공원 옆의 건물에서 이 아이디어를 생각해 냈는데, 나중에 나도 그 공원에서 메이저에 대한 아이디어를 떠올렸다. 아주 이상한 우연의 일치였다. 하지만 벨의 아이디어는 성공하지 못했다. 어쩌면 그가 실패했기 때문에 회사 사람들은 빛을 이용하는 통신에 대해 편견을 가졌을 수도 있다. 그럼에도 불구하고 그 변호사는 우리가 통신에 빛을 이용할 수 있다는 사실을 보여주면, 벨 연구소는 특허를 얻을 확실한 명분을 얻었다고 생각할 것이라고 솔로에게 말했다.

결국, 우리는 빛으로 메시지를 보내는 것이 가능하다고 설명해서 특허 변호사들의 검열을 통과했다. 사실 빛으로 메시지를 보내는 일은 쉽게 할 수 있었다. 이러한 측면을 강조하기 위해 이 특허의 이름을 '광학 메이저와 통신'으로 정했다.

나는 벨 연구소의 변호사들이 레이저 특허에 대한 열의가 부족한 것에 조금 질렸고 다른 일들로 바빴다. 나는 벨 연구소가 특허를 내기로 한 것을 확인했고, 그 회사에는 그 일을 잘 할 수 있는 경험 있는 변호사들이 있다고 생각해서 그 일에 조금 소홀했다. 그러나 이것이 실수였다. 변호사들이 이처럼 전적으로 새로운 분야의 기술적 잠재력과 결과를 완전히 이해하기를 기대할 수는 없었다. 이런 면에서는 과학자들도 마찬가지라고 할 수 있다. 나는 메이저 특허가 모든 것을 적절하게 포괄하도록 열심히 노력했고, 장기적으로 보았을 때 결국 그렇게 되었다. 그러나 레이저 특허에서는 나와 솔로가 주의를 기울이지 않은 탓에, 우리가 작성한 초고에 나온 가장 기본적인 아이디어만 반영되었다. 초고에 언급된 여러 가지 확장과 변형은 제대로 잘 다뤄지지 않았기 때문에, 나중에 다른 사람들이 그것들에 대해 권리를 주장하게 되었다. 특허 초안을 작성할 때 내가 더 주의 깊게 관심을 기울였다면 벨 연구소와 나 자신이 나중에 겪을 많은 문제를 예방할 수 있었을 것이다.

이 시기에 특허와 관련해서 난처한 일이 생겼다. 내가 리서치 코퍼레이션의 변호사들에게 매우 열성적으로 기본적인 메이저 특허에 대해 설명하고 있을 때, 벨 연구소의 변호사들은 레이저에 관련된 보조 특허를 추진하고 있었다. 이 두 변호사 그룹은 어떤 면에서 정반대의 이해관계에 놓여 있었다. 한 가지 특허의 범위를 넓히면 다른 특허의 법적인 영역이 줄어들기 때문이었다. 자극 방출에 의한 복사의 증폭이라는 아이디어가 분명히 더 근본적이고 많은 함의를 품고 있지만, 어떻게 하면 경쟁하는 두 기관에 공정하고 적절하게 권리를 나눠줄 수 있을까? 리서치 코퍼레이션과 나는 기본적인 메이저 특허가 최대한 넓은 범위에 영향을 미치기를 원했다. 하지만 나는 리서치 코퍼레이션의 변호사에게 내가 벨 연구소의 소유인 메이저의 광학 버전을 연구하고 있다는 사실을 눈치채게 하면 안 된다고 느꼈다. 내 입장은 미묘했다. 나는 서로 다른 기관이 출원한 두 개의 특허에 관여했고, 각각의 특허를 서로에게 비밀로 해야 했다. 내가 스스로 내린 결정 중 하나는, 광파에 대한 구체적인 언급을 메이저 특허에서 빼는 것이었다. 메이저 특허가 전자기 스펙트럼 전체를 포괄하지만, 가시광선에 대한 적용 가능성을 명시적으로 언급하면 벨 연구소의 이익을 불공평하게 침해하게 된다고 느꼈다.

내가 마주친 난처한 일은 이것뿐만이 아니었다. 조금 지나서 나는 리서치 코퍼레이션과 벨 연구소 사이의 법정 싸움에 끼어들게 되었다. 이 두 기관은 나의 특허를 각각 하나씩 소유하고 있었다. 벨 연구소는 인공위성에서 반사된 마이크로파 신호를 수신하는 장치를 만들었고, 이 장치로 대서양 횡단 통신을 개발하고 있었다. 또한 벨 연구소는 여러 가지 연구에서 메이저와 레이저를 사용하고 있었다. 리서치 코퍼레이션은 벨 연구소가 면허나 허가 없이 메이저 특허를 사용하고 있다는 이유로 소송을 제기했다. 벨 연구소는 특허에 이의를 제기하면서 특허료를 지불하지 않았다. 이것은 특허의 초기 단계에서 일어나는 전형적인 갈등이다. 특허 소유자가 적극적으로 방어하지 않으면 다른 사람들은 자유롭게 관련 기술을 활용할 수 있다.

어떤 의미에서 리서치 코퍼레이션은 소송을 제기할 기회를 반겼다. 이 소송으로 벨 시스템에 대항하여 특허를 방어할 수 있다면, 이 회사는 정말로 거대한 물고기이므로 기업의 바다에 있는 다른 모든 물고기들은 고분고분하게 특허료를 낼 것이다. 리서치 코퍼레이션은 벨 연구소가 걸려들기를 바랐고, 아마 그들은 나에게 큰 도움이 될 것으로 생각하면서 벨 연구소와 소송을 진행했을 것이다.

하지만 일이 이렇게 되기 전에 벨 연구소의 수뇌부에서 이 갈등을 무마하기로 결정했다. 벨 연구소 회장인 빌 베이커는 나와 같은 해에 벨 연구소에 입사했고 나의 오랜 친구였다. 우리가 우연히 워싱턴에 있을 때, 그는 나를 코스모스 클럽[과학에 관심이 있는 사람들의 사교 클럽이며, 1878년에 설립되었다. ― 옮긴이] 만찬에 초대했다. 그는 매우 친절했다. 그가 이렇게 말한 것이 기억난다. "벨 연구소는 당신의 연구에 깊이 감사합니다. 우리는 당신에게 10만 달러의 상금을 주고 싶습니다." 그것은 정말로 좋은 제안이었지만, 그는 계속해서 리서치 코퍼레이션이 특허를 받은 연구 기술을 사용했다고 벨 연구소에 소송을 낸 것은 필연적으로 개방적인 연구의 본질에 대한 일종의 모독이라고 설명했다. 그는 내가 잘 이야기해서 리서치 코퍼레이션이 소송을 취하하도록 중재해 주기를 바랐다.

그는 매우 친절했다. 나는 상금을 준다는 것은 매우 고마운 일이라고 말했다. 나도 연구의 개방성을 잘 이해하고 공감했다. 하지만 리서치 코퍼레이션은 이 문제를 법정에서 다투고 싶어 한다는 것을 알고 있었다. 벨 연구소를 상대로 소송을 할 수 없다면, 어딘가 다른 곳에 소송을 제기해서 메이저 특허의 방어를 확고한 법적인 선례로 만들어야 했다. 빌은 특히 레이저에 대해 소송을 당한 것이 벨 연구소의 자존심을 건드렸다고 말했다. 벨 연구소는 레이저에 상당히 공을 들였기 때문에 그 정도의 선취권을 갖고 있다고 생각하며 그마저 연구를 위해서 사용했는데도 소송을 당한다는 것은 억울하다는 입장이었다. 나는 그에게 특허를 가진 것은 내가 아니라 리서치 코퍼레이션이며, 내가 개입해서는 안 된다고 생각한다고 말했다. 사실은 내가 리서치 코퍼레이션의 변호사들에게 벨 연구소에 대해서는 양보해 달라고 부탁했다면 그렇게 했을지도 모른다. 그러나 내가 나서는 것은 적절하지 않다고 느꼈다. 나는 10만 달러의 상금을 받지 않았다.

얼마 뒤에 AT&T의 부사장을 우연히 만났는데, 그와는 조금 아는 사이였다. 그는 법정 소송으로 많은 돈을 낭비하기보다는 법정 밖에서 해결하도록 회사를 설득하려고 한다고 말했다. 그는 그렇게 했다. 리서치 코퍼레이션은 벨 연구소에 비용과 추후의 특허료를 받는 조건으로 메이저와 레이저를 계속 사용할 수 있도록 허락했다. 리서치 코퍼레이션은 이 합의로 약간의 수익을 얻었지만, 다른 침해로부터 특허를 방어하기 위해 필요한 결정적인 법원 판례를 얻지는 못했다. 이 판례는 그다음에 벌어진 소송에서 나왔다. 리서치 코퍼레이션은 캘리포니아 마운틴뷰에 있는 선도적인 레이저 제조업체가 된 스펙트라 피직스(Spectra Physics)에 소송을 제기했다. 그때까지 리서치 코퍼레이션의 변호사였던 해럴드 스토웰은 은퇴했고, 데이나 레이먼드가 그 직책을 맡았다. 그는 고 암스트롱 소령의 사건을 처리하고 그의 상속자들을 위해 승소한 특허 변호사였다. 그가 이 특허 사건을 넘겨받은 것은 행운이었다.

나는 힘든 싸움을 할 각오를 단단히 했다. 왜냐하면 물리학자 친구인 스탠퍼드 대학교의 멜빈 슈워츠는 스펙트라 피직스의 변호사를 알고 있었고, 그 변호사는 자기 회사가 반드시 이길 것이라고 슈워츠에게 말했기 때문이다. 그다음에 벌어진 일은 특허법의 끔찍하고 세밀한 모순과, 엉망으로 얽혀 있는 세부 조항들의 실타래를 풀기 위해 법률가들이 어떤 교활한 술수를 쓰는지 여실히 보여준다.

우선 스펙트라 피직스는 벨 연구소의 변호사들이 리서치 코퍼레이션과의 합의를 선택하기 전에 조사한 사실의 일부를 알게 되었다. 여기에서 놀라운 법적 주장이 나왔다. 내가 메이저의 개념을 처음으로 발표한 지 1년 안에 리서치 코퍼레이션이 특허를 신청하지 않았기 때문에 메이저 특허는 무효라는 것이었다. 나에게 이것은 새로운 소식이었다. 내가 컬럼비아 대학교의 동료들과 함께 작성해서 처음으로 발표한 논문은 1954년에 나왔고, 특허 출원은 마감 시한인 1년을 넘기지 않았다.

벨 연구소의 법무조사원들은 우리가 컬럼비아 복사연구소에서 작성한 분기 보고서에 대해 알게 되었다. 메이저에 대한 설명이 처음 나온 시기는 1951년 12월이었다. 이것은 통합 연구비 관리자에게 진행 상황을 보고하기 위해 제출한 내부 문서였다. 이 보고서에 메이저가 가능하다는 것을 보여주는 계산과 예상되는 장치의 형태에 대한 일반적인 설명이 있었다. 이 문서는 아이디어의 교차 점검을 위해 같은 연구비를 받는 연구소들에 회람되었다.

분기 보고서는 공식적으로는 출판물이 아니다. 어떻게 이 문서가 공식 출판물이라고 할 수 있는가? 대외 발표용이 아니라 내부 보고서였다는 것은 모든 사람에게 공개하려는 의도가 아니기 때문에 아무런 문제가 없다. 그런데 사실은 요청하기만 하면 누구에게나 이 보고서를 보내주었고, 비밀을 지키려는 노력은 없었다. 물론 이것이 출판물이라는 주장은 법의 복잡한 세부 조항을 파고드는 술수였다. 그러나 어쨌든 일반적인 정의에 따르면 이 문서는 출판물이 아니었고, 우리에게는 이 사실이 명백해 보였다.

이것이 출판물이 아니라는 리서치 코퍼레이션의 입장은 공격할 수 없는 확고한 사실이었지만 한 가지 예외가 있었다. 벨 연구소의 변호사들은 이 보고서 한 부가 하버드 대학교 도서관에 있다는 것을 알아냈다. 누구나 가서 읽을 수 있었다. 이것은 우리가 한 일이 아니었고 심지어 나도 몰랐지만, 스펙트라 피직스는 이것이 공개 출판물이라고 주장했다. 그들이 옳다면 리서치 코퍼레이션이 보유한 특허는 무효가 된다.

이 세부 조항에 대항하기 위해 리서치 코퍼레이션은 그 자신의 세부 조항이 필요했다. 이 기관의 변호사인 데이나 레이먼드는 1951년 컬럼비아 대학교 보고서의 내용이 1954년에 논문으로 발표한 성공적으로 작동한 장치와 어떤 차이가 있는지 나에게 물었다. 쟁점은 1951년에 컬럼비아 대학교에서 작성한 보고서가 작동이 가능한 메이저를 충분히 설명했는지 여부였다. 나는 연구의 막바지에 추가한 작은 변화 한 가지를 떠올렸다. 원래 설계에는 메이저 공명 공동 끝에 링 모양의 부품이 있었다. 앞에서 설명했듯이 이 부품은 필수적인 것이 아니었고, 심지어 약간의 문제를 일으켰기 때문에 제임스 고든은 이 부품을 제거했다. 가장 중요한 점은, 이 부품을 제거한 뒤에야 메이저가 작동했다는 사실이다. 변호사는 이걸로 충분하다고 말했다. 이는 최초의 보고서에서 설명한 장치가 특허에 등록한 장치가 아님을 의미한다. 놀랍게도, 데이나 레이먼드는 뛰어난 법적 기술을 동원해서 이 주장으로 문제를 해결했다. 보고서가 일반에게 공개된 도서관에 비치되어 있었기 때문에 법적으로 출판물로 인정되지만, 법의 관점에서 이 보고서는 특허를 완전하게 제시하지 못했다는 것이다. 그렇다면 이제 이 작은 변화를 추가한 제임스 고든을 공동 발명가로 인정해야 하는지가 궁금해진다.

이 이야기는 특허법과 상식이 얼마나 크게 대립할 수 있는지를 보여준다. 첫째로, 링이 있는지 없는지는 메이저의 본질적인 개념 또는 나중에 작동이 되는 메이저와 무관하지만, 법률적으로는 근본적인 차이가 있다. 둘째로, 하버드 대학교 도서관 직원이 이 보고서를 공개 서가에 비치할 것인지에 대해 내린 결정이 특허의 소유권을 결정할 수 있다는 것은 비합리적으로 보인다. 무엇보다, 도서관의 서가에 어떤 자료가 꽂혀 있든 내가 할 수 있는 일은 없었다. 그리고 마지막으로, 관심을 가진 대부분의 물리학자들은, 1954년에 공식적으로 발표되기 훨씬 전에, 우리의 메이저에 대해 알고 있었다. 어떤 사람은 분기 보고서를 읽었고, 어떤 사람은 내 연구실에 와서 메이저를 보았고, 또 어떤 사람은 내가 메이저에 대해 말하는 것을 들었다. 그러나 이것들은 모두 법적으로 출판물로 인정되지 않으므로 메이저에 대한 '공공 지식'이 아니다.

스펙트라 피직스는 이 전투에서 지고도 물러서지 않았다. 그들의 다음 작전은 메릴랜드 대학교의 조지프 웨버가 했던 연구를 꺼내는 것이었다. 웨버는 1953년 말에 전자공학 학술지에 발표한 짧은 논문에서 분자에 의한 마이크로파 증폭을 다루었다. 그것은 실험이 뒷받침되지 않은 이론적인 전개였고, 피드백이나 공동(cavity)은 없었지만 자극에 의한 복사의 증폭이 제안되었다. 1950년대에 웨버는 한동안 나에게 몹시 화가 나 있었다. 그는 자신이 처음으로 메이저의 아이디어를 발표했는데도 적절한 인정을 받지 못한다고 생각했다. 우리는 이 문제를 누그러뜨리기 위해 공동으로 메이저의 역사를 설명하는 글을 발표했다. 실제로 웨버가 먼저 독창적인 제안을 내놓았고 자극 방출에 의한 증폭을 예상했다. 게다가 그는 여기에서 나오는 복사가 결맞는 성질이 있다는 것을 최초로 깨달았다. 이는 비슷한 현상에 대해 그보다 더 일찍 언급한 학자들이 명백히 인지하지 못한 레이저의 중요한 성질이었다. 그러나 그의 설명에는 몇 가지 심각한 실질적인 한계가 있었는데, 나는 상대편 특허 변호사가 나에게 질문하기 전까지는 이 문제를 언급한 적이 없다. 사실 웨버의 시스템이 할 수 있는 증폭은 아주 작았다. 게다가 그는 입력 또는 출력 창에서의 손실을 고려하지 않았는데 이것을 고려했다면 증폭이 전혀 일어나지 않는다는 결과가 나왔을 것이다. 또한 그가 제안했듯이 암모니아 분자에 전기장을 가해도 그가 예상한 슈타르크 효과[전기장을 가했을 때 겹쳐져 있던 에너지 준위가 분리되는 현상이다. ― 옮긴이] 또는 스펙트럼선의 분리가 일어나지 않았을 것이며, 더 강한 전기장을 걸면 모든 기체가 이온화되어 분자들이 파괴될 것이다. 특허 변호사들이 왜 웨버의 제안이 우리가 특허 출원을 하기 몇 년 전에 나온 메이저 발명의 첫 번째 출판물이라고 할 수 없는지 물었을 때, 나는 이 문제들을 지적했다. 스펙트라 피직스는 이 작전을 포기했고, 웨버도 나에게 꽤 친절하게 대했다. 그 이유는 부분적으로 내가 이전에 그의 독창성을 인정하면서 굳이 이런 문제들을 지적하지 않았기 때문일 것이다.

리서치 코퍼레이션은 스펙트라 피직스와의 소송에서 이겼고, 이 사건은 위의 주장이 나온 뒤에 상호 합의가 이서된 법원의 명령(consent decree)으로 종결되었다. 이렇게 해서 메이저의 기본 특허는 1976년까지 나머지 17년 동안 비교적 문제없이 지나갔다. 특허로 내가 얻는 수익은 아주 많지는 않지만 때때로 내 월급의 두세 배가 되기도 했고, 대부분의 수익은 리서치 코퍼레이션으로 돌아갔다. 그중 일부는 특별기금으로 편성되어 전국의 연구자들에게 연구비로 지급되었고, 나는 연구비 지원을 선정하는 이사회에도 참여했다. 이 돈이 유용하게 쓰이는 것은 정말 흐뭇한 일이었다. 그중에서도 내가 가장 큰 보람을 느꼈던 지급 사례는 내가 다니던 퍼먼 대학교의 화학과 교수 론 B. 나이트에게 지원한 3만 2,800달러였다. 또 다른 연구비는 하버드 대학교의 교수가 된 나의 제자 패트릭 타데우스에게 지급되어 우리 은하에서 최초로 일산화탄소 기체를 광범위하게 조사하는 안테나를 만드는 데 사용되었다. 또 다른 연구비는 매사추세츠에 있는 천문학자들의 모임인 미국 변광성관측협회에 지급되었고, 협회는 이 돈으로 첫 번째 컴퓨터를 구입했다. 최근에 나는 천문학 연구를 하면서 변광성관측협회의 데이터를 사용할 기회가 있었고 협회의 헌신에 고마운 마음이 들었다.

벨 연구소의 레이저 특허는 대체로 성공적이었지만 더 나을 수도 있었다. 이 특허의 핵심 조항은 법정의 시험을 통과했지만, 이 특허가 포괄할 수 있는 모든 것을 포함하지는 않았다. 레이저 특허에 대한 첫 번째 도전은 1957년에 컬럼비아 대학교 대학원생 시절에 나에게 특허에 대한 조언을 얻기 위해 왔던 고든 굴드로부터 왔다. 그때 나는 그에게 광학 메이저(또는 레이저)를 만들 수 있다는 결론을 이야기해 주었다.

고든 굴드에 대한 나의 인상은 내가 뭔가를 하고 있다는 것을 알 때마다, 그는 자신의 노트에 생각할 수 있는 한 많은 것을 기록하려고 했다는 것이다. 그의 첫 기록은 1957년 11월 13일이었고, 우리가 광학 메이저에 대해 처음으로 대화를 나눈 지 몇 주 후였다. 이것이 그가 동네 사탕가게에서 공증을 받은 노트이다. 이 노트에는 레이저에 대한 설명과 이 장치로 가능한 응용의 목록도 적혀 있었다. 그다음으로 그가 레이저로 상당한 양의 자료를 만든 것은 약 1년 뒤에 숄로와 내가 쓴 원고의 사본을 입수한 직후였다. 두 기록 모두에 꽤 많은 내용이 담겨 있었다.

굴드가 1958년 테크니컬 리서치 그룹에 입사한 후 얼마 지나지 않아, 이회사는 벨 연구소의 레이저 특허에 도전하기 위해 자금을 조달했다. 그들은 굴드가 1957년에 쓴 노트를 근거로 우리보다 먼저라고 주장했다. 사실 1957년 노트에는 몇 가지 흥미로운 점들이 있었는데, 파브리-페로 간섭계처럼 평행판을 이용하는 레이저에 대한 꽤 좋은 설명도 포함되어 있었다. 그러나 법원은 그의 노트와 우리의 레이저 특허를 조사한 다음에 두 가지 근거로 그의 주장을 기각했다.

첫 번째 근거는 굴드의 노트에 적절한 발명품이 들어 있지 않다는 것이었다. 이 노트는 레이저를 감싸는 튜브가 축을 벗어난 여러 가지 모드를 억제하기 위해 투명한 재질로 만들어졌는지 여부를 나타내지 않았다(우리의 장치는 투명했다). 모드 제어에 대해서도 언급하지 않았고, 레이저가 어떻게 단일 진동 모드 또는 방향성 진동 모드를 생성하는지, 따라서 단일 파장을 생성하는지를 설명하지 않았다. 이것들은 모두 숄로와 내가 함께 연구한 것이고, 나머지 아이디어의 대부분은 굴드가 나와 대화하기 전에 나의 노트에 있던 내용이었다.

굴드의 주장에 반대하는 두 번째 근거는 그가 '성실함'을 보이지 않았다는 것이었다. 이것은 특허법이 요구하는 특별한 사항으로, 주로 발명자로 추정되는 사람이 실용적인 장치를 만들기 위해 노력하거나 특허 출원을 함으로써 자신의 아이디어를 정말로 진지하게 대했다는 것을 입증해야 한다. 본질적으로 법원은 그가 이 아이디어를 적은 뒤부터 우리가 발표할 때까지 꽤 오랫동안 아무것도 하지 않았다고 판결했다. 따라서 그는 타당한 주장을 할 만큼 충분한 설득력을 갖추지 못했거나 그 사안에 충분히 관심을 갖지 않았던 것으로 보인다. 우리의 특허를 맡은 벨 연구소 변호사들은 확실한 전문가이다. 나는 굴드의 변호사들이 그들이 할 수 있는 만큼 잘했는지 확신하지 못한다. 어쨌든 그들은 완전히 졌다.

굴드는 내가 특허의 근거가 된 논문을 발표할 때까지 이 분야에서 어떤 과학 논문도 발표하지 않았고, 나중에는 비교적 중요하지 않은 논문들만 발표했다. 내가 보기에, 그가 조용히 있으면서 관심을 보이지 않아 '성실함'을 보여줄 수 없었던 시기는 이 연구가 벨 연구소의 소유라고 생각해서 내가 침묵하던 바로 그 시간 동안이었다. 이미 언급했듯이, 아서 숄로와 나 말고는 아무도 그 기간 동안 레이저의 가능성을 진지하게 고려하지 않았던 것 같다. 앞에서 말했듯이 숄로와 내가 '광학 메이저' 논문을 쓰는 동안, 나는 나의 학생들과 알리 자반과 같은 컬럼비아의 가까운 동료들에게 조차 이 주제에 대해 언급하지 않으려고 주의를 기울였다. 알리는 1958년 초여름에 벨 연구소에 입사한 다음에야 이 아이디어를 알게 되었고, 그 뒤에 헬륨-네온(He-Ne) 레이저 체계를 만드는 데 중요한 기여를 했다. 헬륨-네온 레이저는 요즘도 널리 사용되고 있다.

굴드가 1957년에 쓴 노트를 근거로 우리의 기본 레이저 특허에 도전했다가 실패한 뒤에 테크니컬 리서치 그룹은 포기했다. 그러나 굴드는 나중에 특허권에 자금을 대고 도박할 의향이 있는 다른 회사들을 찾는 데 성공했다. 그는 매우 집요했다. 분명히 그는 특허권을 매우 소중히 여겼다. 그다음에 그는 레팩 컴퍼니(Refac Company)와 함께 일했는데, 발명가들과 특허를 다루기 위해 특별히 설립한 조직이었다. 굴드는 레팩과 함께 벨 연구소의 알리 자반, 빌 베넷, 도널드 헤리엇이 소유한 헬륨-네온 레이저 특허가 자기 것이라고 주장하기 위해 노력했지만 이번에도 실패했다. 그는 최초의 레이저를 제작한 휴스 연구소가 소유한 특허에도 도전했다. 이 특허는 레이저를 켜고 끄는 것을 제어해서 강한 펄스를 얻는 'Q-스위칭' 방법에 관한 것이었는데, 굴드의 주장은 다시 실패했다. 이 사건에 관련되지 않은 한 특허 변호사는, 비록 패소했지만 이 주장이 아마도 굴드가 제기한 것 중에 가장 타당성이 크다고 생각하고, 휴스 변호사들의 실력이 더 뛰어나서 졌을 것이라고 나에게 말해 주었다.

한편으로 테크니컬 리서치 그룹은 국방부가 새롭게 설립한 고등연구계획국으로부터 레이저 개발 연구비 100만 달러를 받았다. 그들은 상상력이 풍부한 제안을 내놓았고, 당시에 분명히 예상할 수 있었던 것보다 상당히 더 높은 레이저의 성능(최종적인 실제 레이저 성능보다는 상당히 낮았지만)과 사용을 제안했다. 테크니컬 리서치 그룹은 많은 연구비를 받아 열심히 노력했지만 큰 성공을 거두지는 못했다. 이미 언급했듯이, 이 회사가 결국 얻은 성과 중 하나는 우리가 최초 논문에서 제안한 헬륨 펌프 세슘 레이저의 독창적인 작동 모델을 만든 것이었다. 나는 이런 형태의 장치가 만들어져서 잘 작동하는 것을 보고 기뻤지만 이 장치는 상업적으로 실패했다.

많은 대중 출판물에서 굴드가 테크니컬 리서치 그룹에서 일할 때 레이저를 직접 다룰 수 없도록 방해를 받았다는 이야기를 다루었다. 그는 1940년대 후반 어린 학생이었을 때 마르크스주의 연구 그룹에 참여했기 때문에 비밀취급허가를 받을 수 없었고, 특히 국방부가 테크니컬 리서치 그룹의 레이저 연구에 보안 조치를 취했을 때 그의 노트가 기밀로 분류되었다고 했다. 이 문제에 대해서만은 굴드의 생각에도 정말로 혼동이 있었던 것 같다. 나는 언젠가 이 노트의 사본을 구했고, 이 노트가 기밀로 분류된 적이 없다는 것을 알았다. 나는 고든에게 전화를 걸어서 그의 노트가 비밀로 분류되었다는 신문 기사를 읽었는데, 내가 사본을 직접 살펴보니 비밀 분류 스탬프가 찍혀 있지 않다고 말했다. 비밀로 분류된 서류에는 스탬프가 찍혀 있어야 한다. 그는 이 사실을 알려준 사람이 내가 처음이고, 이전까지는 몰랐다고 대답했다.

비밀 취급과 관련된 문제에서 조금 착오가 있었지만, 고든 굴드는 자기가 특허를 주장하는 것이 정당하다고 확신했던 듯하다. 배심원들이 그에게 설득된 것도 어느 정도는 그의 확신 때문이었을 것이다.

숄로와 나의 논문은 1958년 12월에 공식 발표되었지만, 우리는 그 논문을 완성해서 8월부터 관심이 있는 사람들에게 초안을 배포했다. 물론 그때는 벨 연구소의 변호사들이 적절한 특허 출원을 제출한 다음이었다.

숄로와 나의 광학 메이저 논문이 나온 지 얼마 되지 않아서 굴드는 방대한 항목을 기록한 노트를 작성했는데, 작성된 날짜는 1958년 11월로 되어 있었다. 이 항목들은 레이저의 몇 가지 측면에 대한 성공적인 특허의 기초를 증명하기 위한 것이었다. 내가 보기에 그중 일부는 이미 우리 논문에 실렸으나, 벨 연구소의 특허에서 충분히 다루지 않은 내용이었다. 이것이 벨 연구소가 특허를 작성할 때 내가 더 세심히 들여다보지 않은 것을 후회하는 이유 중 하나이다. 우리 논문에 나온 기술적 아이디어를 적용할 수 있는 범위가 충분히 포함되도록 내가 특허 변호사들에게 확실히 조언했어야 했다.

마침내 굴드의 특허로 약간의 성공을 거둔 회사가 있었는데, 특허와 관련하여 발명가들과 협력하기 위해 당시에 새로 설립된 회사인 패트렉스(Patlex)였다. 이 회사는 레팩으로부터 사건을 넘겨받았다. 패트렉스는 리처드 새뮤얼이라는 유능한 변호사가 이끌고 있었으며 자금력도 풍부했다. 이 회사의 전략은 다수의 개별적인 특허 침해를 주장하고, 홍보에 많은 노력을 기울이며, 제너럴 모터스나 AT&T와 같이 가장 큰 회사나 변호사의 실력이 뛰어난 회사에 대해서는 소송을 피하는 것으로 보였다. 패트렉스는 이 회사들에는 침해 소송을 제기한 다음, 복잡한 법적인 방어보다 비용이 덜 드는 고정된 가격의 법정 외 합의를 도출했다. 이렇게 되면 회사는 굴드가 이겼을 경우에 발생할 수 있는 돈을 지불하지 않고도 그들이 주장하는 특허를 사용할 수 있는 권리를 얻게 된다. 이것은 분명히 더 이상의 비용이 들지 않는다는 편리한 보증이었다. 패트렉스는 처음에 캘리포니아에 있는 사실상 파산한 소규모 회사인 제너럴 포토닉스사를 상대로 소송을 제기했다. 패트렉스가 이겼지만 다른 회사들은 그렇게 심각하게 여기지 않았다. 그다음에 패트렉스는 플로리다 게인즈빌에 있는 작은 레이저 회사인 컨트롤 레이저를 상대로 소송을 제기했다. 컨트롤 레이저는 특허부서가 없었을 것이고 지역 변호사 로버트 더크워스를 고용했다.

더크워스는 나에게 피고측 증인이 되어 달라고 부탁했다. 나는 휘말리고 싶지 않았지만 필요하다면 증인으로 나서야 한다고 생각했다. 그래서 나는 1987년 게인즈빌에서 있었던 컨트롤 레이저 사건의 재판에 참석하느라 며칠을 보냈다. 나는 이때 특허법과 관련하여 배심원이 개입할 때 얼마나 이상한 일이 벌어질 수 있는지 잘 알게 되었다.

게인즈빌에 도착하자마자 나는 상대편 변호사에게 결코 화를 내지 말라는 조언을 들었다. 플로리다에서 유명한 재판 변호사였던 그는 반대 증인들을 화나게 해서 상황을 자기에게 유리하게 이끄는 전략에 능하다고 했다. 사실, 컨트롤 레이저는 휴스의 시어도어 메이먼에게 먼저 증인으로 출석해달라고 요청했다. 메이먼은 첫 번째 교차 심문에서 화를 내면서 증언을 거부하고 퇴정했다.

배심원단은 물론 지역 주민들로 구성되었다. 패트렉스는 이때 매우 혁신적인 전술을 사용했다. 그 지역의 다른 주민들을 돈으로 고용해서, 법정의 방청석에 앉아 재판 과정을 경청한 다음에 배심원들의 반응을 패트렉스 법률 팀에 보고하도록 했다. 나는 이 책략이 당시에는 꽤 참신하다고 생각했지만, 그때 이후로 다른 사건에도 사용되는 것으로 알고 있다.

패트렉스는 전반적으로 배심원이 있는 재판에서 제법 잘했다. 벨 연구소의 기본 레이저 특허는 여전히 유효하고 쟁점이 되지 않았다. 또한 배심원들은 숄로와 내가 쓴 논문이 그가 결정적인 증거로 내놓은 1958년 11월의 노트보다 먼저 입수가 가능했다는 것을 알았고, 그래서 우리 논문이 굴드의 노트보다 먼저라는 것이 확실해졌다. 그럼에도 불구하고 패트렉스는 중요한 특허를 얻어냈다. 그들이 얻은 특허는 레이저와 그 사용에 관련된 광범위한 영역의 잡다한 것들이었다. 패트렉스가 이 소송에서 이긴 가장 중요한 세 가지 항목은 다음과 같았다.

1. 반사경이 없는 상황에서 자극 방출에 의한 빛의 증폭(대부분의 레이저에서 거울에 반사되어 왔다갔다하면서 증폭이 축적되지만, 이 과정이 없으므로 우리의 특허와 다르다고 보았다).

2. 충돌에 의해 들뜬 원자 또는 분자로부터의 자극 방출에 의한 빛의 증폭. 이번에도 반사가 없는 경우임.

3. 좁은 영역이 아니라 넓은 영역의 흡수 및 방출의 공명이 일어나는 레이저 재료의 사용.

과학자인 나의 견해로는, 이 모든 것은 특허를 받을 수 없는 것들이었다. 이 분야에 능숙한 사람에게는 누구나 레이저의 아이디어를 알면 이런 것들은 명백한 사실이기 때문이다. 첫 번째 항목은 벨 연구소가 소유한 숄로−타운스 레이저 특허와 본질적으로 동일하다. 배심원들은 이것이 더 상급의 레이저 특허라고 인정했지만, 공명기가 없는 레이저 장치를 별도의 특허로 인정했다. 이제까지 레이저 특허를 낸 모든 사람들은 진동을 엄청나게 증폭시킬 수 있는 반사경을 가진 레이저로 특허를 얻었다. 그 누구도 레이저 내부에서 진행되는 증폭 자체를 별도로 특허로 출원하려고 하지 않았다. 두 번째 항목은 반사경이 있고 충돌로 들뜨게 하는 레이저로 특허를 받은 벨 연구소의 자반, 베넷, 헤리엇의 연구와 명백히 비슷했다. 첫 번째와 두 번째 항목은 모두 단순히 반사경을 없애고 내부에서 일어나는 일, 즉 증폭 자체의 특허를 받으려는 것이었다. 굴드는 이전에 이 두 가지 모두에 대해 독립적인 특허를 얻으려고 노력했지만 실패했다. 레이저에서 빔이 반사되어 왔다 갔다 하면서 큰 증폭이 일어나기 때문에, 반사가 일어나지 않아도 조금 증폭이 된다는 것은 그 분야의 과학자에게는 너무 뻔해 보이지 않을까?

세 번째 항목은 좁은 영역이 아닌 넓은 영역의 공명으로 일어나는 증폭에 대해 특허를 받은 것이다. 어디까지가 좁은 공명이고 어디까지가 넓은 공명인지에 대해 명확한 과학적 정의는 없다. 자연에 나타나는 폭의 변이는 연속적이며 이론적으로 아무런 차이가 없다. 만약 벨 연구소의 변호사들이 초기 특허에 고체 레이저를 포함시켰다면 이 모든 문제는 사라졌을 것이다. 고체 레이저에서 일어나는 공명은 폭이 상당히 넓은데, 이 부분을 우리는 초고 작성 당시 논의했지만, 원래의 특허에 필요하다고 분명히 확인하지는 않았다.

반사 없이 일어나는 증폭과 관련된 맨 나중의 특허 두 건은 나에게는 새로운 것이 아니었다. 초기의 메이저에 관련된 특허를 낼 때, 이 아이디어가 포괄하는 범위를 알아본 리서치 코퍼레이션의 해럴드 스토웰과 나는 증폭 과정 자체에 대한 특허 신청 여부를 논의했다. 아니면, 단지 증폭과 공명기의 조합에 대한 특허 출원도 고려했다. 이는 더 많은 증폭 또는 발진이 일어나는 과정이다. 나는 스토웰에게 1920년대 초반부터 몇몇 사람들이 에너지 준위의 반전으로 반사가 없는 매질에서 증폭이 일어날 수 있다는 사실을 언급했고, 이것을 구현하지는 않았지만 작동할 수 있는 설계를 고안한 사람들도 있다고 지적했다. 게다가, 특허법에는 자연적으로 발생하는 현상은 특허 대상이 아니라고 명시되어 있다. 나는 스토웰에게 아직 아무도 경험하지는 못했지만 폭발이 일어나거나 번개가 칠 때 자연적으로 증폭이 일어날 가능성이 있다고 말했다. 이러한 이유로, 그는 특허에 증폭 과정을 별도로 추가해도 분명히 아무 쓸모가 없을 것이라고 생각했다. 발진기가 만들어지면 그 아이디어는 명백해 보인다. 해당 분야의 전문가에게 명백하다면 특허를 받을 수 없을 것이며, 어쨌든 대부분의 응용은 공명기를 사용할 것이다. 벨 연구소의 변호사들도 레이저 특허를 작성할 때 같은 생각을 했을 것이다. 나는 그들과 이 문제를 논의한 적이 없지만, 그들도 증폭 자체에 대한 특허를 내지 않았다. 따라서 이전의 변호사들은 배심원들이 패트렉스에 준 가장 중요한 두 가지에 대한 특허를 단순히 지나쳐 버렸다. 게다가 패트렉스는 공명기를 가진 레이저도 증폭을 이용했기 때문에, 이 새로운 특허는 이미 특허를 받은 기존의 모든 레이저를 포함해야 한다고 주장했다!

증폭에 대한 패트렉스의 주장을 반박하기 위해 배심원 재판에서 나는 (공명을 위해 반사경을 사용하지 않는) 증폭은 자연에서도 일어날 수 있다고 주장했다. 나는 더크워스에게 NASA 고다드 연구소의 마이클 멈마를 증인으로 신청해 달라고 요청했다. 버클리에 있는 나의 그룹과 마찬가지로, 멈마의 그룹은 그때쯤 화성의 대기에 내리쬐는 햇빛이 이산화탄소 분자를 들뜨게 해서 적외선을 조금 증폭한다는 사실을 발견했다. 고다드 그룹은 특히 이 과정을 과학적으로 잘 입증했다. 나는 이것이 실제로 자연에서 일어나는 현상이며, 따라서 규정에 따라 특허를 받을 수 없다는 것을 보여주기에는 멈마가 가장 적합한 사람이라고 생각했다.

멈마는 배심원들에게 화성의 대기에서 자연적인 레이저 증폭이 일어난다는 발견에 대해 자세히 설명했다. 패트렉스 변호사의 전략은 농담으로 받아치는 것이었다. 그는 눈을 굴리며 능청스럽게 말했다. "화성의 작은 녹색 인간들을 말하는 건가요?" 배심원들은 토론을 거쳐 우주에서만 일어나는 사례는 지구의 법정과 무관하다고 결정했다. 내가 이 전략을 제안했고, 그것이 효과가 있기를 원했지만, 화성의 레이저를 배제한다는 배심원들의 결정은 상식적으로 불합리하다고 생각하지는 않는다. 우주에 있는 천체에서 다른 종류의 레이저도 발견되었지만, 자연적인 레이저 증폭은 분명히 어떤 명백한 방식으로도 존재하지 않는다. 그러나 내가 관련된 다른 사건들은 시민 배심원 없이 변호사와 재판관만 참여하는 재판이었고, 이런 재판에서는 특허법이 아무리 이상하다고 해도 그 법은 엄격하게 지켜질 것을 기대할 수 있었다. 그래서 나는 이 재판이 놀랍고도 재미있었다. 멋진 세부 조항이 있어서 이 조항의 법률적 표현에 따르면 어떤 특허는 무효화되어야 하지만 이번에는 그렇게 되지 않았다. 배심원단이 법을 만든 것이다. 이전 특허들에서 내내 명백했고 또한 본질적인 부분이었는데 단지 이전까지는 별도로 분리되지 않았다는 이유만으로 배심원단은 패트렉스에 이 부분에 대한 특허를 허가했다. 화성에서 일어나는 증폭을 고려하지 않고 좀 더 합리적인 기준으로 본다고 해도, 나는 배심원단의 결정을 납득할 수 없다.

컨트롤 레이저의 변호사인 더크워스는 일이 단순하게 끝나지 않을 것이라고 경고했다. 그는 누가 져도 재심을 원할 것이라고 말했다. 그는 이번 재판은 주로 특허 위반에 대한 주장과 반박의 구도를 형성하는 것이고, 실제로 문제를 해결하기 위해 또 다른 재판이 필요하다고 생각했다. 패트렉스는 매우 영리하거나 운이 좋았다. 재판관은 패트렉스의 주장에 따라 컨트롤 레이저에 청구된 특허료를 즉시 지불하라고 판결했다. 특허료는 수백만 달러에 달하는 엄청난 금액이었고, 컨트롤 레이저는 지불할 능력이 없었다. 이 회사는 모든 자산을 패트렉스에 넘겨야 했고 더 이상 싸울 수 없었다. 이렇게 해서 이 사건은 종결되었다.

내가 알기로는 플로리다 사건 이후로 패트렉스의 특허에 이의를 제기한 회사는 없었다. 이 특허들은 다양한 레이저를 포괄했기 때문에 수천만 달러의 수익을 올렸다. 굴드의 주장이 여러 해 동안 특허청과 법정에서 지연되었기 때문에 특허료 수익이 훨씬 더 커졌다. 1959년에 발표된 나의 기본 특허는 굴드의 특허가 효력을 발휘하기 시작한 1976년에 막 만료되었다. 특허 게임을 시작할 무렵에 나의 변호사가 말했듯이, 특허에서 얻는 수익의 대부분은 특허가 발급되고 나서 오랜 시간이 지난 다음에 나오며, 더 나중에 사소한 변경으로 획득한 보조 특허가 더 많은 돈을 벌어들인다. 굴드는 끈기 있게 버텨서 실패를 거듭하면서 질질 끌다가 결국은 약간의 성공을 거두었고, 이것으로 많은 돈을 버는 행운을 누렸다.

대단한 게임이다! 특허 절차는 과학적 혁신의 측면에서 거의 의미가 없다. 정말로 과학을 즐기고 법적인 논쟁과 도박을 즐기지 않는 사람이라면, 특허 게임을 해서는 안 된다. 예를 들어 시어도어 메이먼은 실제로 작동하는 최초의 레이저를 만드는 혁신을 이룬 사람으로 크게 인정을 받아야 한다. 그러나 아마도 부분적으로 휴스의 변호사들이 선견지명을 갖고 공격적으로 내응하지 않았기 때문에, 메이먼은 널리 적용되는 특허에서 거의 제외되었다.

오늘날 레이저 산업은 연간 수십억 달러의 가치가 있다. 패트렉스가 소유한 중요한 레이저 특허들은 1990년대 중반에 거의 다 만료되었다. 물론 특정한 종류의 레이저와 그 응용에 대해 다른 발명가들이 가진 많은 특허들은 아직도 유효하지만 여기에 설명한 것들만큼 논란이 되거나 언론에 크게 다룬 것은 없었다.

최근에는 상황이 바뀌었다. 특허법이 두 가지 방식으로 수정되어서 여기에서 본 것과 상당히 다른 이야기가 만들어질 것이다. 첫째, 1995년 이후로 특허는 오랜 지연을 줄이기 위해 허가되고 17년이 아니라 출원되고 20년 뒤에 만료된다. 이 규정을 적용하면, 패트렉스가 최종적으로 확보한 특허는 허가된 뒤 몇 년 안에 만료되었을 것이다. 둘째, 특허권의 범위를 결정할 때는 배심원 없이 전적으로 재판관들이 결정한다. 특허가 기술적으로 점점 더 복잡해진다는 것을 고려할 때, 이것은 분명히 좋은 생각이다.

8

달의 먼지에 대해 자문하다

1951년 늦여름, 나는 남부 캘리포니아 데스밸리와 시에라네바다 산맥의 험준한 영봉들 사이에 펼쳐진 고지대 사막의 마른 호수 바닥으로 가는 사람들 속에 끼어 있었다. 우리는 제2차 세계대전 중에 건설된 로켓 실험장으로 칼텍에서 운영한 '차이나레이크'의 시설을 방문하기로 되어 있었다. 전쟁이 끝난 뒤에는 해군이 이 시설을 운영하고 있었다. 우리가 도착한 곳에는 화산 용암으로 이루어진 평지 위에 레이더 기지, 격납고, 막사, 실험실이 모여 있었다. 마른 호수 바닥은 부드럽고 넓게 펼쳐져서 가장자리가 없는 항공모함 같았고, 주위에는 인구 밀집 지역이 없어서 로켓, 미사일, 실험 비행기를 시험하기에 완벽한 장소였다.

해군은 한동안 적외선 연구를 지원해 왔지만 그 시점까지 해군에 유용한 성과는 거의 없었다. 우리 일행은 적외선과 관련 기술에 중요한 군사적 용도가 있는지를 조사하는 임무를 맡은 과학자문위원회 위원이었다. 의장인 도널드 F. 호닉은 브라운 대학교의 화학자이자 적외선 분광학자였고, 그는 내가 해군 마이크로파위원회에 들어간 직후에 나에게 합류를 요청했다. 나는 프로젝트 메트카프에 즐겁게 합류했다. 이 프로젝트는 호닉이 소장으로 있는 브라운 대학교 메트카프 연구소의 이름을 딴 것이었다. 나는 이 프로젝트에 참여하면서 적외선에 대해 더 많이 배울 수 있었으며 다른 위원들과의 교류도 즐거웠다. 하버드 대학교의 물리학자 J. H. 밴블렉, '피프' 파노프스키, 레너드 시프, 스탠퍼드 대학교의 로버트 호프스태터, 코넬 대학교의 데일 코슨, 케임브리지 대학교의 화학자 데이비드 데니슨, 공학자 겸 물리학자 유진 푸비니가 위원으로 참여했다. 이 위원회에서는 여러 실험실을 방문하면서 다른 과학자들이 어떤 연구를 하고 있는지 참관했는데, 이는 내가 가장 좋아하는 일이다.

이제까지 나의 경력은 주로 과학 연구에 집중되어왔다. 그러나 이번의 차이나레이크 여행은 내가 많은 시간을 들인 또 다른 활동의 한 예이다. 정부에 과학 자문을 하는 일이고, 어느 정도는 산업계에 대한 자문도 했다.

과학과 기술은 우리 사회에서 매우 중요한 역할을 하고, 과학과 기술에 대해 공적인 결정을 할 때는 매우 전문적인 지식이 필요하기 때문에 과학자들은 사회와 정부의 결정에 점점 더 많이 참여할 필요가 있다. 다른 많은 과학자들에게도 그렇듯이, 나의 참여는 나의 특정한 과학적 배경에 달려 있었다. 메이저와 레이저의 개발에 관련된 일이 많았기 때문에 나도 자주 참여하였다. 정부나 산업에 대한 봉사와 집중적인 연구를 병행하기는 쉽지 않지만, 저명한 과학자라면 누구나 그러한 봉사를 요청받을 수 있다. 내가 참여한 일 중 몇 가지를 여기에서 조금 자세히 설명하겠다.

차이나레이크는 황량한 풍경을 보며 사막의 맑은 공기를 마실 수 있어 내가 본 연구 장소 중에서도 대단히 특이했다. 첫날 칼텍에서 함께 공부한 빌 매클레인을 만났다. 빌은 겸손하고 솔직했으며 상상력이 풍부하면서도 실용적인 실험물리학자였다. 그는 자신만의 아이디어를 개발하고 있었는데, 그 지역에 사는 작은 방울뱀의 이름을 따서 이 계획을 '사이드와인더'라고 부르고 있었다. 방울뱀은 먹잇감의 체온을 감지해서 공격하며, 같은 방식을 사용하는 매클레인의 사이드와인더는 공대공 미사일의 매우 중요한 원형이 되었다. 이 미사일은 목표물의 엔진과 배기가스에서 나오는 적외선 복사, 즉 열을 추적하는 무시무시한 능력을 갖출 것이다. 이 장치에 달린 '눈'은 네 개의 적외선 탐지기 배열이다. 이것이 목표물인 비행기의 엔진에서 나오는 열에 반응하여 미사일을 상하좌우로 유도한다. 현장에서 시험한 결과 이 아이디어는 매우 전망이 밝고 효율도 뛰어날 것으로 보였다.

우리가 차이나레이크에 갔을 때 사이드와인더는 공식 프로젝트가 아니었다. 매클레인은 자신의 주도로 자금 배정을 받지 않고 공동 자금으로 '사이드와인더'를 개발하고 있었다. 우리 위원회는 사이드와인더의 예비 결과와 잠재성에 즉시 깊은 인상을 받았다. 그러나 이 프로젝트는 여전히 국방부 고위층의 승인을 받지 못하고 있었다. 그리고 우리가 가기 직전에, 해군의 고위 간부들이 사이드와인더의 소식을 들었다. 그 반응은 명확했다. 중단하라는 것이었다. 그들은 연구책임자에게 이렇게 말했다. 공대공 유도미사일은 이 시설에 적합한 연구가 아니다. 이 시설은 로켓을 개발하는 곳이다.

우리 위원회는 지휘 체계에서 멀리 떨어진 사람들로 구성되어 있었고, 미사일이 차이나레이크의 설립 목표에 적합한지에 대해 신경을 쓸 이유가 없었다. 해군이 이 프로젝트를 중단시키는 조치는 명백한 잘못으로 보였다. 호닉은 책임자인 제독이 누구인지 물었고 국방부에 전화한 후 그들을 만나기 위해 워싱턴으로 갔다. 호닉은 위원회를 대표해서 그들에게 사이드와인더 프로그램은 진행되는 일들 중에서 최고라고 말했다. 고위 제독들 중의 한 사람이 반대했다. 비행기를 공격할 때는 앞에서 쏘아야 효과가 있고, 열추적 미사일처럼 비행기 뒤에 달린 엔진 배기구를 조준하면 안 된다는 것이었다. 그러나 최근 한국 전쟁에서 공중전을 성공적으로 수행하고 돌아와서 차이나레이크에 배속된 윌리 쉬라가 일어나서 말했다. "제독님, 제가 본 것 중에 제대로 격추된 비행기는 모두 뒤에서 쏜 것이었습니다." 호닉은 젊은 장교가 제독들과 정면으로 반대되는 의견을 거침없이 말하는 것에 감명을 받았다. 호닉은 쉬라가 나중에 NASA로 가서 우주비행사가 된 것도 이런 태도와 무관하지 않다고 생각했다. 우리 위원회의 서면 보고서는 사이드와인더가 적외선을 이용하는 해군의 무기로 잠재력이 가장 크다고 강조했다. 이렇게 직접적인 조언을 받은 해군은, '음, 그럼 좋아, 위원회가 그렇게 중요하다고 생각한다면, 계속해도 좋다'는 정도의 반응을 보였다. 사실, 워싱턴에서 호닉과 이야기한 제독 중 한 사람이 '데크' 파슨스였다.[윌리엄 스털링 파슨스는 해군 병기 전문가로 맨해튼 프로젝트에 참여했고, 히로시마 원자폭탄 폭격 때 원자폭탄이 공습 전에 폭발할 위험을 막기 위해 비행기 안에서 공습 전에 직접 기폭 장치를 설치했다. 나중에 수소폭탄 실험에도 참여했다. 미국 해군은 과학기술 발전에 기여한 군인과 민간인에게 윌리엄 스털링 파슨스상을 매년 수여하고 있다. — 옮긴이] 그는 그날 밤에 바로 차이나레이크로 날아가서 직접 사이드와인더 연구를 확인했다. 우리가 방문하고 며칠 뒤에 매클레인은 사이드와인더 연구를 위한 준비를 완전히 갖추었다.

오늘날 당시 사이드와인더 미사일의 후손들은 해군뿐만 아니라 공군 전투기에도 탑재되는 가장 효과적인 무기이다. 이 미사일 개발이 취소될 뻔한 이유는 기술을 근거로 한 판단이 아니라 조직과 예산을 우선했기 때문이다. 국방부의 제독들은 단순히 자신들의 체계를 따랐지만 그 분야에 정통한 외부 전문가의 견해가 제시되자 현명하게 받아들였다. '프로젝트 메트카프'의 최종 보고서는 적외선 응용 가능성을 폭 넓게 다루었다. 이 보고서는 '사이드와인더' 외에도 훨씬 많은 것을 다루었지만 이 미사일 개발을 되살린 일의 영향이 가장 컸다.

과학 자문을 하고, 그 자문을 따르는 것이 언제나 이렇게 쉬웠으면 좋겠다! 과학 자문에는 정치적인 배경과 함정이 따른다. 그러나 약간 유명한 과학자라면 누구나 조만간 정부 기관에서 연락을 받는다. 주기적으로 평가와 자문 요청이 들어오고, 정부 정책과 깊이 연관된 사안에 대한 자문도 많다. 조언에 대한 반응이 '사이드와인더'처럼 직접적이고 긍정적인 경우는 드물다.

정치과학, 사회학, 경제학, 또는 정부의 결정에 관련된 다른 분야에 고용된 개인(특히 대학 교수들)은 왜 특별히 과학자들이 정부 자문역으로 자주 불려가거나 '특권'을 가지는지 묻는 일이 많다. 거기에는 매우 인간적인 이유가 있다. 정치가들은 정치과학자나 그런 사람들에게 많은 조언을 받을 필요가 없다고 생각한다. 무엇보다 직업적인 통치자로서 정치가들은 대개 자신이 사회적 · 정치적 문제를 잘 안다고 생각한다.

대부분의 정치가들은 과학에 대해 아는 것이 많지 않다. 그러나 특히 제2차 세계대전 이후로 의회와 정부기관들은 과학과 기술에 많은 돈을 지원해야 한다는 사실을 알게 되었다. 군대가 직접 예산을 집행하거나 정부기관이 경제발전을 기대하면서 예산을 집행하는 것이다. 부분적으로 그들은 과학의 지적 가치를 인정한다. 더 중요한 점으로, 그들은 과학이 미국의 경제발전과 군사적 성공에 모두 기여할 것으로 믿는다는 것이다. 지적이거나 학문적인 어떤 분야가 과학과 기술만큼 워싱턴으로부터 지원을 받을 수 있을까? 예술과 인문학에 대한 기부금은 문화적으로 흥미롭고 문화를 진작하기 때문이지만, 의회가 보기에 직접적인 보상은 없다. 따라서 정치가들은 과학과 기술에 대해 중요한 결정을 해야 하고 많은 예산을 배분해야 한다. 그러면서도 과학과 기술에 대해서는 거의 이해하지 못하므로 정치가들은 어쩔 수 없이 자문에 의존한다. 군대의 고위 장교도 이런 태도를 자주 공유한다. 아이러니한 결과로, 사회과학자들은 공공 정책의 뛰어난 전문가이고 정부에 자문을 하기에 가장 관심이 있고 준비가 잘 되어 있으면서도 과학자들에 비해 백악관, 의회, 국방부의 관심을 끌지 못한다.

물론 정부를 위해 일할 때 정치를 벗어날 수 없다. 어느 한쪽에 완전히 기울어져 있지 않는 한 개인적인 정치관은 과학과 기술에 대해 자문할 때 크게 방해가 되지 않는다. 나는 스스로 남부의 자유주의자라고 생각한다. 경제에는 보수적이지만 사회 정책에는 어느 정도 자유주의적이다. 그래서 나는 중도파라고 할 수 있다. 나는 어떤 집단에 대해서도 열성적이거나 교조적으로 충성하지 않으며 사안에 따라 달리 행동한다. 나는 민주당과 공화당 모두에 똑같이 자문했다.

1950년대에 나는 이러한 자문에 약간의 시간을 할당했는데 특히 군사, NASA, 백악관에 자문했다. 어떤 위원회가 내 분야와 어느 정도 관련이 있으면, 나는 흥미를 느끼고 또 그 경험에서 뭔가를 배울 수 있다고 생각한다.

정부의 문제에 관련되어 상당한 일을 했지만, 나는 결코 정부 정책에 감정적으로 휘말리지는 않았다. 정부 문제에 대한 나의 관심은 공공의 의무라는 감각에서 비롯된 것이다. 이것이 하나의 자산이 되었을 수 있다. 나는 그 문제들을 편견 없이 단순히 무엇이 최선인지 찾아내기 위해 노력했다. 정부 문제와 개인적인 경력이나 감정 사이에 거리가 있었기 때문에 정부의 일에 집중적으로 매달리다가도 일이 끝나면 나는 자주 세부 사항을 잊어버린다. 과학 연구와 사건에 대해서는 내 마음속에 세부적인 것들이 훨씬 많이 남아 있다. 어쨌든 나의 조언이나 관리 노력이 바람직하지 않거나 특별히 중요하지 않다는 생각이 들면 나는 언제나 즐겁게 과학 연구로 돌아갔다.

시간제로 몇몇 위원회에 참여한 다음에, 내가 정부의 과학 정책에 깊이 뛰어들어서 정부가 어떻게 일하는지 자세히 보기 시작한 시기는 1959년부터였다. 그때는 뉴욕에서 양자전자공학 모임을 첫해에 성공적으로 진행했을 때였다.

당시는 특히 냉전의 긴장감이 고조되던 때였다. 모든 사람들의 마음에 '스푸트니크'의 충격이 아직도 생생했다. 소련의 38킬로그램짜리 인공위성이 1957년 10월에 지구 궤도로 올라가서 미국 상공을 지나갔다. 이 사건은 대중과 정부, 특히 군대에 큰 경종을 울렸다. 누구도 철의 장막 뒤에서 무슨 일이 일어나는지 알지 못했지만, 인공위성은 환영받지 못하는 소식이었다. 이 소식은 소련이 대륙 간 미사일 경쟁에서 미국을 크게 앞섰다는 공포를 불러왔다. 1959년 말에 소련은 달에 로켓을 보내기까지 했다. 소련은 우주 로켓 경쟁에서 크게 앞선 것으로 보였다. 더 중요한 것은 미국의 국방이었는데, 소련 영토의 한가운데에서 쏜 핵미사일이 미국을 때릴 수 있는 것으로 보였다. 소련은 비밀을 좋아했고, 기술 발전의 어렴풋한 그림자만 보여주었기 때문에 더 불길했다. 제2차 세계대전이 끝난 뒤로 대부분의 시간 동안, 미국은 국제적인 군사적 압력을 적절하게 통제할 능력이 있는지 불확실하다고 보았다. 또한 전쟁이 끝난 뒤 처음으로, 미국의 기술적 우위를 장담할 수 없게 되었다. 미국의 기관에서 공산주의를 뿌리 뽑겠다는 왜곡된 노력을 쏟았던 매카시 상원의원의 청문회는 1957년에 겨우 잠잠해졌다. 그러나 이때 이데올로기적으로 이질적인 적국의 지도자가 미국을 기술적으로나 경제적으로 묻어버리겠다고 맹세하면서 새로운 공포가 찾아왔다. 매카시의 광풍은 매우 큰 문제였다. 사람들에게 충성 서약을 강요했을 뿐만 아니라 나의 학생들이 러시아어를 공부하는 것조차 두려워할 정도였다. 러시아어를 공부하는 것만으로도 공산주의자라고 비난받고 '빨갱이' 따위의 꼬리표가 붙어서 심각한 정치적 공격을 당할 수 있었기 때문이다. 이런 사건들은 미국 내부에서 일어난 문제였고, 미국의 노력으로 바로잡을 수 있었다. 그러나 대륙간탄도미사일과 우주 무기처럼 외부에서 오는 위협은 실재하는 것일 수 있었다.

나는 광범위한 공황이 있었다고 말하지 않을 것이다. 아이젠하워 대통령은 대중을 안심시키려고 노력했다. 대통령은 연실에서 미사일이나 우주 연구에서 미국이 실제로 뒤처지지 않았다고 선언했다. 그러나 대중과 정적은 대통령의 언급을 믿으려고 하지 않았다. 대통령은 이것이 긴급한 문제이며 집중적이고 전문적인 관심을 기울여야 한다는 것을 알고 있었다. 그는 과학기술의 동향 파악을 위해 대통령과학자문위원회, 즉 PSAC(President's Science Advisory Committee)를 설립했다. 이 기관은 제2차 세계대전 때 버니바 부시가 확립한 과학 조언의 전통을 따랐지만, 더 형식적이고 공식적인 기반을 갖추었다. 현대의 대통령 과학고문들 중 첫 번째 수장이자 MIT 총장인 제임스 킬리언은 과학자가 아니었지만 과학 인재를 모아 그들로부터 균형 잡힌 조언을 얻는 방법에 대해 뛰어난 감각을 가지고 있었다.[제임스 라인 킬리언은 경영학을 전공했고, 1948년부터 1957년까지 MIT 10대 총장을 지냈으며, 1957년부터 1959년까지 대통령과학자문위원장을 지냈다. ─ 옮긴이]

1959년 초, 나는 컬럼비아 대학교에서 분자, 원자, 핵과 관련한 과학에 매료되었다. 나는 또한 작동하는 레이저를 제작할 준비를 하고 있었다. 그러다가 갑자기 마른하늘에 날벼락처럼 저명한 기업회계사인 개리슨 노턴의 전화를 받았다. 그는 워싱턴의 정치계 인사들과 잘 알고 지냈으며 비영리 기관의 대표를 맡고 있었는데 그 기관은 정부를 돕기 위해 대학교 총장들이 조직한 국방분석연구소(Institute for Defense Analysis)였다. 노턴은 내가 있는 뉴욕까지 와서 내게 국방분석연구소의 부소장 겸 연구부장을 맡아달라고 부탁했다. 나는 왜 그가 이런 직책을 나에게 맡기려고 하는지 이유를 알 수 없었다. 내가 군사자문위원회에서 일을 좀 했고, 그때쯤에는 과학계에서 내가 좀 알려졌다는 것을 제외하면 특별한 일은 없었다. 나는 그가 부탁하는 일이 내가 연구한 특정한 과학 문제와는 관련이 없다는 것을 알 수 있었다. 노턴은 전문적인 문제는 자세히 말하지 않았다. 그는 분명히 광학 메이저 혹은 레이저의 엄청난 가능성에 대해서는 전혀 모르는 것 같았다.

요청을 받은 것은 영광이었다. 그들은 조금 절박한 상황에 처해 있었다. 프린스턴 대학교의 저명한 물리학자 존 휠러가 이미 이 일을 거절했다. 휠러와 나는 서로 잘 알고 있었는데 어쩌면 휠러가 나를 추천했을 수도 있다.

동료들 중 몇 사람은 나에게 여러 가지 방법으로 경고했다. "거기로 가지 말게. 여기 남아서 레이저를 만들게. 그러면 노벨상을 받을 걸세." 사실은 나도 메이저와 레이저가 노벨상을 받을 거라고 생각했다. 하지만 나는 누가 실제로 최초의 레이저를 만드는지는 별로 중요하지 않다고 보았다. 아이디어는 이미 나와 있었다. 나는 단지 노벨상을 받기 위해 레이저를 만드는 데 모든 것을 바치는 일은 하지 않기로 했다. 이것은 나의 경력을 결정하는 중요한 판단이었다.

그렇지만 나는 컬럼비아 대학교에서 흥미로운 연구를 하면서 바쁘게 지내고 있었고 워싱턴의 일은 그리 재미있을 것 같지 않았다. I. I. 라비는 나에게 워싱턴이 절박한 상황이니 진지하게 고려해 보라고 말했다. 나는 아내와 아이들과 이 문제를 이야기하면서 의무감을 느낀다고 말했다. 라비와 같은 여러 선임 과학자들이 조언을 해주었고, 나는 나와 같은 세대의 과학자들이 국가에 봉사할 의무가 있다고 생각했다. 새로운 일을 시도해보기를 좋아하는 나의 경향도 작용했을 것이다.

일류 과학자이면서 전임으로 워싱턴에서 일하는 사람은 몇 명밖에 없었고, 이것이 내가 더 많은 과학자가 필요하다고 심각하게 느낀 이유 중 일부였다. 예외적으로 허버트 요크는 버클리의 로런스 복사연구소를 떠나 고등연구계획국의 수석과학자로 옮겨서 많은 동료들을 놀라게 했다. 고등연구계획국은 최근 소련의 성공에 자극 받아 설립된 소규모 독립 군사기관이었다. 새로운 무기 기술을 연구하는 이 기관은 비밀 연구도 수행하고 있었다. 나는 그때쯤 요크에게 왜 그 자리로 갔는지 묻자 그는 농담으로 대답했다. "음, 그들이 나에게 엄청나게 많은 돈을 주기 때문이지!" 이 말의 뜻은 워싱턴에서 일하는 이유가 무엇이든 간에 과학을 즐기거나 전문적인 명성을 높이려는 목적은 아니라는 것이었다.

국방분석연구소 이사진은 대학교 총장이거나 국가와 사회에 관심을 가진 유명한 사람들이었다. 당시의 상황은 특히 스푸트니크호 공포 때문에 워싱턴에서는 기술적인 조언을 절실히 구하고 있었고, 과학자들을 불러 모으고 그들을 신뢰하는 분위기였다. 국방분석연구소는 엄청난 영향력을 가진 것으로 보였다. 나는 2년 동안 이 기관에서 일할 수 있을 것으로 생각했고, 1959년 가을에 워싱턴으로 갔다.

나와 아내는 워싱턴에서 우리 가족에게 잘 어울리는 소박한 집을 찾아냈다. 그 동네는 아이들을 키우기에도 좋아 보였다. 특히 우드로 윌슨 대통령이 잠시 살던 집이라는 점이 마음에 들었다. 워싱턴은 정말로 열정과 관심을 가지고 있었다. 정부 인사들과 많은 사회적 교류와 다양한 교류가 있었다. 칵테일파티는 우호적인 관계와 비공식적인 거래의 장소이기도 하고 민감한 소문을 들을 수 있기 때문에 매우 중요했지만, 나는 조금 질렸다. 어쨌든 워싱턴은 흥미로운 도시였다. 내가 워싱턴에 있는 동안에 흥분 속에서 케네디 시대가 시작되었고, 많은 새로운 학자들이 정부에 들어왔다. 우리 부부는 대통령 취임 축하연에 초대받아 참석했다.

나의 사무실은 백악관에서 세 블록 정도 떨어진 근사한 건물에 있었고, 나를 돕는 전문적인 비서와 행정 직원들이 있었다. 내가 맡은 일은 주로 현장에서 폭증하는 새로운 기술 개발에 대해 자문해줄 뛰어난 인재를 모으고 국방분석연구소가 수행하는 연구와 분석으로 알아낸 것들을 평가하는 것이었다.

내가 이 일을 맡은 직후에 앨런 덜레스 중앙정보국(CIA) 국장이 나를 브리핑에 초대했다. 회의는 중앙정보국이 하는 일에 걸맞게 도시의 별다른 특징이 없는 건물에서 열렸고, 엄격한 보안 속에서 최고위급 정보 요원 여섯 명이 참석했다. 주제는 소련 대륙간탄도미사일(ICBM)에 대한 중앙정보국의 정보였다. 물론 내가 특별히 권위가 있는 위치는 아니었지만, 나는 그 정보를 알게 되어 기뻤다. 그들은 알고 있는 모든 것을 내게 말하는 것 같았다.

브리핑은 거의 오전 내내 진행되었다. 브리핑이 끝나자 덜레스는 나를 돌아보며 물었다. "어떻게 생각하십니까? 러시아가 대륙간탄도미사일을 얼마나 보유하고 있다고 보십니까?" 참으로 당혹스러운 질문이었다. 내가 아는 것은 방금 들은 것이 전부였고, 나도 같은 것이 궁금했다. 우리가 가진 정보의 총계는 무엇을 가리키고 있는가?

나는 덜레스에게 우리는 모른다고 말할 수밖에 없었다. 0에서 100 사이의 어떤 숫자일 수도 있고, 우리가 할 수 있는 유일한 일은 그들이 이제까지 생산한 상한선을 추정하는 것뿐이라고 말했다. 그들은 많이 만들었을 수도 있고, 그렇지 못했을 수도 있다. 나는 대략 이렇게 말한 것으로 기억한다. 분명히 이 질문에 대답하기 위해 중앙정보국의 분석가들이 여러 달에 걸쳐 애를 썼을 것이다. 중앙정보국 국장이 나에게 불충분한 정보를 제시하고 곧장 답을 물어본 것은 그만큼 그가 이 문제에 대해 심각했다는 뜻이기도 하지만, 그들이 과학자의 능력을 얼마나 과대평가하고 있었는지도 잘 보여준다. 오늘날에는 우주 프로그램과 인공위성 감시 덕분에 이런 질문에 제법 근거를 갖고 대답할 수 있게 되었다. 당시에도 상당히 빨리 명확한 답을 얻을 수 있었다. 존 F. 케네디 대통령은 정치적 연설에서 '미사일 격차'로 아이젠하워-닉슨 행정부의 무능을 질타했지만 대통령에 당선된 직후에 이것이 부풀려져 있었다는 사실을 알게 되었다. 고공정찰기 U2는 당시 소련은 미국에 위협이 될 만한 어떠한 대륙간탄도미사일도 보유하고 있지 않다는 것을 알려 주었다.

내가 워싱턴으로 가고 나서 8개월쯤 후에 휴스 연구소의 시어도어 메이먼이 최초로 레이저를 작동하는 데 성공했고, 다른 유형의 레이저도 곧 뒤따라 나왔다. 나는 어쩔 수 없이 군대가 지원하는 레이저 연구 자문에 응해야 했고, 군사적인 유용성에 대한 상당한 의심(심하게 과장된 희망과 함께)에 대해 대답해야 했다.

나의 추천으로 국방분석연구소에서 한동안 일하게 된 레이저 전문가 로버트 콜린스는 특히 레이저의 군사적 응용에 대해 회의적이었다. 물론 나도 레이저의 잠재력을 확신하지 못했지만 분명 계속 연구할 가치는 있다고 생각했다. 언젠가 한번은 콜린스가 미사일을 격추할 만큼 강력한 레이저를 펌핑하려면 "마천루만큼 큰 다이너마이트가 가지는 에너지가 필요하다"는 것을 내가 알고 있는지 물었다. 엔지니어 출신으로 당시 국방부 차관보였던 유진 푸비니도 비슷하게 말한 적이 있다. 그는 현재 레이저가 너무 비효율적이어서 군이 관심을 가질 정도로 강력한 레이저는 나오지 않을 것이라고 말했다. 물론 당시의 레이저에 대해서는 옳은 의견이었다. 나도 레이저가 파괴력이 매우 큰 무기라고 확신하지는 않는다. 그러나 나는 레이저의 작동에서 본질적인 비효율성은 없고, 원리적으로 레이저는 증기기관이나 다른 실용적인 장치들만큼 에너지를 효율적으로 전환할 수 있다는 점을 강조했다. 문제는 올바른 기술을 찾는 것이었다. 이렇게 해서 레이저 연구는 계속되었다. 오늘날에도 여전히 군사 작전에 사용되는 광선총 레이저는 없으며 앞으로도 나올 것 같지 않다. 그러나 지금은 매우 효율적인 레이저가 흔하게 존재하며, 소수의 거대한 레이저는 수 킬로미터 밖에서 금속을 녹일 수 있다.

장시간에 걸쳐 회의에 참석하고 국방분석연구소 내의 다양한 위원회와 단체를 감독하는 것은 고된 일이었다. 과학 연구는 거의 할 수 없었지만 몇 가지 예외는 있었다. 예를 들어 코넬 대학교의 필립 모리슨과 G. 코코니가 외계 문명이 보낸 전파의 수신에 관한 논문을 썼는데, 이 논문은 매우 흥미로웠다. 그들은 스펙트럼의 마이크로파 영역에서 중성수소 선 21센티미터 근처의 파장을 사용할 가능성이 크다고 보았다. 나는 가시광선이나 적외선 영역의 레이저로도 쉽게 교신이 가능하다고 계산했다. 나는 국방분석연구소의 젊은 과학자 R. N. 슈워츠와 함께 이 결과를 바탕으로 외계 레이저 신호 탐지에 대한 논문을 썼다. 이 논문은 부분적으로 국방분석연구소가 검토한 기술적인 질문에서 나왔지만 과학적인 면도 있었다.

나는 대부분의 시간 동안 서로 얽혀 있는 기관과 위원회의 이름으로 사용되는 어지러운 머리글자들의 숲에서 일했다. 대통령과학자문위원회인

PSAC가 최고 과학자문기관이었다. 전임 킬리언 위원장의 자리를 이어받은 조지 키스티아코프스키는 내가 가끔 그 위원회에 참석하는 것을 환영했다. 고등연구계획국이 첨단 기술과 우주 사업을 추진하면서 국방부 장관(당시의 장관은 전직 제너럴 일렉트릭의 냉장고 부문장이었고 엔지니어 출신은 아니었다)에게 직접 보고했다. 공공 목적으로 설립된 비영리 기관인 국방분석연구소는 과학자들을 고용하여 실제로 국방부에서 일하도록 하고, 고등연구계획국이 위탁한 기술적 결정을 내리고, 이 기관에 소속된 비교적 소수의 정부 관료들에게 이를 전달했다.

이 기관들 사이에서 기술적 성공은 높이 평가되었다. 내가 워싱턴에 온 직후에 미국은 아시아 상공을 비행하는 위성을 띄웠고, 드와이트 D. 아이젠하워 대통령의 연설을 몇 분 동안 방송했다. 이 일은 미국도 스푸트니크에 버금가는 기술을 보유하고 있음을 알리기 위해 고등연구계획국이 기획한 것이었다. 이 일이 성공하자 관련된 모든 사람들이 기뻐했다. 그 짧은 시간 동안 위성이 송출하는 방송에 전 세계에서 얼마나 많은 사람들이 채널을 맞추고 아이젠하워의 목소리를 들었는지 알 수 없지만, 이 에피소드는 당시의 긴장되고 걱정스러운 분위기를 잘 보여준다.

국방분석연구소가 군대를 위해 운영한 또 다른 중요한 그룹은 무기체계평가그룹(Weapons Systems Evaluation Group)이었다. 이 그룹의 회원들은 민간 과학자로서 국방부의 중심부에서 일하면서 새로운 무기와 전술이 얼마나 잘 작동할지에 대해 조언했다. 우주 기술, 잠수함 탐지, 신소재, 새로운 레이더 계획 등 군대에 도움이 필요한 것은 많았다. 장군들과 제독들은 기업들이 난해한 신기술을 이용하는 무기 체계에 대한 제안서(판매를 위해 부풀려진 내용도 꽤 있었다)를 평가하기 위해서도 외부 전문가의 도움이 필요했다.

이 시기의 협동심은 조금 달랐다. 새로운 기술이 나타나거나, 새로운 정부 관료가 처음 왔을 때가 기술적 자문의 효과가 가장 컸다. 시간이 지나면서 모든 정부 기관의 지도자들은 점점 더 자기 확신이 생겨 외부 자문을 줄이려고 했다. 이렇게 해서 정책과 의견이 제자리에서 맴돌았다. 이러한 신뢰와 불신의 순환은 완벽하게 이해할 수 있는 일이었고, 나도 여러 번 겪었다.

당시의 분위기는 매우 개방적이었다. 한 예로, 새로 선출된 리처드 M. 닉슨 대통령의 임기 동안에 대통령에게 직접 보고하는 여러 위원회 중의 하나인 우주계획위원회의 위원장으로 내가 위촉되었을 때였다. 닉슨 대통령은 위원장들을 모두 만나본 다음에 공화당원보다 민주당원이 더 많다는 것을 알았다. 그는 대통령으로 일하면서 자신이 원한 개방성과 상호 교류가 바로 이런 것이라고 말했다. 당시에는 이 생각이 진심으로 느껴졌지만, 물론 닉슨 대통령의 재임 기간이 지나가는 동안 바뀌었다.

나의 워싱턴 시절 후반기에 개방적인 분위기에서 벗어나 통제를 향해 가는 사례가 있었다. 나는 무기체계평가그룹에 대한 국방분석연구소 고문들의 회의에 참석하고 있었다. 그때 상석에 앉은 장군이 나에게 나가라고 말했다. 국방분석연구소가 이 그룹의 사람들을 심사하고, 고용하고, 보수를 지불하고 있었는데(실제로는 내가 하고 있었다) 공식적인 수장인 장군이 나는 거기에 소속되어 있지 않다고 말한 것이다. 나는 이 과학자들을 감독하기로 되어 있는 국방분석연구소의 부소장 자격으로 여기에 있는데 내 앞에서 문이 닫혀 버린 것이다. 애초에 나는 워싱턴에 머물고 싶은 열의가 그다지 크지 않고 장군의 요구를 수용하고 싶지도 않았다. 나는 국방부 관계자들에게 날카롭게 이의를 제기했다. 나는 이렇게 말했다. "우리가 이 사람들을 감독해야 하는데 논의를 듣지 못하면서 어떻게 감독할 수 있는

가? 내가 어떻게 효율적으로 일할 수 있는가?"

처음에, 나는 내 마음대로 했다. 그러나 군의 일부는 계속 압박했고 결국은 국방분석연구소가 무기체계평가그룹에서 물러나야 했다. 장군들은 과학적인 조언을 원했는데 그 방식은 과학자들을 직접 고용해서 자신들이 지휘하는 것이었다. 이렇게 해서 장군들 자신이 주도권을 쥐려는 것이었다. 이는 자연스럽고 인간적인 반응이었고, 국방분석연구소의 기술적 조언을 받는 많은 영역에서 점점 더 자주 이런 일이 일어났다. 국방부는 직접 고용하는 과학자들이 많아지면서 외부의 전문 지식이 더 이상 필요하지 않다고 느끼게 되었다. 국방분석연구소는 여전히 효과적이고 유용성이 있지만, 워싱턴에 있는 수많은 싱크탱크 중 하나로 점차 축소되었다.

이 시기에 국방분석연구소의 가장 중요하고 지속적인 공헌은 1960년에 설립된 제이슨(Jason)으로 불리는 기관일 것이다. 오늘날 제이슨의 주요한 정기행사는 매년 여름 샌디에이고에서 열리는 학계의 과학자들과 몇몇 기업 대표들이 모이는 확대회의와, 워싱턴에서 열리는 몇 차례의 연례회의이다. 이 회의의 주제는 군사 체계, 정보 수집 도구, 군비 통제, 핵에너지, 대기오염과 온실효과, 우주 계획, 화학 및 생물학 무기의 통제, 외교 문제의 기술적 측면 등인데 성격상 고급 기밀로 분류된 것도 있다. 제이슨은 정부에 대한 과학적인 조언의 세계에서 독특하고 매우 영향력 있는 지위를 가지고 있다. 공적인 일에 기여하는 데 관심이 있는 학계의 매우 뛰어난 과학자 그룹이 이 기관의 핵심이다. 그들은 과학과 기술이 관련된 국가 문제에 대한 객관적인 평가를 위해 열심히 일한다. 제이슨은 젊고 뛰어난 과학자들로 시작되었지만, 시간이 지나고 젊은 과학자들이 계속 새롭게 임명되면서 연령 분포의 폭은 점점 더 넓어졌다.

우리가 아무것도 없는 상황에서 갑자기 제이슨을 만들어내지는 않았다. 내가 국방분석연구소에 오기 몇 년 전부터 젊고 영리한 과학자들이 여름마다 로스앨러모스 국립연구소에 모여 군사 문제에 대해 조언하고 있었다. 이와 별도로 1958년에 존 휠러, 유진 위그너, 오스카르 모르겐슈타인이 정부 문제에 대해 교육을 받는 학계의 과학자들을 포함하는 '프로젝트 137'을 조직했다. 이 모임은 나중에 제이슨이 수용한 것과 유사한 형태였다. 로스앨러모스 회의는 휴가 기간을 이용해서 가족을 데리고 와서 참가하는 매력적인 분위기였다. 로스앨러모스 연구소가 그들에게 급여를 주었고 그들은 주로 정부, 군사, 국가 안보와 관련된 과학적, 기술적 문제들을 논의했다. 칼텍의 머리 겔만, 캘리포니아 대학교 버클리 캠퍼스의 켄 왓슨, 프린스턴 대학교의 마빈 (머프) 골드버거, 캘리포니아 대학교 샌디에이고 캠퍼스의 키스 브루크너 등이 이 그룹의 주축이었다.

나는 1960년 초에 미국 서해안 지역의 젊은 수학자 마빈 스턴으로부터 이 그룹에 대해 알게 되었다. 그는 이 그룹의 회원들이 로스앨러모스, 원자력위원회, 기업체에 의존하지 않고 이런 종류의 일에 대해 더 많은 계획을 세우고 스스로 일할 수 있는 별도의 회사를 설립할 생각을 하고 있다고 말했다. 내가 보기에 이것은 국방분석연구소가 공공성을 지향하는 비영리 단체로 채택하기에 완벽해 보였다. 로스앨러모스 회의는 내가 정부 조언에 참여해야 한다고 생각한 바로 그런 종류의 젊은 과학자들을 끌어들였다. 전쟁 이후 정부가 조언을 얻던 기성세대 과학자들이 은퇴하고 없으므로, 정부 문제에 정통한 또 다른 집단이 정부에 진출할 준비가 되어 있으면서도 학교나 연구소에 직장을 갖고 있어 독립성을 보장받는 것이 매우 중요할 것이다. 나는 이 아이디어를 개리슨 노턴에게 가져갔고, 그는 곧바로 받아들였다. 그런 다음에 우리는 둘 다 국방부 장관 토머스 S. 게이츠를 만나러 갔고, 그는 우리의 의견에 동의했다.

로스앨러모스의 모임 외에도 때때로 특별한 문제들을 조사하는 임시 여름 연구 그룹들이 활동했는데, 이들도 제이슨의 또 다른 선례가 되었다. 아마도 첫 번째는 MIT의 제럴드 자카리아스가 주로 잠수함 탐지를 연구하기 위해 조직한 해군 그룹일 것이다. 하지만 제이슨 이전에는, 정부의 다양한 사안에 정통하면서도 동시에 정부가 주는 급여에 의해 편향되지 않고 진정으로 독립적인 외부인으로 영구적, 지속적으로 조언할 수 있는 학계 과학자 집단은 없었다.

심각한 문제는 이 그룹의 구성원들에게 보안 허가를 주는 것이었다. 물론 군대는 정보를 크게 제한하고, 사람들이 맡은 일에 필요한 것 이상의 비밀을 알지 못하도록 프로젝트를 격리하는 경향이 있다. 제이슨은 본질적으로 서로 고립된 여러 개별 프로그램들에 영향을 미칠 수 있는 광범위한 질문들을 다루었다. 시간이 좀 걸렸지만, 워싱턴은 최고의 과학적 조언을 받아야 한다고 강하게 느꼈기 때문에 결국 과학자들이 거의 모든 문제에 접근할 수 있는 보안 허가를 준비해주었다.

국방부 지도층에게 이러한 노력의 기본 철학을 설명하자 대부분의 사람들에게 자동으로 허가가 나왔다. 그러나 모두는 아니었다. 예를 들어 군 당국은 머리 겔만을 받아들이는 데 시간이 걸렸다. 그는 매우 직설적인 사람이었고, 자신이 어리석다고 생각하는 아이디어를 매섭게 지적하는 것을 마다하지 않았다. 많은 과학자들처럼, 그는 항상 정부를 존경하지는 않았다. 국방부의 몇몇 사람들은 훌륭하고 신뢰할 수 있는 시민이 수용된 정책에 대해 매우 비판적일 수 있다는 것을 받아들이기 어려웠다. 그들은 종종 다소 냉엄한 기준으로 세계를 보았다. 그들이 보기에 제이슨의 과학자들중 일부는 너무 무책임하고 좌파 사상에 관대한 자유주의자였다.

우리는 운영위원회를 통치 구조에 포함하는 방식으로 제이슨을 설립했고 초대 위원장으로 골드버거를 선임했다. 그룹에 더 많은 신뢰와 경험 있는 조언을 주기 위해 프린스턴의 존 휠러와 유진 위그너, 캘리포니아 대학교의 에드워드 텔러, 코넬의 한스 베테 등 네 명의 선임 고문을 포함했다. 당시에 텔러는 지금처럼 자유주의자들 사이에서 평판이 나쁘지 않았고, 베테는 더 자유주의적이었다. 나는 의도적으로 다양한 견해를 가진 사람들을 뽑으려고 했다. 선임 고문들은 그 단체와 정기적으로 만날 예정이었고, 그들과 다른 회원 20여 명은 학계의 직위를 떠나지 않고 정부 문제를 연구했다. 나중에는 선임 고문들이 빠졌지만 기본 구상은 잘 작동했다. 회원들은 다양한 주제의 회의에 참석하고, 브리핑을 듣고, 그들끼리 가능성에 대해 토론하고, 그들이 원한다면 개별적으로 문제를 좀 더 연구하고, 여름을 이용하여 긴 시간 동안 집중적으로 연구한다. 그들은 자문비도 두둑하게 받았다.

우리는 1960년 여름에 버클리에서 첫 회의를 시작했다. 이후에 여름 회의는 샌디에이고에서 정기적으로 열렸고 지금도 계속되고 있다. 나는 처음에 국방분석연구소 관리자 대표로 참여했지만, 나중에는 단순히 제이슨 그룹의 일원이 되었다. 국방분석연구소는 최초의 설립과 행정적으로 필요한 일을 도왔다. 몇 년 뒤에는 MITRE라고 불리는 비영리 법인이 제이슨의 행정 기능을 맡게 되었다.

제이슨은 여전히 독립적이고 효과적으로 일을 수행한다. 처음에 희망했던 대로 제이슨 회원들은 다른 역할을 맡아서 계속 활동했다. 많은 사람들은 대통령과학자문위원회, 의회, NASA, 중앙정보국 혹은 다양한 군비 통제 활동에 대한 자문을 맡았다. 리처드 가윈의 사례는 제이슨 그룹의 독립성을 잘 보여준다. 제이슨의 일원인 가윈은 최근 몇 년 동안 정부 정책에 많은 비판을 가했고, 그가 불안정하거나 쓸모없다고 판단한 무기 제조에 대해 신랄하게 비판했다. 그가 공공정책을 자주 비판했기 때문에 군대는 그를 조언자로서 그리 좋아하지 않았지만 여전히 제이슨의 일원으로서 많은 지식을 바탕으로 광범위한 문제들에 활동적으로 자문하고 있다. 그의 중요한 기여는 최근에 중앙정보국의 R.V. 존스 정보상 수상으로 인정을 받았다.

한때 고등연구계획국(ARPA: 나중에는 국방고등연구계획국(Defense Advanced Research Projects Agency, DARPA)으로 개칭되었다)의 수장이 제이슨을 더 직접적으로 정부 통제 아래에 두려고 했다. 그는 제이슨 회원들이 국방고등연구계획국이 위탁하는 일만 하기를 원했고, 다른 일과 병행하는 사람에게는 지원을 하지 않으려고 했다. 나는 제이슨에서 오래 일한 여러 명과 함께 국방부 차관 도널드 제시 애트우드 주니어에게 갔다. 나는 그를 오래전부터 알고 지냈는데, 제너럴 모터스 재임 시절에 그가 보여준 능력을 높이 평가했다. 그가 이 잘못된 노력을 막았던 것으로 보인다.

제이슨은 아이디어와 분석에서 중요한 기여를 했고, 오늘날에는 평판이 아주 좋다. 또한 많은 우호적인 사람들이 있어서 자유로운 운영과 객관성을 제한하려는 정부 관료로부터 잘 보호받고 있는 것으로 보인다.

제이슨은 윤리적·기술적 문제가 함께 얽혀 있는 베트남 전쟁에도 어쩔 수 없이 관련되었다. '맥너마라 장벽'도 제이슨 그룹의 제안이었다. 이는 전자 센서와 다른 장치들로 남베트남 국경을 봉쇄해서 북베트남으로부터 공산군의 침투를 막는 구상이었다. 첨단 기술에 호의적인 로버트 맥너마라 국방부 장관이 이 구상에 찬성했다. 그는 제이슨의 계획을 열정적으로 후원했고, 그 결과로 이 계획은 그의 이름으로 대중에게 인식되었다.

제이슨은 전반적으로 베트남에 대한 미국의 정책에 공감하지 않았다. 그들은 현대적인 전자 장치로 국경을 감시해서 폭탄과 미사일 사용을 줄여 전투 규모를 줄이려고 했다. 조지 키스티아코프스키는 그때 공식 멤버가 아니었지만 제이슨에 참여했고, 결국은 맥너마라 장벽에 관련된 국방부 위원회의 의장이 되었다. 이 위원회는 주로 제이슨 사람들이 참여하고 있었다. 키스티아코프스키는 맥너마라 장벽을 무력 사용의 좋은 대안으로 지지했다. 물론 장벽은 전쟁의 도구가 되었다. 센서가 공산군의 기동을 감지하면 포병, 항공기, 지상군의 공격으로 북쪽에서의 침투를 저지한다. 이 아이디어는 전자 장치가 북베트남군의 침투를 매우 잘 감지하고 베트콩도 잘 막아서 양쪽의 인명피해를 막는다는 생각이었다.

군부 고위층 일각에서는 맥너마라 장벽에 그다지 열광하지 않았다. 그들의 관점에서 장벽은 현장을 모르는 인텔리들이 만든 것이고, 맥너마라가 그 인텔리의 대장으로 보였을 것이다. 그들은 회의적인 태도로 이 아이디어의 대규모 시도를 지연시켰다.

이때쯤 나는 국방분석연구소를 떠나 MIT로 가서 교무처장이 되었다. 내가 장벽 아이디어를 개발하는 데 도움을 주지는 않았지만 맥너마라 장벽에 대한 논쟁이 막 불거질 때쯤 제이슨과 다시 연결되었다. 문제를 일으킨 것은 장벽뿐만이 아니었다. 제이슨은 또한 정부와 군사 정책에 반대하는 친구들과 동료들로부터 정치적 비난을 받고 있었다. 제이슨 회원들 중에서는 학생들과 교수진이 대체로 베트남 전쟁 지지에 관련된 모든 일에 적대적인 대학교에서 일하는 사람들이 많았다. 컬럼비아 대학교의 헨리 폴리를 포함해서 제이슨에 소속된 나의 친구들 중 몇 명은 캠퍼스에서 위협을 느꼈고, 가족과 사무실이 피습될지도 모른다고 염려했다. 그들은 꽤 오랫동안 견뎠지만, 내가 다시 연결될 무렵에는 제이슨이 해산해야 한다는 여론이 퍼지고 있었다.

문제는 제이슨 회원들이 반대를 견디지 못했다는 것만이 아니었다. 몇

몇 회원들은 정부가 베트남에서 하는 일을 돕는다는 것에 솔직히 윤리적으로 불편함을 느꼈다. 나는 이해했다. 나 자신도 이 전쟁이 슬픈 실수라는 의견을 확실히 공유했지만, 미국과 베트남을 위해 더 큰 손실을 끼치는 사건의 진행을 막을 해결책을 우리가 생각해내야 했다.

어느 날 제이슨에 소속된 거의 모든 사람들이 모여서 그만두어야 하는지에 대해 토론을 벌였다. 당시에는 감정이 고조되어 있었기 때문에 내가 한 발언을 기억한다. "거기에 베트남 사람들과 함께 많은 미국인이 있고 힘든 싸움을 하고 있다는 것을 알고 있다. 그들의 목숨이 위태롭고, 친구들이 어떻게 생각하건 우리는 도우려고 노력해야 한다. 그들은 생명을 잃을 처지에 놓여 있고, 내가 잃을 것은 나의 시간, 친구, 명성뿐이다. 나는 기꺼이 위험을 감수하겠다."

몇몇은 그만두었지만 대부분은 남아 있었다. 정부의 조언에 손을 뗀 사람들 중에는 키스티아코프스키가 있었다. 전반적으로 몇 사람은 떠나도 대부분의 사람들이 남아서 최선의 조언을 하는 것이 좋은 일이라고 생각한다. 키스티아코프스키는 사임을 공개적으로 발표하면서 다시는 군대와 어떤 관계도 갖지 않을 것이라고 선언했다. 나는 그를 대단히 존경했다. 그러한 행동은 전쟁에 대한 미국인들의 의견을 바꾸는 데 도움이 되었을 것이다. 그러나 우리 모두가 손을 뗀다면 그것은 더 나쁜 일이었을 것이다.

키스티아코프스키가 떠나자 나에게 맥너마라 장벽위원회의 의장을 맡아달라는 요청이 왔다. 내가 처음에 조언을 구하기 위해 만난 사람 중 하나가 키스티아코프스키였다. 그는 나에게 그 자리를 맡으라고 권유했고, 자신은 공개적으로 항의할 수밖에 없었지만 위원회는 필요하다고 말했다. 나는 당시 국방부 차관 폴 니츠에게도 조언을 구했다. 나는 그에게 이렇게 말했다. "나는 국가가 하는 일에 찬성하지 않는다. 우리는 살육을 최소화하면서도 전쟁을 해결할 방법을 찾아야 한다. 우리는 분명히 북베트남 도시를 집중 폭격하여 전쟁을 확대해서는 안 된다." 니츠는 내 말에 기본적으로 동의하지만 대통령의 정책에 반대하는 기록을 남길 수는 없다고 말했다. 나는 그에게 그의 목표가 본질적으로 나와 같다면, 나는 위원회에서 일할 것이라고 말했다.

나는 클라크 클리퍼드 국방부 장관과 이야기할 수 있는지 물었다. 니츠는 장관이 북베트남 폭격에 관련해서는 어떤 사람과도 만나지 않는다고 말했지만, 장관도 폭격을 반대한다는 암시를 주었다. 폭격은 얼마 뒤에 존슨 대통령의 명령으로 중단되었는데 나는 클리퍼드 장관이 결정적인 역할을 했다고 믿는다.

내가 내부에서 조언을 계속하는 것이 최선이라고 생각했지만 한계가 있었다. 나는 맥너마라 장벽위원회에 오래 있지 못했다. 나는 위원회 모임에 두 번쯤 참석했다. 공군 장성 존 D. 라벨이 국방부 대표로 나와 있었다. 그는 제이슨이 제안한 형태의 맥너마라 장벽에 반대하는 것이 분명했다. 맥너마라가 진정으로 무엇을 원했는지와는 무관하게 말이다. 라벨은 제이슨이 구상한 기술을 사용하기를 원했지만 국경 봉쇄를 돕지는 않았다. 나는 이 프로젝트를 완수할 가망이 없는 것 같아서 사임했다. 위원회는 공중분해되었다. 분명히 이 장군이 모든 결정을 내렸지만, 그는 명령 수행에 어려움이 있었다. 몇 달 뒤에 존슨 대통령이 폭격 중지를 명령했고, 그는 북베트남에 대한 폭격 작전을 조직하고 지휘한 혐의로 군법회의에 회부되었다.

흥미롭게도 군대는 맥너마라 장벽의 센서를 잘 활용했다. 1968년 초 '구정 공세' 동안 미 해병대 6,000명이 케산에서 북베트남 부대에 포위되었다. 언론은 디엔비엔푸에서 있었던 일이 다시 일어날지도 모른다고 떠들었다. 1950년대 말에 프랑스군은 오랜 공성전에서 패배하고 동남아시아 식민지인 프랑스령 인도차이나에서 철수하게 되었다. 케산에서 대학살이 일어날 수 있었지만 미군은 살아남았다. 베트남 전쟁에서 군대를 자문했던 시절 학자 데이비드 그리그스는 자신의 조언으로 제이슨이 설계한 센서를 공군이 수비대 주변에 많이 투하했다고 나에게 말해주었다. 이 센서가 북베트남군의 이동을 매우 정확하게 알려주었기 때문에 포병이 대규모 병력 집결을 막아 공격을 중단시켰다.

한번은 베트남 전쟁 전체를 총괄하는 과학 조언자가 되어 달라는 제안을 받았다. 이 제안을 수락하면 가족과 함께 하와이에 있는 본부로 이사해야 했고, 나는 전쟁을 추진하는 행정부의 정책에 명확하게 반대할 수 없게 되었을 것이다. 그렇게 할 수는 없었다. 나는 도움이 되고 싶었지만 정부의 행위를 강화하거나 대변하고 싶지는 않았다. 낮은 직위의 독립적인 조언자로서 나는 누구에게나 무엇이든 반대할 수 있고, 왜 반대하는지 자유롭게 말할 수 있었다. 그들이 싫어한다면 나는 간단히 관계를 정리하고 내 연구에 더 많은 시간을 보낼 수 있다. 내가 근본적으로 동의하지 않더라도 때때로 정부 정책을 옹호해야 하는 지도자의 자리를 수락할 수는 없었다.

당시에 내가 제이슨과 관련되어 있다는 것이 잘 알려져 있었기 때문에 불편한 사건들이 많았다. 맥너마라 장벽과 관련된 일을 그만두고 나서 꽤 오래되었지만 베트남 전쟁이 아직 끝나지 않았을 때, 나는 우연히 이탈리아에서 열리는 국제과학회의에 참석했다. 유럽의 활동가들은 제이슨을 그들이 틀렸다고 생각하는 세계의 많은 다른 것들과 군국주의와 연관시켰다. 그 모임의 회장인 네덜란드 물리학자 헨드릭 카시미르는 훌륭한 과학자일 뿐만 아니라 좋은 친구라고 여겼는데, 한 무리의 학생들을 과학 세미나에 참여하도록 허락했다. 학생들은 제이슨을 비난했고 직접적인 암시로 나를 지목했다. 과학 세미나에 참가하도록 허락받고 들어온 학생들이 정치적인 설교를 한 것이다. 내가 논평과 답변을 하기 위해 손을 들었지만, 의장은 나의 발언을 허락하지 않았다. 나는 발언을 할 수 없었지만, 자유주의자로서 많은 사람들의 인정을 받고 제이슨과 직접 관련되지 않은 한스 베테는 발언권을 얻어 몇 가지 유용한 말을 했다. 이 일은 전반적으로 일종의 정치적인 습격이었다.

나는 이 상황을 크게 잘못된 일이라고 생각했다. 나는 돌아와서 카시미르에게 항의 편지를 썼다. 정치적인 성향의 단체들이 들어와서 과학자들을 비난할 수 있도록 허락하고, 게다가 방어를 위해 어떤 답변도 허용하지 않으면 국제과학회의가 문을 닫을 것이라고 썼다. 나는 회의를 주최한 다른 사람들에게도 같은 편지를 보냈다. 나는 결국 온전한 사과를 받았지만, 이 사건은 당시 사람들이 국제 정치에 대해 얼마나 크게 염려했는지, 그리고 보통은 분별력이 있는 사람들이 얼마나 부적절한 일을 했는지를 잘 보여준다.

제이슨의 일과 별도로, 내가 국방분석연구소에서 보낸 몇 년 동안(1959~1961) 베트남과 관련된 문제가 일어나기 전에, 핵 군축은 매우 세심한 주의가 필요한 것이 분명했다. 이 문제는 정치적으로나 기술적으로 복잡했으며, 부분적으로 이러한 이유로 우리는 주로 국제 정치 문제를 다루는 국방분석연구소 분과를 만들었다. 일부 미국인은 일반적인 정부 통로를 벗어나 소련과 핵 문제와 관련 문제를 논의하려고 했다. 나는 여기에 참가하고 싶었다. 국방분석연구소에 있는 동안, 나는 소련에서 열리는 첫 번째 퍼그워시 회의에 참석할 계획을 세우기 시작했다. 퍼그워시 회의는 버트런드 러셀 주도로 시작하였고, 모스크바에서 열리는 회의는 시의적절해 보였다. 물론 버트런드 러셀은 미국 정부에 인기가 없었고, 내가 이 회의에 참가한다는 소식이 국방부로 들어갔다. 현직 국방분석연구소 부소장이 평화주의자로 비쳐질지도 모르는 회의에 가는 것은 보기에 좋지 않다고 투덜대는 소리가 곧바로 들려왔다. 나는 개리 노턴과 이 사안에 대해 의논했고, 내가 국방분석연구소를 떠날 때까지 정치적으로 민감한 회의에는 참석하지 않는 것이 현명하다고 결정했다.

1961년 9월 초, 국방분석연구소를 떠난 직후에 나는 버몬트주 스토에서 열린 퍼그워시 회의에 참석했다. 이 회의는 국립과학아카데미와 미국예술과학아카데미 공동 후원으로 열렸고 제롬 위스너, 유진 라비노비치, 벤틀리 글래스, I. I. 라비, 버나드 펠드, 로버트 프로스트, 폴 도티를 비롯해서 여러 명의 미국인이 참석했다. 소련은 니콜라이 보골류보프, 레프 아르치모비치, 이고리 탐을 포함해 최고의 과학자들을 보냈지만 그들은 끔찍한 난제에 부딪혔다.

이전 몇 달 동안 소련 정부는 대기권에서 핵실험을 계속하는 미국을 강하게 비난하면서 핵실험 중지를 선언했다. 소련 대표단은 미국의 핵실험을 비난하는 연설을 준비했다. 그런데 회의가 열리기 직전에 소련이 사상 최대 규모인 25메가톤의 핵폭탄을 실험했다. 이 실험이 있다는 걸 미리 알지 못한 소련 대표단은 어떻게 대응해야 할지 몰랐다. 나는 회의 첫날 저녁 숙소 옆 현관에 앉아 있던 때를 잘 기억한다. 몇 분마다 러시아인 두세 명이 건물에서 나와 숲으로 향했다. 그들은 도청 당할 위험이 없는 숲속에서 그들이 처한 상황에 대해 이야기를 나누었다. 그들은 소련 정부와 연락이 닿지 않았고 곤경에 처해 있었다. 그들은 가장 존경 받는 과학자 중 한 명인 화학자 미하일로비치 두비닌이 나서서 이 문제를 회피하기 위해 미국에 대항하는 길고 강력한 연설을 하면서 관심을 돌리려고 했다. 이 전략은 별로 도움이 되지 않았다. 두비닌이 연설할 때와 그 뒤의 행동은 미국에 대해 이상한 말을 해야 하는 자신을 부끄러워하는 것 같았고, 나는 그에게

동정심이 생겼다.

나는 다음 해 영국 케임브리지에서 왕립학회의 후원으로 열린 퍼그워시 회의에도 참석했다. 이번에 나는 아나톨리 블라곤라보프와 모든 나라에 우주 공간을 개방하고 우주선에 대한 공격을 금지하는 안에 대해 공개토론을 할 기회가 있었다. 그는 소련 우주 탐사 및 이용위원회 위원장이었다. 이 위원회는 소련의 우주 프로그램을 실제로 운영하는 더 강력하고 비밀스러운 조직을 은닉하는 수단이었다. 그는 친절하고 나이 든 포병 장군으로 군용 로켓에 대한 경험이 많아 우주위원회 위원장이 되었다. 그는 궤도를 도는 우주선에 대한 공격을 금지하고 우주에서 대량살상무기를 금지하는 것이 좋은 생각이라는 데 동의했다. 형식에 얽매이지 않은 비공식적 토론이었지만 나는 당연히 그가 미국 정부에 동의했다고 보고했다. 그가 모스크바에서 정부 관료와 회의하면서 우리의 토론에 대해 이야기했을 것은 의심의 여지가 없다. 1년 안에 미국과 소련은 공식 협정을 맺었다. 다행히도 이 협정에 따라 두 나라는 모두 방해받지 않고 인공위성 관측을 할 수 있게 되었다. 이 일로 우리는 소련에서 일어나는 일을 더 잘 알 수 있게 되었고, 세계의 안정에도 상당한 도움이 되었다.

한편으로, 나는 국방분석연구소 근무가 끝나는 대로 다시 학계로 돌아가기로 결심했다. MIT 이사장 제임스 킬리언과 총장 줄리어스 스트래튼이 교무처장 자리를 제안했다. 그들은 MIT가 과학을 잘하고 있지만 공학이 최고라고 알려져 있는데, 과학에 확실히 중점을 두고 싶다고 내게 말했다. 다른 대학교에서도 관리직으로 와 달라는 부탁을 받았지만, 나는 그 자리에 관심을 가지거나 내가 적임자라고 생각해 본 적이 없었다. 그러나 MIT는 달랐다. 과학과 공학에 특화된 학교의 지도적 위치에 전문성을 가진 사람이 필요했고, 이 학교의 과학을 촉진하면 필연적으로 공학과 산업적인 측면도 함께 발전할 것이기 때문이었다. 과학이나 공학의 배경을 가진 관리자가 필요했기에 나에게 어울리는 직책이라고 생각했다. 과학자들은 대개 행정에 관심이 없지만 아마도 새로운 것을 시도하려는 나의 변함없는 의지가 영향을 미쳤을 것이다. 그래서 나는 1961년 가을에 국방분석연구소를 떠나 MIT로 갔다.

MIT에서의 경험은 대체로 보람이 있었고, 학교는 나의 노력에 호응했다. 그러나 오래지 않아 산업과 공학을 주도하는 사람들은 내가 중요하다고 느낀 몇몇 변화를 거부하는 경향이 분명해졌다. 예를 들어 나는 MIT 교수가 민간 기업에서 많은 시간과 노력을 쏟아야 하는 자리를 겸직해서는 안 된다고 생각했다. 나 자신도 퍼킨 엘머 이사직을 제안 받았지만 거절했다. 대학교 안의 모든 연구를 공정하게 대해야 할 교무처장이 특정한 산업에 더 관심을 가질 가능성을 열어두는 것은 좋지 않다고 생각했다. 나중에 듣기로는 MIT에서 산업에 관련된 사람들 중 일부는 이것 때문에 고민했다고 한다. 그들은 내가 산업계와 친하게 지냈으면 더 좋아했을 것이다. 그들은 내가 산업에 무관심하거나 심지어 적대적이라고 생각했다. 나는 그들의 문화에 대해 문외한이었다.

나는 다른 사람들과 함께 MIT 전임교수가 공학이나 과학에 기반을 둔 회사에서 임원이나 운영직을 겸직할 수 없다는 규칙을 제안했다. 그때까지는 많은 교수들이 겸직하고 있었다. 내 생각에 겸직하면 자기가 소속한 기업에 더 많은 관심을 쏟을 수밖에 없다. 사람이라면 누구나 학문적 책임보다 자기 재산을 더 중요하게 생각할 것이다. 교수가 자문을 하거나 이사회에 참여하는 것까지는 허용할 수 있지만, 매일 많은 시간과 에너지를 쏟아야 하는 운영직을 맡는 것은 적절하지 않아 보였다. 이 문제는 학교의 고위층에서 계속 맴돌았다. 결국 이 방침이 채택되었지만 반발하는 엔지니어들도 있었다.

과학자와 엔지니어의 관심사는 국가 차원에서도 확실히 달랐다. 케네디 대통령은 독일의 베르너 폰 브라운을 포함한 엔지니어들이 주로 고안한 대담한 계획인 아폴로 계획을 발표했다. 과학자들과 몇몇 학구적인 엔지니어들은 유인 달 탐사에 대해 조금 비관적이었다. 내가 보기에 달 탐사 계획을 결정할 때 과학자들을 배제한 것도 조금 문제가 되었다. 또한 과학자들은 유인 달 탐사가 비용에 비해 과학적 가치가 크지 않으며, 아마도 기술적인 실수일 것이라고 생각했다. 물론 과학자들도 달은 중요한 연구 주제라고 생각했다. 그러나 대부분의 과학자들은 자동화된 무인 탐사선 몇 대가 유인 우주선보다 훨씬 더 적은 비용으로 같은 일을 할 수 있다고 확신했다.

과학적 반대가 점점 커졌다. 물리학자이자 오크리지 국립연구소의 소장인 앨빈 와인버그는 우주선(cosmic ray) 때문에 사람이 직접 달에 가는 것이 너무 위험하다는 기사를 썼다. 제임스 킬리언은 연설을 하면서 아폴로 계획을 국가의 경제적 재앙이라고 불렀다. 공학 인재들이 아폴로 계획에 모두 몰려서 다른 일이 제대로 되지 않기 때문이라는 것이었다. 나와 같은 해에 벨 연구소에 갔고 당시 연구소장이던 짐 피스크는 아폴로 계획에 책정된 250억 달러의 비용이 너무 적다고 공개적으로 발언했다. 그는 1,000억 달러의 비용이 들 것이고, 기간도 10년쯤 더 걸릴 것이라고 생각했다. 실제로 비용은 훨씬 더 많이 들었다.

1963년 어느 날 나는 우연히 아폴로 계획의 책임자 조지 뮬러를 만났다. 나는 그에게 이렇게 말했다. "많은 사람들이 이 계획에 대해 왈가왈부하고 있다. 당신이 해야 할 일은 이 사람들 가운데 일부를 모아서 직접 대화하는 것이다. 그들이 언론에 떠들게 하기보다는 그들의 말을 직접 듣는 게

낫다." 또 나는 뮬러에게 비판하는 사람들은 총명하며 그들은 진지하게 반대하고 있다고 말했다. 그들이 완전히 옳지는 않을 수도 있지만 경청해야한다. 고위급 전문가들로 자문위원회를 구성하고, 의도적으로 반대자를 참여시켜서 이 대규모 국가 프로젝트가 찬반 양면에서 최선의 조언을 얻을수 있도록 하라고 제안했다.

뮬러는 NASA의 대표인 제임스 웹에게 갔고, 그런 다음에 다시 나에게 왔다. "웹이 동의했다. 당신이 위원회를 구성하고 의장이 되기를 바란다."

나는 MIT에서 할 일이 많았지만, 이것이 중요하고 독특한 프로젝트라는 생각이 들었다. 나는 문제를 가능한 한 다양한 방향에서 볼 수 있는 사람들을 위원회에 참여시키기 위해 노력했다. 의료인, 엔지니어, 천문학자, 지질학자, 물리학자, 그리고 잘 알려진 반대자도 포함시켰다. 나는 그들과 만날 때 이렇게 말했다. "이 일의 배경에는 케네디 대통령이 있으며, 대통령이 추진하는 일이다. 분명히 국가는 이 일에 전력하고 있다. 우리는 이일을 맡은 사람들과 대화하고, 국가가 현실적인지 적절하게 잘 하고 있는지 들여다봐야 한다. 위원회에 참여할 의향이 있는가?" 한 명을 제외하고모두 아폴로 계획의 새로운 과학기술자문위원회(Science and Technology Advisory Committee)에 참여했다. 내가 벨 연구소에 근무할 때 알고 지내던 뛰어난 전기공학자 존 피어스는 참여하지 않았다. 그는 다음과 같은 재치있는 말로 참여를 거절했다. "나는 할 가치가 없는 일은 잘할 가치도 없다고 항상 생각해 왔다."

위원회는 주기적으로 모였다. 주요 참여 기관의 최고책임자들을 가끔씩불러서 의견을 들었고, 또한 기업 참여자들이 프로젝트 전체에 대해 정확한 정보를 얻고 중요한 문제를 잘 이해하고 있는지 확인했다. 조지 뮬러는항상 위원회에 참석해서 진지하게 경청했다. 뮬러는 또한 관련된 각 회사의 최고경영자들로 위원회를 별도로 구성했다. 그는 각 회사들이 서로의 공장을 방문하고 자기 회사가 정확히 어떤 일을 하고 있는지 설명하도록 해서, 경쟁과 애국적인 협동심을 강화했다. MIT의 스타크 드레이퍼는 자신의 실험실에서 아폴로 계획의 관성 유도 시스템을 구축하는 중요한 그룹을 이끌고 있었다. 그래서 집행위원회에는 참여 기관인 MIT의 대표 자격으로 내가 참석하게 되었다.

토머스 골드는 매우 영리하고 상상력이 풍부한 천체물리학자였는데, 그는 주목할 만한 문제를 자문위원회에 제시했다. 골드는 우리에게 달의 먼지는 심각한 문제라고 말했다. 그(그리고 당시의 여러 사람)는 수십억 년 동안 보풀 같은 먼지의 층이 달 표면에 극도로 두껍게 쌓였다고 믿었다. 공기나 바람은 없지만, 달 표면에 자외선이 내리쬐어 먼지가 이온화되어 떠다니다가 쌓여서 깊은 층을 이루는데, 균일하지만 푸석푸석해서 건드리면 바로 무너질 수 있다는 것이다. 골드는 설득에 뛰어난 사람이었다. 그는 왜 먼지의 층이 두껍게 쌓이는지에 대해 실제적인 이유를 제시했고, 착륙선이 그 위에 내리면 수십 미터 두께의 먼지 아래로 가라앉아 보이지 않게 된다고 생생하게 설명했다. 그것은 경각심을 일깨우는 생각이었다. 위원회의 몇몇 과학자들은 이미 전반적인 원리를 바탕으로 아폴로 계획에 대해 회의적이었으며 골드의 주장을 믿을 준비가 되어 있었다.

하지만 달 표면에 착륙선을 삼켜버릴 만큼 먼지가 쌓여 있다는 골드의 주장을 의심할 만한 이유도 강력했다. 위원회는 네덜란드 태생의 천문학자 제러드 카이퍼에게 문의했다. 달 사진을 찍기 위한 '레인저' 임무의 수석 과학자였던 카이퍼에게 위원회에 브리핑을 해달라고 요청한 것이다. 카이퍼는 최근에 자신이 측정한 달 표면의 자외선 반사가 위치마다 매우 큰 차이가 난다고 지적했다. 이는 달 표면의 최상층부도 장소마다 다르다는 것을 나타낸다. 카이퍼는 골드만큼 말재주가 뛰어나지는 않았다. 그러나 그는 위원회에 출석한 지질학자로서 이렇게 말했다. "우리는 여기서 누가 더 말재주가 뛰어난지 염두에 두어야 하고 조심하는 것이 좋다." 링컨 연구소는 이미 달에서 반사되는 다양한 파장의 전파를 측정했다. 그 결과는 달 표면이 작은 바위에서 큰 바위의 규모로 크고 단단한 수많은 덩어리를 포함하고 있음을 암시했다. 이 바위들은 분명히 먼지 속으로 깊이 가라앉지 않았다. 푸에르토리코의 아레시보에 있는 큰 안테나를 가진 전파천문학자들에게도 측정을 요청했고, 그 결과도 먼지가 몇 미터 이상 두꺼울 수 없다는 결론을 지지했다.

달 착륙선이 먼지 속으로 추락할 것이라는 시나리오 외에도, 골드는 나중에 아폴로에 반대하는 또 다른 견해를 들고 나왔다. 이번에도 먼지에 관련된 것이었다. 그는 이론가로서 우리가 지구에서 마주치는 것과 너무나 다른 환경에서 달 표면이 어떤 성질을 갖는지에 대해 오랫동안 고심했다. 그는 1968년에 대통령과학자문위원회의 한 하위 그룹에서 이 견해를 발표했다. 그는 NASA가 달 탐사를 단 한 번으로 제한하도록 위원회가 대통령에게 촉구해야 한다고 선언했다. 그는 더 이상 비용이나 생명의 위험을 정당화하기에 충분한 과학이 달 탐사에서 나오지 않을 것이라고 생각했다. 달의 먼지는 매우 이동성이 강하기 때문에(물이 없어서 먼지 알갱이들이 정전기를 띠면서 떠다니기 때문에) 달이 먼지로 매우 균일하게 덮여 있을 것이라는 것이 그의 주장이었다. 달의 한곳에 착륙한 다음에 다른 위치에 간다고 해서 새로운 정보가 나오지는 않을 것이다. 즉, 달의 한 군데만 보면 모든 것을 본 것이다. 이 소위원회의 의장 대행이던 조지 키스티아코프스키가 의견을 물었다. 기본적으로 그곳에 있는 수십 명의 과학자들은 "맞다"고 대답했다. "그렇다. 우리는 대통령의 귀에 도청장치를 달아 두 번째 달

임무를 차단하는 것이 좋겠다." 한동안 이 문제를 관망하던 나는 목소리를 높여야 한다고 느꼈고, 레이더 반사율과 카이퍼의 자외선(UV) 측정에 대한 주장을 환기했다. 이 증거는 골드가 제안한 것보다 먼지가 훨씬 적다고 시사할 뿐만 아니라 달이 지질학적으로 상당히 다양해서 장소마다 다름을 암시하고 있었다. 키스티아코프스키는 충분히 현명해서 이 문제에 대한 타당한 의견 차이가 있다는 것을 알았다. 그는 "아마도 우리는 첫 번째 착륙이 끝날 때까지 기다리는 것이 좋을 것"이고, "대통령에게 접근하기 전에 먼저 타운스가 옳은지 알아내는 것이 좋겠다"고 말했다.

대체로 나는 아폴로자문위원회가 NASA에 좋은 서비스를 제공했고, 조지 뮬러가 훌륭하게 관리했다고 생각한다. 물론 달 착륙은 성공했다. 이후 아폴로 계획의 임무 중 일부는 최고급의 지질학을 비롯한 여러 과학 연구를 수행했다. 많은 위원들이 처음에는 임무 전반에 대해 회의적이었지만 프로젝트를 자세히 살펴보고 문제가 해결되는 것을 보고, 대체로 상당히 긍정적인 태도를 보였다. 뮬러는 위원회를 매우 신뢰했고, 항상 회의에 참석했으며, 우리가 하는 말을 주의 깊게 듣고 적절하게 대응했다. 내가 항상 후회하고 우리가 더 잘할 수 있었을지 궁금했던 한 가지는 1967년 1월 발사대 화재로 우주비행사 버질 그리섬, 에드워드 화이트, 로저 채피가 사망한 사고이다. 이 우주선의 캡슐에 채워진 공기는 순수한 산소였고, NASA는 불이 난 다음에 바꿨다. 우리는 화재 위험성을 특별히 고려하라는 주의를 받은 적이 없었지만 어쨌든 화재 가능성을 생각했어야 했다. 이 사고는 이 프로젝트에 끔찍한 타격을 주었다. 조지 뮬러가 특히 힘들었고, NASA 책임자인 제임스 웹은 이 비극적인 시간 동안에 뮬러를 정서적으로 돕기 위해 애를 썼다. 그러나 나는 위원회가 이 프로젝트를 실질적으로 도왔다고 믿는다. 기술적으로 프로젝트를 감시하는 것 외에도 위원회는 과학 실험을 계획하는 데 중요한 역할을 했다. 무엇보다도 우리는 달 표면에서 달리는 자동차인 로버를 제안했고, 레이저 실험을 위해 달에 반사판을 설치하도록 권장했다. 그리고 우리는 우주왕복선 계획의 출발을 도왔는데, 불행하게도 우주왕복선은 처음 예상보다 훨씬 더 크고 더 비싼 것으로 밝혀졌다.

나는 물론 첫 유인 달 착륙을 정확히 기억한다. 그때 우리 위원회는 조지 뮬러와 함께 휴스턴 우주센터에 있었고, 회의실의 화면으로 착륙 장면을 지켜보았다. 우주비행사들이 안전하게 돌아와야 완전히 성공했다고 할수 있었지만 착륙 자체가 큰 승리와 안도의 순간이었다.

그 몇 년 동안 나는 MIT에서 학사 관리를 하면서 대부분의 시간을 보냈다. 그렇다고 연구를 안 한 것은 아니다. 특히 매우 우수한 대학원생인 레이 차오와 엘사 가미르와 함께 비선형 광학 연구를 수행했다. 나의 제자이자 레이저의 중요한 유형 한 가지를 발명한 알리 자반이 벨 연구소를 떠나 MIT의 교수로 부임했다. 나는 과학을 즐겼을 뿐만 아니라 학생들과 함께 MIT에서 매우 다른 생활을 맛볼 수 있었다. 그것은 다른 교수나 관리자와 어울리면서 얻을 수 있는 것과는 매우 다른 삶이었다. 물론 후자는 나의 행정적 판단에 도움이 되었다. 전반적으로 MIT라는 기관에 있으면서 나는 즐거운 시간을 보냈다. 나는 제임스 킬리언과 제이 스트래튼과 함께 일하는 것이 좋았다. 그들은 뛰어난 관리자이자 개인이었다. 학교 본부, 교수, 학생들은 사이가 좋았다. MIT에서 학생들의 시위가 문제가 된 것은 내가 떠난 지 몇 년 뒤인 1960년대 후반이었는데, 이는 캘리포니아 대학교 버클리 캠퍼스에서의 1960년대 초반의 저항보다 조금 지연된 것이었다.

내가 MIT의 일을 맡게 된 이유는 내가 과학을 강화하고 공학의 최첨단에 변화를 일으킬 수 있다고 생각했기 때문이다. 내가 총장이 되어야 한다는 일반적인 공감대도 있었다. 공개적으로 이야기하는 분위기는 아니었지만, 이는 분명 자연스러운 진전이었다. 그런데 공과대학 학장인 고든 브라운은 분명히 내가 하는 일에 모두 찬성하지는 않았다(물론 내가 느끼기에 대부분의 엔지니어들이 꽤 친절했다). 버니바 부시는 이사회 의장으로 당시에도 여전히 MIT에서 매우 중요한 인물이었다. 부시는 로켓을 별로 좋아하지 않았고, 내가 MIT 우주연구실을 위해 NASA로부터 연구비를 받는 것을 반대했다. 그는 우주 프로젝트 전체가 잘못되었고 낭비였기 때문에 연구비를 받는 것은 비윤리적인 행위라고 생각했다. 부시는 로켓을 일관되게 반대했고, 대륙간탄도미사일이 정말로 작동할 수 있는지에 대해서도 회의적이었다. 그는 또한 아폴로 우주선을 쏘아 올릴 만큼 큰 로켓 모터에서는 연소가 불안정해져서 추진할 때 일어나는 불규칙성을 도저히 극복할 수 없다고 생각했다. 당시에 나는 아폴로 위원회에 있었고, 그때쯤에는 이미 모터의 설계가 안정성을 보장한다는 것을 알고 있었다.

분명히 나에게 불리한 상황이었다. 버니바 부시가 신임 총장 추천위원회의 책임자가 되었다. 총장 선임을 발표하는 특별 교수회의가 열렸다. 내가 회의장으로 들어가자 몇몇 사람들이 나에게 달려와서 축하한다고 말했지만 나는 무슨 일이 일어났는지 알고 있었고, 신임 총장은 내가 아니라고 말해야 했다. MIT의 새 총장으로 발표된 사람은 경영대학 학장 하워드 존슨이었다.

MIT의 몇몇 사람들에게는 조금 충격적인 일이었다. 존슨은 완벽하게 좋은 사람이었지만, 그는 공학이나 과학을 하는 사람들에게 잘 알려지지 않았다. 그러나 그는 좋은 관리자였다. 이 결정을 전해 들은 나도 놀랐다. 하지만 나는 이렇게 생각했다. '그래, 좋아. 그들은 나 같은 총장을 원하지 않으니까, 나는 물러나서 연구를 해야겠어.' 얼마쯤 시간이 지나서 버니바 부시가 나에게 사과했다. 자기 같은 늙은이가 내 경력을 망쳐서 미안하다는 것이었다. 분명히 그는 자기 책임이라고 생각했겠지만, 나는 그가 내 경력을 망쳤다고 생각하지 않았다. 어쩌면 그는 내가 가장 좋아하는 일로 되돌아가도록 나를 도와준 것일 수도 있었다. 나는 교무처장을 사임하고 연구소 교수(institute professor)[MIT 교수로는 가장 영예로운 직위이다. — 옮긴이]로 임명되었다. 신임 존슨 총장은 나를 정말로 깊이 배려해 주었고, 교무처장 때보다 훨씬 많은 봉급과 종신교수직을 보장해 주었다.

나는 관리의 책임을 벗어나서 1년 동안 연구를 위해 떠나고 싶었다. MIT는 흔쾌히 허락해 주었고, 나는 하버드에서 천문학자들과 함께 천체물리학을 연구하면서 많은 시간을 보냈다. 나는 또한 다음에 내가 할 일에 대해서도 생각했다. 나는 여러 제안을 받았다. 하버드 대학교 천문학과 종신교수, 터프츠 대학교 총장, 시카고 대학교 학장, 듀크 대학교 총장으로 와 달라는 요청도 받았다. 나는 그때 노벨 물리학상을 막 수상했는데, 의심할 여지없이 노벨상이 이 모든 관심의 요인이었다(정부 자문 요청도 더 많아졌다).

IBM과 제너럴 일렉트릭에서도 연구 부사장이 되어 달라고 부탁해 왔다. 나는 IBM과 인터뷰를 할 정도로 진지하게 고려했는데, 당시 연구책임자인 이매뉴얼 (매니) 피오레와 아는 사이였다. 사실 나는 산업계의 일은 별로 마음에 끌리지 않았다. 그래서 하루 뒤에 전화를 걸어 나는 학문적인 일을 계속하겠다고 말했다. 물론 기업에서 주는 돈은 MIT에서 받는 돈보다 훨씬 더 많았고 학계의 어떤 자리에서도 그만한 돈은 받을 수 없었다. 그래서 피오레는 나의 결정을 믿을 수 없다고 생각했고 "아내와 의논해 보았는지" 물었다. 내가 아내와 이야기했다고 정중하게 말하자 피오레는 사과했다. 아내 프랜시스는 그의 질문에 재미있어 하면서도 자기가 남편에게 돈을 좇으라고 말할 것이라는 생각에 약간의 모욕감을 느꼈다.

나는 기초 연구로 돌아가고 싶었다. 관리자로서의 일은 참을 만하고 중요하다고 생각했지만, 나에게는 연구가 더 재미있었다. 핵심적인 관리자 일에 과학자가 절실히 필요하면서 특별히 효과적인 자리가 아니면 관리직은 나에게 별로 가치가 없다고 생각했다.

그리고 노벨상이 나에게 왔다. 1964년에 니콜라이 바소프, 알렉산드르 프로호로프와 함께 받은 이 상은 나에게 기회와 골치 아픈 문제를 함께 가져왔다. 공식적인 선정 이유는 '메이저–레이저 원리에 따른 진동기와 증폭기의 생산으로 이어진 양자전자공학의 기초 연구'였고, 노벨상 시상식에서 우리를 공식적으로 소개한 물리학자 벵트 에들렌은 간단하게 "메이저와 레이저의 발명"이라고 말했다. 그는 아이크 보언이 태양 코로나의 수수께끼 같은 스펙트럼선에 대해 논의하기 위해 칼텍에 초대했던 바로 그 에들렌이었고, 나는 학생 시절에 그와 즐겁게 교류했다.

노벨상은 과학자가 대중적으로 인정받는 최고의 영예로 시상식 역시 위대한 순간이다. 아내와 나는 이 행사를 위해 네 아이들을 데리고 스웨덴으로 갔다. 그리고 유명 인사들과 함께하는 왕실 행사를 즐겼다. 한겨울의 스톡홀름은 성녀 루치아의 날[12월 13일로 스칸디나비아 지역 명절이다. — 옮긴이]을 맞아 도시 전체가 축제 분위기로 들떠 있었다. 스웨덴 전체가 노벨상을 축하하여 행사를 더 빛나게 했다. 구스타프 6세는 고고학자였으며 매우 흥미로운 사람이었다. 그의 손자가 왕위 계승을 위한 수업을 받고 있었다. 그 해의 노벨상 수상자도 흥미로운 사람들이었다. 장폴 사르트르가 문학상 수상자로 뽑혔지만 그는 수상을 거부했다. 표면적으로는, 작은 위원회가 당대의 가장 뛰어난 문학 작품을 선정할 능력이 없다는 메시지를 주려는 것이었다. 그래서 사르트르는 참석하지 않았다. 몇 년 뒤에 내가 노벨상 위원회의 어떤 사람에게 사르트르를 만날 기회를 놓쳐서 아쉽다고 말했더니, 이런 답변이 돌아왔다. "그는 나중에 편지를 보내서, 그래도 상금은 받고 싶다고 했답니다!" 사르트르는 상금을 받지 못했다.

1964년 노벨 평화상 수상자는 마틴 루서 킹 주니어였다. 나는 이모 클라라 러틀리지가 고향 앨라배마주 버밍엄에서 당시에 비교적 알려져 있지 않았던 마틴 루서 킹 주니어가 매우 뛰어난 젊은 목사라고 칭찬했던 것을 기억한다. 나는 그를 만나게 되어 기뻤고, 그는 나에게 이렇게 말했다. "당신이 클라라 러틀리지의 조카입니까? 내가 처음으로 목사가 되었을 때 그분이 많이 도와주셨지요."

노벨 화학상 수상자는 도로시 호지킨이었다. 그녀는 흥미로운 영국인이었고, 그때까지 과학 분야에서 노벨상을 받은 다섯 명의 여성 중 한 명이었다. 과학으로 노벨상을 받은 첫 번째와 두 번째 여성은 마리 퀴리와 딸 이렌 졸리오퀴리였다. 생리의학상 수상자는 이웃인 하버드의 콘라드 블로흐와 독일의 페오도어 리넨이었다. 1964년에 경제학상은 아직 생기지 않았다. 이 상은 새롭게 만들어져서 엄밀히 말하면 노벨상이 아니고, '노벨의 영예'에 따라 제정되어 원래의 상과 함께 수여한다. 따라서 노벨상과 구별하기 어렵다.

특히 왕과 왕비에 대해 생소한 미국인에게 왕이 주최하는 행사에서의 환대는 이 세상의 일이 아닌 듯한 경험일 것이다. 노벨상 행사는 정말로 기억에 또렷하게 남는다. 그러나 노벨상을 받은 다음에 과학자들은 자신의 과학 경력이 어느 정도 끝났다는 느낌이 들 수 있다. 과학자의 경력에서 늦게 노벨상을 받는 경우도 많다. 노벨상을 받고 나면 여러 가지 공적인 역할을 해달라는 요청이 쇄도하고, 다양한 공공 이슈에 대해 조언하거나 연설하게 된다. 따라서 중요한 과학적 공헌에 필요한 매우 강도 높은 연구에서 멀어질 수 있다. 그러므로 노벨상의 명성은 긍정적 측면도 있지만 도리어 문제가 될 수도 있다. 나는 49세로 충분히 젊었기 때문에 마음만 먹으면 다시 치열한 연구 현장으로 뛰어들 수 있다고 생각했다.

나는 레이저 연구와 비선형 광학에서 떠나서 좀 더 여지가 많고 다른 과학자들이 아직 명확하게 인지하지 못하고 잘 알려지지 않은 연구 영역으로 가고 싶었다. 나는 이미 메이저와 레이저 자체에 대한 연구를 멀리하고 다양한 비선형 광학 효과를 연구하고 있었다. 그러나 당시에도 이미 많은 훌륭한 과학자들이 이 분야에 들어와 있었다. 나는 다른 과학자들이 간과하고 있지만 나만 특별히 기여할 수 있는 분야를 연구하고 싶었다. 나는 아마도 천체물리학이 적합한 분야라고 생각했다. 천문학은 내 마음속에서 언제나 매력적인 분야로 느꼈고, 하버드 그룹과 함께 안식년을 보내면서 이 느낌은 더 강해졌다. 이제 이 느낌대로 행동할 때였다.

뛰어난 천문대와 천문학 전통을 가진 캘리포니아가 나에게 강력한 마법을 걸었다. 칼텍(캘리포니아 공과대학교)과 버클리(캘리포니아 대학교 버클리 캠퍼스)가 특히 매력적이었다. 나는 칼텍에 강하게 끌렸지만, 그 학교의 최고위층에서 내가 정확히 무슨 연구를 하려는지 알아내려고 너무 애를 썼다. 나는 교무처장에게 간섭계, 적외선 천문학, 마이크로파 천문학에 모두 관심이 있지만 특별하게 확정된 프로그램에 의무적으로 참여하고 싶지는 않다고 말했다. 게다가 남부 캘리포니아의 스모그가 점점 더 심해지고 있었다. 프랜시스가 스모그를 싫어했기 때문에, 버클리의 날씨가 더 매력적이었다.

버클리의 물리학과장인 버크 모이어가 클라크 커 총장과 면담을 주선해주었다. 나는 처음부터 버클리가 훨씬 좋다고 생각했다. 전에도 버클리로 올 기회가 있었는데, 그때는 컬럼비아로 간 직후여서 곧바로 다른 곳으로 옮기고 싶지 않았다.

버클리는 정치적으로 매우 활발해서 언론자유 운동과 반전 시위와 같은 활동이 많은 곳이었다. 버클리에서 오래 산 사람들은 도시를 벗어나 언덕을 넘어 동쪽에 있는 더 평화로운 곳으로 이사했다. 그들은 이 도시가 무너지고 있고 살기 좋은 곳이 아니라고 믿었다. 나는 그들이 상황을 잘못 판단했다고 생각하며 버클리의 정치적 분위기에 대해 크게 걱정하지 않았다. 내가 걱정한 것은 공화당의 캘리포니아 새 주지사인 로널드 레이건이 이 대학교를 어떻게 대할 것인가 하는 것이었다. 레이건은 골수 보수주의자인 반면에, 버클리는 정치적 급진주의뿐만 아니라 그가 싫어하는 온갖 요소들이 모여 있는 곳이었다.

나는 커 총장을 그의 집무실에서 만나 레이건 문제에 대해 물어보았다. 그는 레이건이 대학교를 존중하지 않는 최초의 주지사는 아니라고 매우 정중하게 설명했다. 레이건의 전임자인 팻 브라운은 처음에 캘리포니아 대학교를 의심했지만 학교에 대해 잘 알고 나서는 훌륭한 후원자가 되었다고 했다. 커는 레이건도 마찬가지일 거라고 장담했다. 나는 버클리로 오기로 결심했다. 그러나 커의 정치적 판단은 조금 빗나갔다. 내가 버클리로 오고 나서 얼마 되지 않아 레이건은 커를 해임했다(커는 자기가 왔을 때와 똑같은 방식으로 떠났다고 자주 말했다. "열정적으로 해임되었다"는 것이다). 그렇지만 나는 버클리로 옮긴 결정을 후회한 적이 없다.

내 친구들 중 몇 명은 놀라워했다. 나는 MIT 교무처장에서 물러난 뒤에 퍼킨 엘머의 이사직을 수락했다. 이 회사의 이사장인 체스터 니미츠 제독은 내가 버클리로 간다고 말하자 깜짝 놀랐다. "어떻게 버클리 대학교로 갈 수 있어요? 그곳은 미국 전체에서 가장 죄가 많은 도시입니다!" 물론 당시 버클리의 악명 높은 문화는 기업, 정부, 군대를 모두 똑같이 낮게 평가했다.

　나는 특훈교수(professor-at-large, 현재는 university professor)라고 불리는 특별한 직책을 맡았다. 나는 또한 비서 한 명과 실험실을 만드는 비용으로 10만 달러를 받았는데, 이 돈은 별다른 제한 없이 사용할 수 있었다. 버클리 홀에 있는 나의 사무실에서는 버클리의 랜드마크 타워인 캄파닐레가 보였다. 나중에 나는 노벨상 수상자로서 캠퍼스에서 가장 소중한 특전을 받았다. 그것은 바로 주차 공간이었다. 이 모든 것들은 얻어내기 힘들었다.

　이 자리를 수락하기 전에, 나는 다른 특훈교수에게 전화해서 특훈교수의 의무가 무엇인지 물어보았다. 전화를 받은 사람은 캘리포니아 대학교 샌디에이고 캠퍼스의 해럴드 유리였다. 이 직함의 의미는 공식적으로 내가 모든 캠퍼스에 소속되고, 학과장이 아닌 총장에게 보고한다는 것이었다. 그렇다면 내가 이리저리 옮겨 다녀야 할까? 나는 그에게 정말로 총장에게 보고하는지 아니면 어떻게 하는지를 물어보았다. 그는 이렇게 대답했다. "그렇다네, 나는 총장에게 보고하고 조언한다네. 바로 지난 달에는 캠퍼스의 나무 몇 그루를 베지 못하게 해달라고 총장에게 편지를 썼지." 그런 정도의 일이라면 확실히 부담스러워 보이지 않았다. 많은 자유가 있고 좋은 일을 할 의무도 있어서 버클리가 나에게 가장 적합한 자리였다. 나는 물론 다른 캠퍼스에서 자주 강연을 해도 좋다고 동의했다. 프랜시스와 나는 버클리 캠퍼스에 편안하게 정착했고, 캠퍼스 북쪽 버클리 언덕 아래에 있는 집을 샀다. 딸 엘런도 버클리 대학원 생물학과에 진학하기로 스스로 결정했다.

　물리학과 사람들은 우리를 편안하게 해주었다. 한 가지 이유는 당시에 버클리가 조금 고립되었다는 느낌이 있었기 때문이다. 내가 온 것은 그들이 새로운 사람을 데려올 능력이 있음을 보여주는 좋은 일이었다. 당시 물리학과는 정치에 큰 영향을 받지 않았다. 캠퍼스에는 가끔 최루탄이 터졌고, 나는 창문 밖에서 일어나는 여러 가지 활동과 소란을 지켜보았다. 다른 학과들은 시위와 소란으로 연구하기가 어려울 지경이었지만 물리학과 학생들은 거의 모두 자기 일에 바빴다.

그래도 버클리였다. 나는 제이슨의 일을 계속했고, 가끔은 기밀로 분류된 자료도 다루어야 했다. 민감한 서류를 보관하기 위해 금고를 가져와서 사무실에 두었는데, 이 금고는 오늘날까지 그대로 남아 있다. 캠퍼스의 다른 곳에는 그런 금고가 없었다. 물론 나는 로저 하인스 부총장에게 기밀문서를 보관하는 금고가 공식적인 정책에 어긋나거나 급진적인 정치 공격을 지나치게 부추기지 않는지 물어보았다. 나는 부총장에게 이 금고에 관련된 일을 하는 것은 내가 가진 신념과 원칙의 문제라고 말했다. 정부가 나의 조언을 원하고 그 일이 유용해 보이는 한 조언을 포기할 수 없다고 말했으며 부총장도 이에 동의했다.

얼마 뒤 캠퍼스 경찰로부터 전화가 왔고,《버클리 바브》1면에 내가 「닥터 스트레인지러브」라고 보도된 것을 아는지 물었다. 반문화 주간지인《버클리 바브》는 나의 사진과 함께 내가 대인 무기를 금고에 보관하고 있다는 기사를 실었다. 캠퍼스 경찰은 나의 안전을 걱정해서 자물쇠를 바꾸고 사무실 문 근처에 경비원을 배치하려고 했다. 나는 그냥 두라고 말했다. 나의 대학원생들은 사무실의 열쇠를 가지고 있었고, 그들이 자유롭게 드나들기를 원했다. 내가 특별한 자물쇠를 사용하고 경비원이 내 방을 지킨다면 분위기가 완전히 바뀔 것이다. 나는 이 기사를 읽고 위험이 분명히 크지 않을 것으로 판단했다. 경찰은 마지못해 그 일을 내게 맡기는 데 동의했다. 그 뒤로 심각한 일은 일어나지 않았다.

이 대학의 가장 헌신적인 반전운동가 중 한 명은 물리학자 찰스 슈워츠였다. 슈워츠는 물리학과 학생들 중에서도 많은 추종자가 있었고, 나와 함께 연구하는 대학원생 몇 사람도 그를 추종했다. 나는 그 학생들을 좋아했고, 학생들도 나를 좋아했다고 생각한다. 하지만 그들은 정부나 군대를 지원할 수 있는 어떤 행동에 대해서도 격렬하게 반대했다.

어느 날 점심시간에 비서가 사무실로 일찍 돌아왔다가 슈워츠가 내 서류를 뒤지는 걸 보았다. 그는 분명히 나를 전쟁광으로 몰아갈 증거를 찾는 것 같았다. 내가 그를 발견했더라면 그냥 지나갔을 텐데 그녀는 이 일을 학과장에게 보고했다. 학과장은 슈워츠가 나에게 사과문을 써야 한다고 주장했다. 그는 사과문을 썼는데 꽤 짧았다. 물론 그는 금고를 열지 못했다. 내가 가장 크게 걱정한 것은 그가 내 서류를 엉망으로 뒤섞어 놓는 것이었다. 누구나 그 서류를 볼 수 있었다. 나에게 부탁했다면 말이다.

1967년, 나는 미국물리학회 회장으로서 워싱턴에서 열린 연례모임 연회에 존슨 대통령을 초청하여 연설을 들었다. 베트남 전쟁이 한창이던 때였는데, 대통령이 연설을 하려고 할 때 연회석에서 한 회원이 플래카드를 흔들며 일어났다. 그는 백악관 정책에 반대하는 발언을 하려고 했지만, 그 테이블에 있던 다른 사람들이 그를 가로막아 앉혀 버렸다.

이 회의에 따른 반향은 몇 년 후 버클리에서 워싱턴의 언론인 댄 그린버그가 과학과 국가 정세에 대해 연설을 한 다음에 나에게 논평해 달라는 요청을 받았을 때 나타났다. 그가 연설한 뒤에 나는 몇 가지를 언급했지만, 청중들이 그때 일을 항의하면서 나의 발언을 중단시켰다. 그들은 그때의 모임에 존슨 대통령을 초청함으로써 내가 물리학회에 나쁜 일을 저질렀다고 비난했다. 나는 대통령이 이 나라에서 중요한 역할을 하고 있으며, 물리학자들이 그와 친해지고 그의 견해를 들어보는 것은 좋은 일이라고 해명했다. 이때도 찰스 슈워츠는 비판적이었으며 특히 내가 정부에 굴복했다면서 격렬하게 비난했다.

이 모임이 끝난 뒤에 주최자 중 한 명이자 뛰어난 수학자인 스티븐 스메일이 나를 집으로 초대했다. 그는 내가 이번 일이 나를 표적으로 기획되었다고 생각할 것이라고 말했다. 그는 매우 친절했고, 내가 한 일이 명예로운 행위임을 이해했다고 나에게 말해 주었다. 그러나 찰스 슈워츠는 대학교 교수가 정부, 기업, 군대와 맺는 어떤 관계도 윤리적인 행동으로 받아들일 수 없었다. 그는 계속해서 내가 하는 일에서 잘못을 찾으려고 했고, 때때로 학생 신문이나 고위 교수진 회의에서 나를 공격했다.

나는 항상 정신과 사상의 자유가 과학뿐만 아니라 문명 전체에서 매우 중요하다고 생각해왔기 때문에 버클리에서 일어나는 정치적 논쟁에 크게 반대하지 않았다. 사실 나는 전쟁에 반대하는 사람들이 하는 말에 상당히 동조한다. 그러나 정부나 군대에 대해 무조건 반대해서는 안 된다고 생각했다. 내가 보기에 베트남 전쟁은 정책적 실수였고 그마저 잘 수행되지도 못했다. 그렇기 때문에 도리어 정책 입안자들과 연락을 유지하면서 최선을 다해 조언할 필요가 있었다.

그 몇 년 동안 나는 전쟁 때문에 젊은이들이 겪는 문제에 크게 공감했다. 연구실은 군대로부터 상당한 연구비를 지원받고 있었다. 특히 해군의 연구비가 많았는데, 나는 항상 해군의 연구 지원 정책이 매우 합리적이라고 생각했다. 나는 학생들에게 이렇게 말했다. "이 연구비는 완전히 개방되어 있다. 우리가 원하는 방식대로 이 연구비를 쓸 수 있다. 여러분은 이 돈을 쓰는 것이 불편하지 않은가?" 무엇보다도, 우리는 단순히 우리가 흥미로워하는 물리학, 즉 분광학, 양자전자공학, 천체물리학을 연구하고 있었다. 버클리의 학생들 중에는 군대와 맺는 계약을 원칙적으로 강하게 반대하는 학생도 있었지만, 여기에는 딜레마와 모순이 있었다. 찰스 슈워츠는 군대의 연구비를 사용하면 안 된다고 강력하게 주장했지만, 실제로는 공군의 지원을 받는 연구를 하고 있었다. 실제로 일어난 일을 보면, 캠퍼스에서 가장 긴장된 시기에도 나의 학생들 중에는 군대의 연구비 지원을 받으면 안 된다고 생각하는 사람은 거의 없었다. 그러나 일부 학생들은 본인들이 선택할 수 있게 해준 것을 고마워했다.

1971년, 이 혼란스러운 분위기에서 나는 제너럴 모터스 이사회 회장인 제임스 로시에게 전혀 뜻밖의 전화를 받았다. 그는 베이 에어리어에 온다면서 저녁 식사를 같이 하자고 말했다. 나는 자동차를 운전하고 다니는 것 외에는 자동차와 아무 관련이 없었기 때문에 그 전화는 상당히 당혹스러웠다. 우리는 오클랜드 공항 근처의 식당에서 만났다. 그는 나에게 제너럴 모터스 기술자문위원회를 설립해 달라고 부탁했다. 이 회사는 안전 문제와 오염, 그리고 여러 면에서 심각한 비판을 받고 있었고, 외부의 도움이 필요하다고 생각했다.

당시 제너럴 모터스는 국민총생산의 약 3퍼센트를 차지하고 있어서 국가적으로도 중요한 기업이었다. 로시는 내가 제시한 조건에 모두 동의했다. 기본적으로 위원들을 내가 자유롭게 뽑을 수 있고, 위원회는 제너럴 모터스의 집행위원회에 직접 보고하며, 우리의 활동에 대한 모든 보도를 내가 최종적으로 통제하는 것이 내가 제시한 조건이었다. 마지막 조건은 내가 공허한 홍보에 끌려다니고 싶지 않았기 때문에 중요했다.

오늘날에는 대기업이 대학 교수에게 도움을 요청하면 아무도 눈을 흘기지 않으며, 대학 사회는 대체로 이런 관계를 반갑게 생각한다. 그러나 당시에 특히 버클리에서 대기업은 국방부만큼이나 평판이 좋지 않았다. 나는 찰스 히치 캘리포니아 대학교 총장에게 제너럴 모터스 자문에 참여해도 좋은지 물어보았다. 나는 이 일이 캠퍼스에 파문을 일으킬 것을 알고 있었다. 그가 싫다고 했다면 나도 거절했겠지만, 그는 제너럴 모터스가 국가에 매우 중요하므로 자문에 응하는 것이 현명하고 유용한 일이라는 나의 주장에 귀를 기울여 주었다. 그는 잠시 생각한 뒤에 이렇게 말했다. "균형을 생각할 때, 그 일을 하시는 게 좋겠습니다."

나는 다양한 관련 배경을 가진 좋은 사람들을 얻기 위해 주의를 매우 기울였다. 위원회에는 물리학자이자 칼텍 총장인 리 두 브리지, 물리학자이자 로체스터 대학교 총장인 밥 스프로울, 기계공학자이자 사우스웨스트 연구소 소장인 마틴 골랜드, 코넬 대학교의 생물학자 밥 모리슨, 스탠퍼드 대학교의 항공공학자인 밥 캐넌, MIT의 화학공학자 레이 배두어가 포함되었다. 우리는 모든 사람이 참석할 수 있는 시간에만 회의 날짜를 정하도록 규칙을 정했다. 이 위원회는 공장을 방문하고 제너럴 모터스의 디자인 및 제조부문장들뿐만 아니라 최고위 임원들을 만나는 등 매우 열심히 일했다. 제너럴 모터스의 최고경영자들은 위원회의 말에 귀를 기울였다. 우리는 심지어 첫해 보고서에서 일본과의 경쟁이 매우 치열해질 것이라고 경고했다. 오염과 안전 문제는 해결할 수 있지만 일본은 장기적으로 더 어려운 문제가 될 수 있었다. 지금은 너무나 당연한 충고로 보이지만 그때는 상당히 새로운 문제 제기였다. 어느 해에 위원회의 보고서는 제너럴 모터스의 품질 관리 노력이 부족하다고 가혹하게 지적했다. 나는 그들이 우리 위원회의 지적을 매우 심각하게 받아들이지는 않았다고 보지만, 그들은 제너럴 모터스의 연구 인력을 확충하자는 제안에 호의적으로 반응했다. 우리가 그들에게 도움을 줬으면 좋겠지만, 경영진이 그 정도 규모의 대기업을 시대의 변화와 성장하는 일본과의 경쟁에 대응하여 바꿔 나가기는 어려운 일이었다. 이렇게 3년을 보낸 뒤에 사임하겠다고 말했다. 이 일의 본질은 새로운 시야를 제공하는 것이고, 따라서 새로운 위원장이 필요하다고 말했다. 그러고 나자 제너럴 모터스는 내게 이사회에서 일해 달라고 부탁했다. 나는 위층으로 쫓겨났다. 이것은 내가 수락한 두 번째 기업 이사직이었는데 나는 항상 두 개가 나의 한계라고 느꼈다. 기업체와의 접촉은 유익하고 흥미로웠지만 역할을 더 많이 맡으면 물리학 연구 시간이 부족해진다. 시간이 흐르면서 버클리 캠퍼스는 기업과의 협력을 기뻐하게 되었고, 1960년대 후반과 70년대 초반처럼 충격을 받거나 적대하는 분위기는 사라졌다.

버클리에서 나는 정치적으로 샌드위치 신세였다. 대학교 공동체의 많은 사람들은 내가 대기업과 정부와 과도하게 연관되어 있고 일반적으로 꽤 보수적이라고 생각했지만, 기업에 있는 사람들은 내가 버클리의 자유주의자라고 생각했으며 어쩌면 조금 위험할 수도 있다고 보았다.

나는 계속해서 정부의 다양한 정책위원회에서 정기적으로 일해 왔다. 이것들 중 가장 도전적이고 힘든 것은 레이건 행정부 초기였던 1981년의 일이었다. 나는 몇 년 전 캘리포니아 북부 서노마 카운티의 러시아강 근처 삼나무 숲에서 매년 여름에 열리는 보헤미안 클럽 모임[1872년에 설립된 남성들만의 사교 모임이다. 미국 각계의 유력 인사들이 소속되어 있고 폐쇄적으로 운영된다고 한다. ─ 옮긴이]에서 캐스퍼 와인버거를 알게 되었다. 와인버거와 나는 사람들이 격의 없이 만나는 이 모임에서 같은 그룹에 속해 있어서 서로 잘 알게 되었다. 레이건 대통령이 와인버거를 국방장관으로 임명하자, 와인버거는 나에게 전화해서 MX 미사일 기지에 대한 위원회 의장을 맡아달라고 부탁했다.

MX는 여러 개의 탄두를 장착한 대륙간탄도미사일이었다. 카터 행정부는 이 미사일 200기를 제조하는 계획을 시작했다. 이 미사일은 유타와 네바다에 분산 배치될 예정이었고, 미사일 하나에 사일로가 10개씩, 총 2,000개의

사일로가 설치된다. 미사일을 열차에 실어서 불규칙한 간격으로 여기저기로 이동 배치한다. 아이디어는, 목표물의 수가 너무 많아서 소련이 기습적인 '선제 공격'으로 미사일을 무력화할 수 없도록 하는 것이었다.

백악관에 새 행정부가 들어섰을 때 미사일의 정확한 배치 방식이 정해지지 않고 있었다. 레이건의 고문들은 이 문제에 수십억 달러가 걸려 있었기 때문에 새로운 시각을 원했다. MX는 대륙간탄도미사일이지만 비교적 작아서 이동식 기지를 운용할 수 있었다. 미사일을 철도 박스카, 대형 트럭, 수송기에 실을 수 있었다. 여러 가지 가능한 계획이 제시되었는데 공군이 제안한 주요 계획은 카터 행정부가 추진하던 철도 운송이었다.

그중에서도 나는 위원회에 임명할 인사에 대한 조언을 얻기 위해 오랜 친구인 스펄전 키니에게 자문을 구했다. 와인버거는 아마도 내가 키니와 연락하는 것을 못마땅하게 여겼을 것이다. 그는 상당한 자유주의자였고 카터 백악관과도 가까웠기 때문이다. 하지만 나는 그를 신뢰했다. 그는 워싱턴의 시스템과 주요 인물들을 거의 다 알고 있었다. 최종적으로 위원회에 들어온 사람은 해군에서 퇴역한 워스 배글리 제독, 물리학자이자 벨 연구소의 수석부사장인 솔로몬 벅스바움 박사, 유럽 연합군 최고사령관을 지낸 앤드루 굿파스터 장군, 휼렛패커드의 데이비드 패커드 회장, 물리학자이자 스크립스 해양연구소장인 윌리엄 니렌버그 교수, 스탠퍼드 대학교 교수이자 국가정보위원회(National Intelligence Board) 위원장 헨리 로언, 예비역 공군 장군 브렌트 스코크로프트, 전 공군체계사령부(Air Force Systems Command) 사령관 버나드 슈리버, 휴스 항공기연구소 소장 앨버트('버드') 휠런 박사, 전직 해군부 차관 R. 제임스 울지였다. 위원회와 정기적으로 만나고 중요한 토론을 위해 초청된 참관인은 육군부 장관을 지낸 스티븐 에일스, 공군 참모총장을 지낸 글렌 켄트 중장, 로런스 리버모어 국립연구소 부소장이자 소장을 역임한 마이클 메이 박사였다. 모두 뛰어난 분들이었다.

와인버거는 분명히 우리에게 최선의 조언을 기대했고, 백악관의 의중에 있는 계획에 맞춰 적당한 근거를 가져오기를 바라지 않았다. 그는 "정치에 대해서는 나와 대통령에게 맡겨놓고, 기술적인 상황이 무엇인지" 알려 달라고 말했다. 그는 레이건이 회의를 소집할 때 자세한 설명이 필요하다고 말했다. 나는 깜짝 놀랐다. 당시에 내가 받은 인상은, 레이건은 세부적인 의사결정에 관여할 사람이 아니라는 것이었다. 그러나 와인버거가 설명한 백악관이 일하는 방식은 그렇지 않았다. 그는 분명히 레이건이 이런 종류의 문제들까지 잘 통제하고 있다고 여겼다.

우리는 기지를 유치할 가능성이 가장 높은 서부의 상원의원 몇 명과도 회의를 했다. 그들은 자기 지역구의 유권자들은 미사일을 원하지 않는다고 솔직히 말했다. 그러나 그들은 자신들의 주에 MX 미사일을 두어야 할 국가적 필요가 있다면 우리의 입장을 지지하겠다고 말했다.

우리는 심의를 하면서 리버모어나 로스앨러모스 같은 국립연구소에서 받는 조언과 기업체의 조언에는 큰 차이가 난다는 사실을 알았다. 예를 들어 보잉 에어로스페이스는 기지를 많이 설치하자는 아이디어가 채택될 때 큰 이득을 볼 것이고, 이 아이디어를 지지하는 이야기를 많이 꺼내게 된다. 국립연구소 사람들은 매우 전문적이고, 많은 정보를 갖고 있으면서 다양한 의견에 개방적인 태도를 보였다.

결국 우리는 기지의 위치를 속이려는 아이디어, 특히 2,000개소를 만드는 일에 반대하기로 결정했다. 그렇게 한다고 해도 미사일을 제대로 보호할 수 없기 때문이었다. 미국은 기지를 여러 군데에 설치하기 위해 엄청난 돈을 써야 하지만, 소련은 훨씬 적은 돈을 들여서 선제 공격 목표를 찾아낼 수 있을 것이다. 사실 모든 기지 설치 계획에는 기술적인 문제나 정치적인 문제가 있거나 둘 다 있는 것처럼 보였다.

존 글렌 상원의원은 한 가지 특별한 아이디어를 제안했다. 미사일을 트럭에 싣고 고속도로에서 계속 움직이면 소련의 공격을 방어할 수 있다는 것이었다. 기술적으로는 가능해 보였지만, 공공 도로를 이용하면 대중의 분노를 일으킬 것이 뻔했다. MX 미사일을 실은 트럭이라고 생각되는 차량이 발견될 때마다 시위자들이 도로를 봉쇄하는 사태를 상상할 수 있다. 위원회의 최종적인 조언은 미사일 하나를 기지 하나에 배치하는 보수적이고 비용이 적게 드는 방안이었다. 우리는 또한 미사일을 비행기에 탑재할 수 있어야 한다고 결론을 내렸다. 동시에 충분한 수의 비행기가 대양 상공에 떠 있으면, 위치가 알려지지도 않고 빠르게 이동하면서 적에게 노출되지 않고 반격할 수 있을 것이다. 이 방안도 대중의 반발을 불러일으킬 수 있다. 대부분의 핵미사일이 바다 위에 떠 있다고 해도 머리 위에 핵폭탄이 있다는 것에 대중은 반발하겠지만 글렌 상원의원의 제안보다는 문제가 적을 것이다. 완전히 적합한 해결책은 없는 것 같았다.

내가 개인적으로 제안한 아이디어는 위원회의 다른 두 위원인 윌리엄 니렌버그와 배글리 제독의 지지를 받았는데, 미사일을 배치하지 않는 것이었다. 우리는 보고서에 이 제안을 소수 의견으로 넣었다. 나는 몇 개의 미사일을 만들고 비교적 짧은 시간에 많은 미사일을 생산할 수 있는 산업적 능력을 과시하기만 해도 소련은 위협을 느껴서 미사일 개수를 늘리는 정책을 피하게 될 것이라고 생각했다. 나는 이것이 즉각적인 계획이지만 최선이라고 생각했다. 니렌버그는 국방 문제에 대해서는 보수적인 경향이었지만, 그는 나중에 군비경쟁의 격화를 막는 방향을 지지하게 되어 만족스러웠다고 말했다.

와인버거 국방장관은 나에게 대통령 앞에서 직접 발표해 달라고 부탁했다. 발표하기 전에 장관은 나를 따로 불러서 나의 개인적인 견해를 물었다. 나는 물론 미사일 배치를 최소로 하는 아이디어와 그 이유를 설명했다.

　내 기억이 맞는다면, 나는 로스엔젤레스 지역의 한 호텔에 마련한 특별 행사장에서 레이건 대통령을 처음 만났다. 나는 다수 의견(미사일 200기를 200개소의 기지에 건설하자는 제안)을 설명했고, 초기에는 미사일을 전혀 배치하지 않는 소수 의견도 발표했다. 공군의 수장인 루 앨런 장군도 참석해서 2,000개소 설치 방안을 옹호했다. 관련 부서의 각료들도 와 있었다. 윌리엄 케이시 중앙정보국 국장은 많은 질문을 했는데 기지 200개소를 설치하는 방안을 유력하게 생각하는 것 같았다. 예비역 장성이자 당시 국무장관이었던 알렉산더 헤이그는 루 앨런 장군의 2,000개소 제안에 꽤 기울어져 있는 것 같았다.

　나는 대통령에 대해 이상한 인상을 받았다. 그의 행동은 대중이 왜 그를 매우 설득력 있고 확고한 지도자로 보기도 하고 때때로 주변 사물도 제대로 인식하지 못하는 사람으로 생각하기도 하는지 잘 보여주었다.

　사람들이 모두 모인 뒤에 레이건이 들어왔다. 그다음에 우리가 이야기를 나누고 여러 방안을 검토하는 동안, 그리고 내가 발표하는 동안, 레이건은 아주 천천히 콘택트렌즈를 손질하고 있었다. 우리는 중요한 사안을 토론하고 있는데, 그는 오랫동안 콘택트렌즈에 집중하고 있었다. 그는 물 한 잔을 앞에 놓고 렌즈를 세척하고, 눈에 끼웠다가 다시 꺼내는 일을 계속하고 있었다. 나는 속으로 이렇게 생각했다. "맙소사, 대통령이 이 일을 얼마나 이해할까?" 하지만 발표가 끝나갈 무렵에 나온 대통령의 질문은 매우 날카로운 통찰력이 있었다.

　레이건은 내가 보기에 그리 많은 시간을 들이지 않고 아주 현명하게 결정했다. 그는 MX 미사일 40기를 만들어서 각각 하나의 기지에 배치하라고 결정했다. 나는 이 결정에 매우 만족했다. 소수 의견을 많이 반영한 결정이었고, 불필요할 정도로 많은 미사일을 배치하거나 극도로 위협적이지 않으면서도 소련에 미국의 미사일 제조 능력을 충분히 인상 깊게 과시할 수 있는 것으로 보였기 때문이다.

나는 이런 위원회에서 일하는 동안, 위원회의 자문을 받은 기관이 공식적으로 발표하기 전까지는 항상 관련 사항들을 비밀로 하는 원칙을 지켰다. 그러나 정부 내에서 비밀을 지키기는 쉽지 않으며, 특히 정관계에 아는 사람이 많고 그들에게 정보를 캐내려고 하는 언론을 피하기는 어렵다. 몇 가지 예를 들어 보겠다.

1970년대 초, 나는 미국 국립과학아카데미 우주과학위원회 의장을 맡았다. 이 위원회는 NASA의 우주과학과 태양계 탐사에 대해 조언하고 있었다. 어느 날《타임》의 로스앤젤레스 지국 기자에게서 전화가 왔다. 그는 위원회가 왜 '그랜드 투어'에 반대하는지 물었다. 그랜드 투어는 우주선 한 대로 목성에서 명왕성에 이르는 모든 외행성을 방문하는 길고 복잡한 임무를 수행하자는 제안을 가리키는 이름이었다. 이 임무에서는 우주선이 다음 행성을 향해 방향을 바꿀 때 행성의 중력을 교묘하게 이용한다. 그러나 이 제안은 비용이 너무 많이 들었고, 위원회는 이 임무가 너무 복잡하고 광범위하다고 보았다. 예를 들어 목성 탐사처럼 목표가 좀 더 한정적일 때 돈을 더 효과적으로 쓸 수 있을 것이다.

우리의 논의는 비밀이었지만 어떤 기자가 정보를 유출했고, 나는 누가 정보를 주었는지 대략 눈치 챘다. 그랜드 투어는 패서디나에 있는 제트추진연구소(JPL)의 아이디어였다. 제트추진연구소 사람들은 마치 제트추진연구소의 미래가 이 임무에 달려 있는 것처럼 집착했다. 이 위원회에는 제트추진연구소와 밀접한 관련이 있는 칼텍의 물리학자 윌리 파울러와 생물학자 노먼 호로비츠가 포함되어 있었다. 두 사람은 모두 내가 칼텍의 학생일 때부터 알고 지내던 사람이었다. 나는 그들에게 전화했다. 파울러는 기자가 어떻게 정보를 얻었는지 전혀 몰랐지만, 호로비츠는 자기가 잘못한 것 같다고 말했다. 왜냐하면 그는 제트추진연구소 내부에서 그랜드 투어를 적극적으로 지지하는 브루스 머리에게 위원회가 이 제안에 반대하고 있다고 알려 주었기 때문이다.

노먼은 브루스가 언론에 누설할지 몰랐다고 말했다. 이 사건은 소문이 얼마나 쉽게 번지는지를 보여준다. 그때쯤 브루스가 직접 전화해서 나에게 정보를 알아내려고 했다. 나는 그에게 위원회가 그 제안에 열광하지 않는 것이 유감이지만, 나의 견해와 같지는 않다고 말했다. 브루스는 제트추진연구소의 빌 피커링 소장이 반대하지 않는 한 자신은 미국 국민을 위해 이 제안을 계속 추진할 것이라고 말했다. 그런데 그 기자의 보도 내용은 위원회의 입장과 상당히 달랐기 때문에, 나는 브루스에게 기자의 말이 정확하지 않으며 더 자세한 것은 확인해줄 수 없다고 말했다. 이 문제는 우리의 권고안이 정식으로 발표되기 전에 진정되었다. 나중에 알려졌듯이 제트추진연구소는 훌륭하지만 훨씬 더 간단한 '보이저' 우주선 목성 탐사를 계획했는데, 이는 위원회의 권고를 많이 수용한 제안이었다. 제트추진연구소의 영리한 기술자들은 보이저가 목성을 탐사한 뒤에는 그랜드 투어에서 계획했던 대로 같은 우주선으로 계속해서 더 많은 행성을 탐사할 수 있게 하였다. 전반적으로 이 계획은 큰 성공을 거두었다. 브루스 머리도 만족했기를 바란다.

국방분석연구소 시절에는 칼럼니스트 조지프 올숍이 점심식사에 초대해서 미사일에 관한 보고서의 정보를 요구하기도 했다. 내가 응하지 않자,

그는 미국인의 알권리와 시민으로서 내가 그에게 말할 의무에 대해 긴 강의를 펼쳤다. 꽤 놀라운 강의였지만 나는 끝내 정보를 주지 않았다.

어느 날 기자가 전화를 걸어 비슷한 내용을 물었지만, 나는 보고서를 백악관에 제출했기 때문에 백악관에서만 정보를 공개할 수 있다고 말했다. 세 시간 뒤에 기자가 다시 전화를 걸어와 백악관 공보비서에게 내가 말해도 좋다는 허락을 받았다고 말했다. 나는 백악관에서 직접 연락이 오는 대로 알려주겠다고 대답했다. 물론 나는 정보를 알려주지 않았으며 분명 그 기자는 거짓말을 했다. 언론으로서는 이런 정보를 얻고 경쟁사보다 먼저 보도하는 것이 매우 큰 의미가 있기 때문에 기자들은 필사적으로 모든 방법을 동원한다. 그들의 노력이 성공할 때도 있다.

내가 캐스퍼 와인버거 국방장관에게 비밀리에 보낸 편지의 거의 모든 내용이 일주일 안에 《워싱턴포스트》의 손으로 넘어갔다. MX 위원회의 후속 조치로, 나는 이른바 '밀집 계획'이라는 공군의 제안을 검토하는 위원회의 위원장을 맡아달라는 요청을 받았다. 이 계획에서는 많은 미사일을 서로 매우 가깝게 배치해서 조금 더 쉽게 보호하면서도 모든 미사일을 갑자기 파괴하기 어렵게 하는 것이었다. 위원회의 보고서는 조금 단조로웠다. 와인버거 장관은 나에게 개인적인 견해를 물었고, 나는 밀집 계획에 회의적인 의견을 편지로 전달했다. 이 신문에 보도된 편지의 내용은 한 단어 한 단어가 대부분 정확했다. 아마도 전화로 기자에게 읽어준 것 같았는데, 다행히 몇 가지 오류가 있었다. 그래서 나는 기자에게 내용이 "정확하지 않고, 내가 확인해 줄 수 있는 것은 이것밖에 없다"고 말할 수 있었다. 와인버거는 화가 났다. 그는 어떻게 이 정보가 누설되었는지 결코 알아내지 못했지만 합동참모본부와 내용을 공유했다고 한다. 해군이 특히 MX를 좋아하지 않고, 그들이 유출했을 수도 있지만 나는 모른다.

나는 고문으로 데려온 몇몇 사람들이 자신의 감정을 대중에게 드러내어 정부에 대한 영향력을 약화시키는 것을 본 적이 있다. 예를 들어, 대통령 과학자문위원회에서 나의 일은 닉슨 행정부까지 연장되었다. 당시의 쟁점은 영국과 프랑스의 콩코드 프로그램과 경쟁할 초음속 수송기를 만들 것인가 하는 문제였다. 우리 위원회는 대체로 이 생각에 반대했고, 결국 닉슨은 계획을 취소했다. 한편 닉슨이 이 결정을 발표하기 전에 자문위원 리처드 가윈이 의회 소속의 한 위원회에서 심문을 받았고, 초음속 수송기 제작에 반대하는 증언을 했다. 가윈은 이 증언에서 대통령 자문위원들만 알고 있는 정보를 말하지 않았지만, 의회는 그가 자문위원회 소속임을 잘 알고 있었다. 닉슨이 과학자문위원회로부터 점점 더 멀어지게 된 한 가지 이유는 베트남에 대한 견해 차이뿐만 아니라 이와 같은 사건 때문이라고 생각한다. 대통령은 자문위원들을 완전히 신뢰할 수 있는 자기 사람이라고 여기지 않았고, 닉슨의 임기 동안 대통령과학자문위원회는 역할을 거의 하지 못했다.

이 모든 일들은 단순히 워싱턴에서 집단 밖으로 정보를 알리라는 압박이 엄청나며, 유출을 완전히 피할 수 없다는 사실을 잘 보여준다. 그렇지만 나는 개인적인 조언을 해달라는 요청을 받으면 정보 유출을 피하기 위해 최대한 노력했다. 그러한 노력 덕분에 내가 공화당 행정부, 특히 닉슨과 레이건 행정부로부터 자주 조언을 요청받게 되었을 것이다. 그런 다음에 닉슨과 레이건 행정부 모두에서 나는 때때로 그들의 철학과 조금 어긋나는 방향으로 인도하려고 노력했다. 그래서 그들은 정권 초기에 나에게 조언을 구했지만 나중에는 다시 요청하지 않았다.

미국이 지금까지 추진해 온 군사 기술에서 가장 논란이 컸던 부분은 전략방위계획이다. 대중에게 스타워즈 계획으로 더 잘 알려진 이 계획은 적의 탄도 미사일을 요격 미사일이나 매우 강력한 레이저 광선 또는 어쩌면 강력한 원자 빔으로 격추시키는 너무나 대담한 아이디어였다.

나는 1983년 3월에 뛰어난 과학자이자 친구인 솔로몬 벅스바움이 백악관 과학고문인 제이 키워스를 대신하여 전화를 걸어왔을 때 이 계획을 처음으로 알게 되었다. 레이건 대통령이 백악관에서 중요한 연설을 할 예정인데, 내가 매우 흥미롭게 여길 것이라고 했다. 그러니 나에게 (여비를 보태줄 수는 없지만) 와서 들어보라는 것이었다.

그들은 주제가 무엇인지 전혀 알려주지 않았지만, 나는 백악관으로 가서 들어보았다. 대통령은 '상호확증파괴(mutual assured destruction)'라고도 알려진 공포의 균형을 종식시키기 위한 계획을 언급하면서 웅변적으로 설명했다. 더 이상 미국 국민은 미사일 공격에 대책 없이 노출될 수 없다. 그는 심지어 소련과의 기술 공유까지 고려하면서 대량 살상의 위협보다 방어 무기의 힘을 바탕으로 양국의 안전을 강화하려고 했다.

그것은 이상주의적인 계획이었고, 기술 공동체를 바쁘게 할 계획이었다. 하지만 나는 즉시 의심했다. 수백 발의 미사일이 날아올 때에 방어 무기로 대응해야 하는데, 대개 갑작스러운 기습일 것이다. 적은 우리의 지휘통제 시스템을 교란하는 방해 전파를 쏠 것이고, 이 모든 것을 뚫고 15분 안에 로켓을 전부 격추해야 한다. 사실, 대통령의 연설에 기술적인 문제는 없었다고 한다. 내 생각에 나중에 나온 여러 발언에는 기술적인 문제가 있었지만, 대통령의 첫 번째 연설에는 기술적인 오류가 없었다고 믿는다.

그렇기는 하지만, 이 아이디어가 정말 효과가 있을까? 어떻게 구현할 것인가? 나는 이 모든 것이 레이건의 아이디어였다고 확신했다. 나는 벅스바움에게 대통령이 정말로 효과가 있다고 생각하는지 물어보았다. 그는 이 지점에서 입을 다물었다. 물론 군대의 고위층과 백악관 사람들도 거기에 있었다. 합동참모본부 의장인 존 베시 장군이 나에게 이렇게 말했다. "당신도 알다시피, 이건 좀 우스운 상황입니다. 우리는 이 아이디어가 얼마나 잘 작동할 수 있을지 확신하지 못하지만, 대통령께서 이 정책을 발표하기를 원합니다." 그러나 어떻게 이런 일이 일어났을까? 베시는 이렇게 대답했다. "대통령께서 우리를 불렀고, 우리 모두를 보러 오고 싶다고 말씀하셨습니다." 베시는 이것이 상당히 이례적인 일이라고 말했다. "대통령께서 관심을 가질 만한 일에 대해 우리가 어떤 논의를 할 수 있을지 생각했습니다."

카터 행정부 때부터 몇 년 동안, 사실 국방고등연구계획국은 탄도 미사일을 요격하는 방법을 조용히 조사하고 있었다. 맬컴 월롭 상원의원과 같은 몇몇 외부인들은 이 노력에 열광했지만, 이 기술을 대규모로 발전시킬 수 있다고 생각하는 사람은 거의 없었다. 국방부가 일반적으로 지지하고 있었지만, 이 기술이 유용하다고 입증되거나 소련이 비슷한 일을 하고 있을 때를 대비한 조치였다. 군대는 대비하지 않다가 허를 찔리는 일을 막기 위해 자금을 꾸준히 대고 있었다.

대통령의 방문을 계기로 합동참모본부는 완벽한 방어의 필요성과 장기적인 가능성을 대통령에게 설명하기로 했다. 그러나 이는 주로 원론적인 논의로 간주되었다. 레이건이 국방부에 가서 이 아이디어에 대한 좋은 발표를 듣는 순간 즉시 매료되었다. 완벽한 방어, 레이건 대통령은 바로 이것을 달성하고 싶었던 것이다. 핵협상 교착 상태를 타개하고 거의 25년 동안 미국인들을 괴롭혀 온 핵 아마겟돈의 지속적인 공포를 종식시킬 방법을 찾은 것이다. 국방부는 원론적이고 사변적인 미사일 방어 계획을 대통령에게 보고했고, 대통령은 여기에 매달렸다.

당시 이 회의에 참석했던 국가안보보좌관 윌리엄 클라크 판사와 로버트 맥팔런드가 말했다. 실용성에 대해서는 조금 유보적이지만, 누구도 대통령의 심기를 건드리기를 원하지 않는다는 것이었다. 와인버거 장관이 나중에 말한 것과 같은 분위기도 있었던 듯하다. "과학자들이 하면 뭐든지 할 수 있다." 맨해튼 프로젝트와 아폴로 계획의 결과로, 충분한 돈과 노력만 있으면 과학자들은 어떤 장애물도 극복할 수 있다는 믿음이 형성된 것이었다.

에드워드 텔러도 이 모임에 와서 연설을 들었다. 오늘날 많은 사람들은 텔러가 스타워즈를 레이건에게 팔았다고 믿지만, 실제 상황은 그렇지 않았다. 나는 그날 백악관에서 텔러에게 대통령과 이 계획에 대해 이야기했는지를 직접 물어보았다. 그는 "꽤 오랫동안 대통령을 만나지 못했다"고 대답했다. 텔러가 이 계획을 좋아했고, 열정적으로 추진했으며, 나중에 효과가 없을 것 같다는 증거가 축적된 후에도 오랫동안 계속 추진한 것은 사실이다. 그러나 레이건의 열정에 불을 붙인 것은 합동참모본부의 브리핑이었다.

스타워즈 계획이 기술적으로 엄청나게 어려울 뿐만 아니라 목표가 고정되어 있지 않다는 것도 큰 문제였다. 러시아군은 미군이 물 샐 틈 없는 방어망을 구축하는 것보다 더 빠르게 미사일과 다른 공격용 무기를 개조할 수 있다. 나는 레이건의 연설이 끝난 직후에 토론 시간에 이 문제에 대해 질문했다. 나는 와인버거 장관에게 이 문제를 여러 번 이야기했다. 그러나 주사위는 던져졌다. 그것은 대통령이 결정했고 따라서 진행해야만 했다. 나의 오랜 친구인 레이저가 이 계획의 중심이 되었다. 강력한 레이저, 어쩌면 엑스선 레이저로 날아오는 탄두를 거의 순간적으로 파괴한다는 것이다. 그러나 나는 일반적으로 이 아이디어를 반대해야 했다.

나는 아폴로 계획의 성공 때문에 워싱턴의 관리들이 스타워즈 계획을 확고하게 지지하게 되었다고 확신한다. 과학자들은 아폴로 계획과 달에 우주비행사를 보내는 일의 실용성에 대해 강력하게 반대했다. 그러나 아폴로 계획은 돈과 노력을 쏟아부어 성공했다. 스타워즈도 열심히 노력하면 방법을 찾을 수 있을 것이라는 자신감이 있었다. 나 자신도 많이 노력하면 가능하다고 보았다. 가능성에 대해서는 철저하게 조사할 필요가 있기 때문이다. 그러나 목표가 유동적이라는 문제 때문에 이 아이디어는 달에 가는 것과 달라졌다. 공격자가 언제나 유리하다. 결국 이 계획은 크게 축소되어서 매우 제한적인 목표를 추구하는 평범한 프로젝트가 되었다.

9

오리온에 내리는 비

자연의 메이저와 레이저

　1963년 워싱턴 D.C.에서 회의가 열리는 동안 한 무리의 전파천문학자들이 당시 메릴랜드 대학교 교수였던 네덜란드 과학자 하르트 베스터르호르트의 집에서 저녁 식사를 했다. 초대 손님 중 한 명인 MIT의 앨런 배럿이 자기의 소식을 알리면서 파티는 떠들썩해졌다. 배럿과 링컨 연구소의 동료들은 우주에서 반응성이 큰 '자유 라디칼'인 수산기(OH) 신호를 감지했다. 이것은 전파천문학에서 발견한 최초의 분자였고, 성간 공간에서(시안화기 CN, 메틴기 CH와 CH^+ 다음으로) 발견된 네 번째 분자였다.

　캘리포니아 대학교 버클리 캠퍼스의 해럴드 위버가 이 소식에 관심을 가졌다. 다음 날 아침, 그는 캘리포니아 북부 래슨피크 근처의 목초지에 있는 캘리포니아 대학교 전파천문대 해트크릭에 근무하는 사람들에게 이 소식을 알렸다. 며칠 뒤, 해트크릭 팀은 OH의 분명한 스펙트럼선을 확인했다. 거의 동시에, 오스트레일리아와 미국 공군 케임브리지 연구소의 천문학자들도 이 결과를 확인했다.

얼마 지나지 않아, 우리는 MIT에서 앨런 배럿의 발견을 축하하는 기사회견을 열었다. 나는 교무처장으로서 OH의 발견에 대해 설명했고 기자들에게 이것은 매우 중요한 뉴스라고 말했다. 이 발견은 은하계의 나선팔 지도 작성에 사용된 우주의 수소 기체에서 나오는 21센티미터 선의 발견만큼 중요하지는 않겠지만, 성간 공간에 대한 지식을 크게 확장한 것이었다. 나는 요즘 21센티미터 선과 함께 이 선에 주목하고 있다. OH 신호의 발견으로 이전까지 성간 공간에서 발견되지 않았던 현상을 연구할 수 있게 되었다. 이는 과학적 가치와 함께 내가 개인적으로 흥미롭게 여기는 일이다.

워싱턴에 이어 MIT의 관리자로 일하는 7년 동안 나는 주로 과학 정책 자문과 행정에 몰두했지만, 나의 첫 번째 관심사는 연구임을 의심하지 않았다. 나에게는 그 밑에 어떤 발견이 숨어 있는지 알아보기 위해 뒤집어보고 싶은 돌이 항상 있다. 특히 천문학은 내가 칼텍, 벨 연구소, 컬럼비아 대학교에서 몇 년을 보내는 동안 자주 나를 유혹했고, 여전히 나는 천문학에 강한 매력을 느낀다.

배럿의 발견이 얼마나 중요한지 완전히 밝혀지기도 전에 나는 다시 천문학에 끌렸다. 나는 배럿을 잘 알고 있었다. 그는 컬럼비아 대학교에서 1953년부터 1956년까지 나의 학생이었고, 분자의 마이크로파 분광학에 관한 논문을 썼다. 그는 또한 끈기의 귀감이기도 했다. 나는 (1955년부터 1956년까지 안식년을 보내면서 영국에서 열린 국제회의에 참석하는 동안에) 수소와 헬륨이 풍부한 성운에 많은 분자들이 존재할 수 있으며, 마이크로파 진동수로 이 분자를 탐지할 가능성이 충분히 있다고 발언했다. 배럿은 내가 이 발언을 한 직후에 컬럼비아 대학교에서 학위 논문을 썼다. 내가 안식년을 떠나기 바로 전에 우리는 컬럼비아에서 OH의 마이크로파 스펙트럼선을 측정하는 데 성공했고, 따라서 이 영역의 진동수를 상당히 잘 다룰 수 있었다. 일산화탄소(CO)와 나의 오랜 친구 암모니아(NH_3)와 함께 OH는 유력한 후보였다. 우주에서의 OH 검출은 박사 학위를 마친 배럿에게 많은 시간과 노력을 잡아먹는 목표가 되었다.

배럿과 또 다른 새로운 박사 에드워드 릴리는 워싱턴에 있는 해군연구소로 가서, 연구소의 거대한 전파망원경으로 성운처럼 보이는 곳을 향해 예상 진동수에 맞춰 OH를 찾으려고 노력했지만 성공하지 못했다. 릴리는 하버드 대학교로 가서 다른 연구를 했지만, 배럿은 미시간 대학교 천문학과로 가서 계속 OH를 연구했다. 그 몇 년 동안 미시간 천문대장이었던 리오 골드버그로부터 받은 전화를 기억한다. 그는 배럿이 잘 하지 못해서 걱정이라고 했다. "당신이 그를 우리에게 추천했지만, 그가 하고 싶어 하는 연구는 오직 OH뿐이다. 하지만 거기에서 좋은 결과가 나올 수 있을까? ······ 그는 이미 한 번 실패했다." 나는 시도해 볼 가치가 있을 것 같다고 말해 주었다. 나는 배럿의 능력을 확신했지만, 골드버그는 완전히 납득하지 못했다.

다른 사람들이 비관적으로 보는 힘든 실험을 계속하는 것은 박사후 연구원에게는 위험하고 용감한 일이다. 무엇보다, 성공하지 못하면 일자리를 보장받지 못한다. 배럿은 OH 연구에서 결과를 얻지 못했지만 다행히 미시간 대학교에서 MIT 전기공학과로 갈 수 있었다.

그동안 컬럼비아 대학교에서 나의 팀은 OH 흡수선의 최저 진동수 1167.34와 1665.46메가헤르츠 또는 약 18센티미터의 파장을 어느 정도 정확하게 측정했다. 이 진동수는 성간 공간에서 가장 기대되는 진동수였다.

배럿은 MIT에서 샌디 와인렙과 링컨 연구소의 몇몇 엔지니어들과 함께 자기상관(autocorrelation)을 이용하는 새로운 수신 기술을 사용했다. 정확한 진동수를 미리 알면서 이 검출 기술을 사용하자 좋은 결과가 나왔다. 오랫동안 황야에서 방황하던 배럿의 경력이 갑자기 환하게 밝아졌다. 완고한 집착이라고 생각된 행위가 이제는 적절한 끈기와 명확하고 흔들리지 않는 전망으로 재해석되었다.

새로운 발견에 새로운 수수께끼가 따라올 때가 많다. 이번에도 예외가 아니었다. 캘리포니아에 있는 위버의 해트크릭 팀이 배럿의 기본적인 발견을 확인했지만, 그럼에도 불구하고 이 발견은 당혹스러웠다. 버클리에 있던 위버는 어느 날 새벽 3시쯤에 해트크릭의 기술자로부터 전화를 받았다. 안테나는 밝은 성운을 향해 있었다. 천문학자들은 OH의 고유 파장에 대해 배경에 의한 간섭으로 흡수선 또는 방출선이 나올 것으로 예상했다. 기술자는 위버에게 "뭔가 잘못됐습니다" 하고 말했다. "도저히 알 수가 없습니다. 예상된 진동수에서 신호를 받기는 했지만, 뭔가 잘못된 것 같습니다. 강도가 줄어드는 게 아니라 커집니다. 무엇이 잘못되었는지 짐작이 가십니까?"

위버와 동료들은 배럿이 링컨 연구소에서 사용한 것보다 더 뛰어난 안테나로 OH가 에너지를 흡수하기보다 방출하고 있는 많은 성운들을 찾아보았다. 그들은 OH 스펙트럼의 특징이 분광학자들이 초미세 구조라고 부르는 것을 나타낸다는 것을 이미 알고 있었다. 그것은 서로 매우 가까운 진동수의 신호 다발이었다. 1965년까지 캘리포니아 그룹은 서로 근접한 이 선들이 이상하고 예상할 수 없는 상대적인 강도를 가진다는 것을 밝혀냈다. 어떤 것들은 이미 기술자가 보고했듯이 놀라울 정도로 강해서 은하 건너편에 거대한 송신기가 있는 것 같았다. 위버는 열에 의해 들떠서 빛을 내는 보통의 먼지와 기체로는 설명할 수 없는 과정들이 진행되고 있다고 보았다. 여러 곳에서 이러한 밝은 스펙트럼선이 관찰되었다. 위버의 그룹과 별도로, 오스트레일리아의 존 볼턴과 그의 동료들도 비정상적으로 강한 OH 스펙트럼을 찾아냈다.

위버는 그 근원이 정말로 OH가 맞는지 의심하기 시작했고 어떤 새로운 물질이 아닐까 하고 생각했다. 그는 약간의 극적인 감각으로 '미스터륨(mysterium)'이라는 용어를 만들었다. 그가 이런 이름을 생각해낸 것은 헬륨(helium)의 발견을 염두에 둔 것이었다. 헬륨 원소는 1868년에 태양의 가시광선 스펙트럼에서 처음 발견되었고, 1895년에 지구에서 발견되었다. 이것은 또한 1865년에 새로운 원소로 의심되는 '네불륨'의 '발견'도 상기시키는 사건이었다. 네불륨은 성운에서 발견된 일련의 녹색 스펙트럼선을 일컫는 용어다. (1927년에 아이크 보언은 네불륨 신호가 실제로 특이한 방출선임을 밝혔다. 이것을 '금지된 선'이라고도 부른다. 이 방출선은 산소를 비롯해 잘 알려진 원자들이 매우 밀도가 낮고 이온화가 큰 조건에서 방출된다고 알려져 있고, 실험실에서는 발견되지 않았다.)

나는 미스터륨의 진행 상황에 관심이 있었지만 실제로 연구하지는 못했다. 그때는 MIT의 관리직 일로 바빴기 때문이다. 그러나 러시아의 뛰어난 이론가 이오시프 시클롭스키는 이것을 진지하게 생각했다. 그가 미스터륨에 관심을 가진 것은 자연스러운 일이었다. 그와 나는 독립적으로 우주에서 마이크로파 진동수의 OH 신호가 감지될 수 있다고 처음으로 예측했기 때문이다. 1965년 첫 소련 여행에서 그를 만났을 때 그가 이 문제에 대해 이야기한 것이 기억난다. 이 이상한 신호는 우주에서 자연적으로 발생한 메이저에서 나온다는 추측이었다.

우주의 메이저! 이것은 곧바로 내 마음을 울렸다. 이것은 그럴듯해 보였고 생각해 보기에도 즐거운 주제였다. 외계 우주의 어마어마한 공간에 기체가 있고, 주로 수소원자이지만 다양한 분자들이 별의 복사와 원자들의 충돌에 의해 열평형 상태에서 벗어나 있다. 우주는 비평형 상태가 유지되는 아주 자연스러운 곳이다. 물론, 우주에 있는 자연적인 분자 메이저에는 공명 공동(resonant cavity)이 없을 수 있다. 그러나 메이저는 가능하다. 전자기파가 성운을 통과하면서 실험실의 메이저와 레이저와 마찬가지로 에너지 준위의 역전과 자극 방출의 메커니즘을 통해 에너지를 흡수할 수 있다.

MIT의 버나드 버크, 앨런 로저스, 앨런 배럿, 짐 모런이 메이저 모델을 연구했다. 그들은 링컨 연구소의 헤이스택 천문대에서 두 개의 무선안테나를 결합해서 각분해능이 매우 높은 간섭계를 만들었다. 그들은 OH의 강력한 신호가 매우 작은 부피(워낙 작아 그 부피를 구별하기 위해서 망원경이 필요할 정도이다)에서 나오며, 이것은 메이저라고 해야 설명할 수 있다. 보통의 열적 과정 또는 흑체에서 그만큼 큰 에너지가 나오려면 온도가 너무 높아져서 OH 분자가 분해된다.

내가 1967년에 버클리로 옮겼을 때 (전자기 스펙트럼에서 적외선과 마이크로파 영역의 천문학을 연구하기로 결심하고) 우주의 마이크로파 분광학은 내가 연구하기에 딱 알맞은 주제였다. 배럿의 OH 발견이 흥분을 불러일으켰지만 그 뒤로 다른 분자는 발견되지 않았다. 천문학자들의 일반적인 느낌은 OH, 그리고 우주에서 발견된 다른 세 개의 자유 라디칼인 CN, CH, CH^+가 전부라는 것이다. 이 아이디어는 성운에서 기체 밀도가 너무 낮고, 자외선이 너무 강해서 분리되지 않은 정상적인 분자가 너무 부족해서 탐지가 불가능하다는 것이었다. 내가 1955년에 다양한 분자가 탐지될 수 있다고 주장했지만 아무도 진지하게 받아들이지 않는 것 같았다. 나는 적어도 한 번쯤은 들여다볼 만하다고 생각했다. 게다가 성간 구름의 수소원자 전파 측정에 대해 내가 읽은 바에 따르면, 성간 먼지와 구름에 원자 형태의 수소가 전혀 나타나지 않았다. 성간 구름에 먼지 입자가 들어 있지만 원자는 전혀 들어 있지 않다는 것이 놀라웠다. 이처럼 특이한 경우에서 수소가 분자형태(두 개 또는 그 이상의 수소원자가 결합되어 있다)로 존재할 것이라는 추측이 있었지만, 천문학계는 이를 의미있게 받아들이지 않았다. 그러나 천문학자로 급진적이고 흥미로운 아이디어를 많이 낸 토머스 골드와 프리츠 츠비키는 1961년에 수소분자가 흔하게 존재할 것이라고 주장했다. 나의 생각은 수소가 정말로 우주에서 분자를 형성한다면 다른 원자들로 이루어진 분자도 가능하다는 것이었다. 내가 생각한 첫 번째 분자 후보에는 암모니아, 일산화탄소, 시안화수소, 그리고 다른 몇 가지가 있었다.

버클리 대학교 전파천문학 그룹의 중요한 인물인 잭 웰치는 해트크릭에 있는 6미터 안테나를 활용하자고 제안했다. 그는 당시에 막 완성된 이 안테나를 사용해서 나를 도와주겠다고 말했다. 이것이 이 새로운 망원경의 첫 번째 프로젝트가 될 것이다. 그는 특별한 관심을 보였지만 대부분의 버클리 천문학자들은 나의 견해가 황당무계하다고 생각하는 것 같았다.

그러나 나는 완전히 혼자가 아니었다. 잭 웰치는 나중에 내가 1955년에 한 강연에서 제안한 분자를 찾기 위해 새로운 안테나를 사용하자고 말했지만, 다른 천문학자들이 시간 낭비라고 생각해 추진할 수 없었다고 말했다. 비슷한 시기에 하버드의 노먼 램지는 암모니아를 찾으려고 했다. 그는 한 학생이 이 연구를 하도록 만반의 준비를 했다. 그러나 하버드에서 램지의 동료이며 노벨상 수상자인 에드워드 퍼셀은 암모니아가 나타나지 않을 것이라고 확신했고, 그 학생에게 시도하지 말라고 말했다. 그는 암모니아가 존재한다고 해도 분자 간의 충돌이 매우 드물어서 우주의 차가운 배경 복사열과 열평형 상태에 있을 것이고, 사실상 감지할 수 없을 것이라고 보았다. 퍼셀의 논리는 완벽하게 정확했다. 그러나 모든 성간 구름은 밀도가 매우 낮아서 21센티미터 수소선이 발견된 곳처럼 충돌이 드물게 일어난다는 그의 기본 가정은 잘못된 것으로 밝혀졌다.

나는 한동안 처음으로 일산화탄소 탐색을 고려했지만, 2.5밀리미터 근처 파장의 두드러진 스펙트럼선은 해트크릭 안테나의 상대적으로 부정확한 표면으로 탐지하기에 너무 짧았고, 이 파장의 증폭기는 쉽게 구할 수 없었다. 나는 암모니아를 선택했다. 암모니아는 주어진 분자 농도에 비해 예외적으로 강한 선을 가지고 있고, 1.3센티미터 부근에서 강한 스펙트럼선을 가지고 있다. 이마저도 당시 전파천문학으로는 너무 짧은 파장이었지만 해트크릭의 최신 안테나는 지름이 6미터였기에 이 파장을 탐지할 수 있었다.

버클리 대학교에서 나의 학생 중 한 명인 알 청과 뛰어난 박사후 연구원 데이비드 랭크가 암모니아 신호를 위한 증폭기를 만들었다. 잭 웰치와 전파천문학 그룹의 엔지니어인 더글러스 손턴은 이미 암모니아 선 근처의 파장에 대한 연구 계획을 세우고 있었고, 우리에게 유용한 조언을 해주었다. 우리는 함께 해트크릭의 6미터 안테나에 새로운 증폭기를 설치했다. 해럴드 위버는 어떤 먼지 구름이 가장 크고 따라서 가장 찾아보기 좋은지를 제안했다. 위버의 제안에는 은하 중심 근처에 있는 구름 덩어리인 궁수자리 B2가 포함되어 있었다.

1968년 초가을에 증폭기와 좋은 필터를 장착하여 모든 장비를 준비하고 관측을 시작했다. 처음에는 안테나를 은하 중심 방향으로 돌렸지만 아무것도 보지 못했다. 그다음에 궁수자리 B2 근처의 구름 덩어리를 보았더니 암모니아 선이 나타났다! 증폭기와 필터 시스템을 다른 암모니아 선으로 조정하니 그 선도 감지되었다. 얼마나 쉽고, 얼마나 짜릿했는지! 우리가 이 연구에 대한 논문을 다 썼을 때쯤에는 이미 소문이 나 있었다. 과학자들뿐만 아니라 언론도 우리를 주목하기 시작했다.

두 암모니아 선이 발견되자 성간 구름의 밀도가 매우 낮다는 통념은 즉시 반박되었다. 분자의 밀도는 21센티미터의 수소 선 측정에 의해 우주 공간의 모든 곳에서 세제곱센티미터당 1에서 10개쯤으로 추정되었지만, 우리가 관찰한 구름에는 세제곱센티미터당 1,000개 이상이 있어야 했다. 분자 밀도가 이 정도가 되어야 우리가 측정한 복사가 암시하는 정도로 암모니아를 들뜨게 할 수 있을 만큼의 충돌이 일어날 수 있다. 이 정도의 밀도도 지구에서 만들어낸 최고의 진공보다 훨씬 낮지만, 일반적인 추측보다 훨씬 더 높은 밀도이다. 이 정도의 기체와 함께 존재하는 구름 속의 먼지로 인해 분자들이 자외선으로부터 보호받기에 충분하다. 그렇지 않으면 분자들은 자외선에 의해 분리될 것이다.

경험이 많은 천문학자들은 암모니아 스펙트럼으로 추정한 분자 밀도가 너무 커서 얼마 지나지 않아 기체와 먼지 구름이 중력에 의해 붕괴될 것이라면서 반대했다. 즉, 이 분자들이 중력으로 서로 끌어당기면서 하나로 모여 별을 만들 것이다. 분명히 그런 구름이 많이 있었고, 이론이 제시한 것처럼 빨리 붕괴하지 않는다. 그래서 우리의 측정은 당시 아이디어들을 고려할 때 의미가 없었다. 오늘날까지도 암모니아 분자가 어떻게 만들어지는지 잘 이해되지 않고 있으며, 붕괴되지 않은 구름이 왜 그렇게 많이 존재하는지도 여전히 잘 이해되지 않고 있다.

다음에는 어떤 분자를 찾아야 할까? 분명하고 쉬운 목표는 없었다. 일산화탄소와 시안화수소는 불과 몇 밀리미터이거나 더 짧은 파장을 낸다. 이러한 파장의 연구에 적합한 장치가 없었으므로 이것을 연구하려면 특별한 노력이 필요했다. 물은 우리가 발견한 암모니아와 매우 가까운 스펙트럼선을 갖고 있지만, 이 파장을 일으키는 물의 에너지 준위를 들뜨게 하려면 성간 구름이 가질 수 있는 밀도와 온도보다 훨씬 더 높은 온도와 밀도가 필요했다. 성간 구름에서 암모니아가 발견됨에 따라 기존의 통념보다 성간 구름의 밀도와 온도가 더 높다고 알려졌지만, 그보다 더 높은 온도와 밀도가 필요했다. 그러나 우리 그룹(잭 웰치, 데이비드 랭크, 알 청, 나)은 물을 찾아야 한다고 생각했다. 어쨌든 놀라운 일이 더 많이 일어날 수 있다. 그리고 실제로 놀라운 일이 일어났다. 물의 선이 관찰된 것이다. 우리가 처음 암모니아를 발견한 궁수자리 B2에서 처음으로 물을 발견했다. 알 청이 물의 선을 찾기 위해 장비를 어떻게 조정해야 하는지 계산했다. 그는 해트크릭에서 근무 중인 관측자에게 전화를 걸었고, 다음 날 아침에 관측자는 암모니아 선과 비슷하지만 조금 더 강한 선이 관찰되었다고 보고했다. 물의 선이 왜 거기에 있는지는 명확하지 않았지만 확실히 거기에 있었다.

우리가 암모니아를 발견한 지 얼마 뒤에, 어떤 모임에서 노먼 램지를 우연히 만났다. 그는 내가 우주에서 암모니아를 발견한 것을 축하했지만, 그는 이렇게 덧붙였다. "알다시피, 내가 당신보다 먼저 암모니아를 발견하려고 했지만 에드워드 퍼셀이 막았다." 그런 다음에 그는 앞에서 말한 사연을 들려주었다.

물을 발견하려는 경쟁에서 우리가 지지 않은 것은 행운이었다. 나중에 우리는 웨스트버지니아에 있는 국립전파천문대의 두 젊은 박사후 연구원인 루이스 스나이더와 데이비드 불이 이 나라에서 가장 큰 안테나로 우리가 발견하기 직전에 물을 찾겠다고 제안했다는 이야기를 들었다. 당시 암모니아가 발견될 수 있다는 사실을 몰랐던 실행위원회는 물을 찾는 것은 안테나 가동 시간의 어리석은 낭비라면서 이 제안을 거절했다.

궁수자리 B2에서 물이 발견된 뒤에, 우리는 물론 물이 더 널리 퍼져 있는지 알아보기 위해 다른 근원을 찾고 싶었다. 알 청은 당시 대학원생으로 이 스펙트럼선에 대한 논문을 쓰고 있었다. 그는 크리스마스가 가까이 왔을 때 다른 근원에서 물을 찾을 수 있도록 시설 사용 허가를 받았다. 알 청은 휴가에도 쉬지 않았다. 크리스마스 휴가 중의 어느 날 밤 프랜시스와 내가 대부분의 연구 그룹과 다른 친구들과 어울려 술을 마시면서 즐거운 시간을 보내는 동안, 알 청은 북부캘리포니아의 해트크릭에서 열심히 일을 하고 있었다. 파티가 한참 무르익었을 때 그의 전화를 받았다. 내가 어떻게 되어 가는지 묻자, 그는 매우 흥분해서 이렇게 대답했다. "오리온에 비가 내리고 있는 것 같아요! 물의 신호가 아주 강합니다." 그는 많은 양의 물을 찾았다. 오리온에서 관측된 물의 선은 전에 발견한 것보다 20배나 강했고, 우리가 기대했던 것보다 훨씬 강했다. 청이 오리온성운에서 발견한 것은 거대한 물 메이저였다. 기진맥진한 청이 기뻐하면서 해트크릭의 제어실에 앉아 있는 동안, 우리 모두는 버클리의 주방에서 샴페인으로 건배하면서 그의 성공을 축하했다. 우리는 물의 선이 메이저의 작용 때문이라고 생각했지만, 확실히 하기 위해 워싱턴 D.C. 외곽에 있는 메릴랜드 포인트의 26미터 해군 안테나로 오리온과 다른 근원들을 가능한 한 빨리 관찰했다. 해군연구소의 협력자는 스티브 놀스와 코니 메이어였다. 더 큰 안테나에서 오리온의 물이 더 선명하게 관찰되었다. 다른 근원에서도 물의 선이 관찰되었다. W49 성운은 새로운 별이 형성되는 흐린 지역으로, 오리온보다 20배 더 강한 물의 선이 관찰되었다. 단지 고온에 의해 그만큼의 강도가 나오려면 섭씨 5만 도 이상이 되어야 한다! 이것은 불가능하므로 메이저에서 나오는 것이 틀림없었다. 게다가 우리는 선의 강도가 몇 주에 걸쳐 변하는 것을 발견했다. 이는 그 선의 근원이 꽤 작다는 것을 나타내며, 메이저가 아니라면 온도는 10억 도가 되어야 함을 암시한다. 메이저와 레이저, 혹은 자극 방출을 몇 번이고 만나게 된 것은 나의 행복한 운명인 것 같았다. 정말 흥미로운 행운이었다!

물 분자에 기반한 것보다 더 강력한 우주 메이저는 발견되지 않았다. 이것들은 알려진 가장 강력한 전파방송국으로 여겨질지도 모른다. 하나의 천체물리학적 물 메이저는 단일한 스펙트럼선 또는 진동수만으로 태양에서 나오는 모든 복사보다 훨씬 더 많은 에너지를 낼 수 있다. 어떤 것들은 워낙 강해서 메가메이저라고 부르지만 태양계보다 크지는 않을 것이다.

국립전파천문관측소 위원회에서 물을 찾는 것을 거부당했던 스나이더와 불은 우리가 암모니아와 물을 찾아낸 다음에 서둘러 웨스트버지니아주 그린뱅크에 있는 망원경의 사용 허가를 받았다. 그들은 다른 분자들을 탐색해서 크게 성공했다. 그들이 발견한 여러 가지 중 첫 번째는 포름알데히드인 HCHO였고, 우주에서 분자를 발견했다는 소식에 흥분한 젊은 하버드 전파천문학자 벤 주커먼과 팻 파머의 협력으로 이 결과를 얻었다. 루 스나이더는 포름알데히드를 발견한 뒤에, 인플루엔자 바이러스를 찾겠다고 해도 그들은 안테나 사용 허가를 받았을 것이라고 나에게 말했다!

포름알데히드의 발견에는 메이저에서 영감을 받은 재미난 약어가 붙을 수 있다. 이 분자는 충돌에 의해 들뜸이 가라앉을 수 있어서, 빅뱅 이후에 우주 전체에 남겨진 3도 배경 복사(실제로는 2.73K이다)를 흡수한다. 이전까지는 3도가 하늘에서 발견할 수 있는 가장 낮은 복사온도로 추정되었다. 그러나 포름알데히드 파장은 흡수 때문에 더 차갑고, 아마도 전체 스펙트럼에서 가장 어두운 부분일 것이다. 3도 마이크로파 배경을 흡수함으로써 포름알데히드는 숄로의 농담 섞인 단어인 데이저(dasar, darkness amplification by stimulated absorption of radiation, 복사의 유도 흡수에 의한 어둠의 증폭)에 매우 잘 들어맞는다.

다른 분자들도 계속 발견되었다. 얼마 지나지 않아서 벨 연구소의 아노 펜지어스와 로버트 윌슨은 애리조나에 뛰어난 단파 전파망원경을 갖추었고, 2.5밀리미터 파장 증폭기로 일산화탄소를 탐지했다. 이 분자는 성간 구름에서 매우 흔하며 성간 구름의 밀도, 온도, 운동을 연구하는 데 가장 많이 사용된다. 오늘날까지 우주에서 발견된 분자는 100가지가 넘는다. 이들은 유기 분자와 시안화수소, 알코올, 에테르, 메탄, 아세트산(또는 식초)이며, 이전까지 알려진 적이 없는 분자도 있다. 이것은 탄소원자가 매우 길게 한 줄로 늘어선 다음에 질소로 끝나는 사슬이다. 사실, 이것들은 생물학자들이 생명의 기원에 관여했을 것으로 예상하는 분자들이다. 전파 영역에서 지금까지 알려진 분자의 모든 스펙트럼선이 메이저로부터 오는 것은 아니다. 그러나 자연적인 메이저가 발생하는 파장은 100가지가 넘으며, 이 파장은 매우 다양한 분자에서 나온다.

우주 공간에 존재하는 메이저로 우주에 대해 많은 것을 알 수 있다. 우주의 위치에 따른 온도, 밀도, 속도, 충격파, 항성에서 나온 물질 등을 조사할 수 있다. 메이저는 매우 강력하면서 크지 않을 수 있기 때문에 전파천문학에 좋은 위치 표지가 될 수 있다. 다시 말해, 전파천문학자들은 하늘에서 각위치(angular position)와 속도를 매우 정확하게 측정할 수 있다. 최근에 놀라운 예가 나왔다.

1994년, MIT에서 케임브리지에 있는 하버드-스미스소니언 천체물리학센터로 옮겨온 짐 모런이 이끄는 그룹은 초장기선 어레이(Very Long Baseline Array, 버진아일랜드에서 하와이까지 뻗어 있다)의 전파망원경 10개로 북두칠성 근처에 있는 2,000만 광년 떨어진 NGC4258 은하를 관측했다. 이전의 연구에서 이 나선팔 은하 중심에 가장 강력한 물 메가메이저가 있음이 알려졌다. 초장기선 어레이의 간섭계를 사용하여 이 메이저의 정확한 위치와 도플러 편이(또는 속도)의 분포를 상세히 알 수 있었다. 메이저가 은하 중심부에서 반짝이는 보석처럼 회전하는 평평한 기체 원반의 형태로 놓여 있으며, 폭이 태양계보다 약 1,000배 더 크다는 것을 밝혀냈다. 메이저를 표지로 삼아 짐 모리슨, 링컨 그린힐과 동료들은 빠르게 흐르는 기체가 태양보다 약 3,700만 배 더 큰 질량 주위를 돌고 있다는 것을 보여주었다. 이 엄청난 질량의 물질이 블랙홀 속에 채워져 있다. 블랙홀은 붕괴된 물질의 밀도가 너무 높아서 안으로 들어오는 모든 것을 가두고, 빛조차 빠져나가지 못하게 한다. 이것은 이러한 초질량 블랙홀이 일부 은하의 중심에 존재한다는 이론적 추측에 대해 오늘날까지 가장 명확한 증거이다.[지금은 블랙홀 사진도 나와 있다. 국제 협력 프로젝트인 '사건지평선망원경(Event Horizon Telescope)' 연구팀이 2017년 4월에 거대은하 M87의 중심부에 있는 블랙홀을 약 10일 동안 관측한 결과를 바탕으로 2년간의 작업 끝에 블랙홀 사진을 2019년 4월에 공개했다. —— 옮긴이] 이들의 강력한 중력이 가장 빛나는 천체로 알려진 퀘이사의 동력일 가능성이 높으며, 활동 은하라고 불리는 많은 은하에서 나오는 강력한 에너지 방출도 설명할 수 있다. 그러나 블랙홀에 대해서는 아직도 모르는 것이 많다. 얼마 전 나의 학생 에릭 울먼, 존 레이시, 톰 게발이 이온화된 기체의 도플러 효과를 분광학적으로 측정하여 우리 은하계 중심에 태양보다 수백만 배나 무거운 블랙홀이 있다는 증거를 발견했다. 놀랍게도 여기에서는 많은 에너지가 방출되지 않아서 그 존재에 대해 의문이 제기되었다. 불행히도 이 블랙홀은 NGC4258처럼 측정하기 편리한 메이저로 둘러싸여 있지 않다. 그러나 현재 많은 유형의 측정이 이루어졌으며, 우리 은하의 중심에도 큰 블랙홀이 있다는 증거가 점점 더 많아지고 있다. 왜 NGC4258과 달리 물질이 떨어져 나오면서 에너지를 방출하는 퀘이사처럼 행동하지 않는지는 잘 알려져 있지 않다.

지구상의 과학자들이 최초의 메이저가 만들어진 후 점점 더 짧은 파장을 연구하고 사용하는 방향으로 갔던 것처럼, 우주에서 메이저의 발견은 스펙트럼이 레이저 파장을 향해 조금 내려갔다. 버클리 대학교의 학생 마이크 존슨, 앨 베츠, 에드워드 서턴, 박사후 연구원 밥 매클레런이 10마이크로미터 부근의 적외선 영역에서 화성의 이산화탄소(CO_2) 복사를 측정한 결과, 이산화탄소 적외선 복사가 화성 대기에서 어느 정도 증폭되어야 한다는 것이 밝혀졌다. 이산화탄소 분자는 분명히 햇빛에 의해 들떠 레이저 상태가 된다. NASA의 마이클 멈마와 그의 동료들은 화성의 이산화탄소 레이저에 대해 더 결정적인 측정을 했는데, 이 결과는 앞에서 나온 레이저 특허 소송의 변론에 이용되기도 했다. 화성의 메이저는 매우 약하고 화려하지는 않지만 진짜이다.

버클리에 온 지 얼마 되지 않아, 나는 천체물리학적 근원의 적외선 분광학 연구를 시작했다. 적외선 스펙트럼 영역의 대부분은 지구 대기의 낮은 층에서 수증기에 흡수되기 때문에, 이러한 파장 범위에서 많은 측정을 할 수 있는 유일한 방법은 비행기로 성층권에서 측정하는 것이다(그렇지 않으면 훨씬 더 많은 비용을 들여 우주로 나가야 한다). 애리조나 대학교의 프랭크 로와 같은 사람들은 비행기에서 적외선 연속 복사를 관측했다. 내가 버클리 대학교로 간 뒤에, 이러한 방식의 분광학 연구도 할 수 있어야 할 것 같았다. 그래서 지난 20여 년 동안 우리 그룹은 NASA에서 운영하는 비행기에서 망원경을 사용하는 데 많은 시간을 보내고 있다. NASA는 버클리에서 차로 45분 거리에 있는 마운틴뷰의 에임스 연구센터에서 이 비행기를 날리고 있다.

이러한 비행 관측소에서 우리는 파장이 0.05~0.2밀리미터 정도인 원적외선 복사를 주로 조사했다. 처음에는 소형 리어젯(Learjet)으로 비행했지만, 1976년부터는 개조한 C-141 4엔진 제트수송기를 자주 사용했다. 이 비행기는 '제러드 P. 카이퍼 항공 관측소'이며, NASA가 보잉 747 항공기를 개조해 더 큰 항공 관측소를 사용하게 되어 최근에 퇴역했다.

'카이퍼 관측소'는 성간 적외선 흡수선과 방출선에 대해 많은 것을 알려주었고, 또한 태양계 밖의 레이저를 최초로 발견하는 데 중요한 역할을 했다. 최초의 중요한 관측은 성층권이 아니라 지상에서 이루어졌다. J. 마틴-핀타도가 이끄는 국제 팀은 MWC349라고 불리는 뜨겁고 거대한 별을 관찰했다. 밀리미터파 스펙트럼에서 특별히 강한 수소원자 스펙트럼선이 있었다. 천문학자들은 이것이 천체물리학적 원자 메이저에 대한 최초의 명확한 증거라고 결론지었다. 그때까지 관찰된 모든 천체물리학적 메이저는 분자에 의해 생성되었으며, 대개 분자 회전의 에너지 전이에서 나온 것이었다. 수소원자 메이저는 MWC349를 돌고 있는 강착 원반에서 일어난 것으로 보이며, 이 별의 질량은 태양의 약 26배에 달한다. 이것은 모런이 관측한 NGC4258 은하의 엄청난 물 메이저의 거대한 원반을 축소한 형태와 비슷하다.

메이저는 수소 재결합에 의해 일어난다. 은하 주위 원반의 거의 모든 기체는 이온화된 플라스마이며, 전자가 양성자에서 떨어져 나와 움직인다. 때때로 양성자가 전자를 포획해서 매우 높은 에너지로 들뜬 수소원자가 생겨난다. 이러한 원자가 많아지면 이것들이 바닥상태 에너지 또는 최소 에너지 상태로 떨어지면서 여러 가지 메이저 파장을 일으킨다.

밀리미터 파장에서의 메이저 작동은 명확했고 여러 그룹에 의해 확인되었지만, 항성에서 광학 파장의 관측은 일반적인 수소 스펙트럼으로 나타났다. 광학 파장과 밀리미터 파장 사이에는 원적외선 영역이 있는데, 지상에서는 이 영역을 관측할 수 없다. MWC349의 메이저 작동이 정지하는 점을 찾으려면 공중 관측이 필요했다.

1995년 8월, 스미스소니언 연구소 국립항공우주박물관의 블라디미르스트렐니츠키와 하워드 스미스(또 다른 나의 버클리 제자)가 이끄는 그룹은 하와이에서 캘리포니아까지 카이퍼로 비행하면서 이 이상한 별을 관찰했다. 그들은 169마이크로미터 파장의 원적외선에서 열에 의한 방출보다 약 여섯 배 더 높은 재결합 선을 발견했다.

더 최근에는 프랑스 그르노블의 클레멘스 툼과 유럽 과학자 그룹이 적외선 우주관측위성(Infrared Space Observatory)을 이용하여 항성 주위의 수소가 최소 19마이크로미터만큼 짧은 파장으로 방출되는 것을 발견했다. 이것은 이제까지 알려진 것 중 가장 강력한 우주 레이저이다.

천체물리학적 메이저가 이렇게 많이 있을 뿐만 아니라 태양계 밖에 적어도 하나의 강력한 레이저가 있는데, 유도 방출에 대해 이해하자마자 우주에도 그런 현상이 일어난다는 것을 왜 아무도 바로 이해하지 못했는지 의아할 것이다. 이것은 메이저나 레이저를 빨리 발명하지 못한 것만큼이나 곤혹스럽다. 일단 무언가를 발견하고 나면, 그것은 명백하다. 우주 공간의 밀도가 낮다는 것은 비밀이 아니고, 원자와 분자를 높은 에너지 준위로 들뜨게 해서 에너지 역전을 일으킬 만큼의 에너지원이 있다는 것도 누구나 알 수 있는 사실이다. 좀 더 이른 시기에 전파천문학 연구를 했다면, 분명히 우주에서 메이저를 발견했을 것이다. 기술 수준으로만 보면 1930년대에도 이러한 발견이 가능했다. 그러한 발견이 이루어졌다면 그 스펙트럼선이 어디에서 나왔는지에 대해 물리학적인 추측이 시도되었을 것이고, 분명히 지구상에서 메이저와 레이저의 개발을 앞당겼을 것이다. 메이저와 레이저는 수십억 년 동안 우주에서 흔했고 발명할 필요가 없었다. 단지 우리가 하늘을 충분히 주의 깊게 보지 않았을 뿐이다. 메이저를 감추고 있는 돌을 우리가 들추어 보지 못한 것이다.

메이저가 처음 발명되었을 때로 돌아가 생각해보면, 과학에서 메이저의 가장 큰 가치는 특별히 뛰어난 감도와 정확성에서 비롯될 것이 분명해 보였다. 거의 순수하고 불변하는 진동수와 파장을 만들어내는 능력은 이전보다 훨씬 정밀하게 시간을 맞추고 측정할 수 있는 방법을 제공한다. 레이저의 가능성이 실현되면서 레이저 빔의 순도와 강도가 모두 놀라운 역할을 할 수 있음이 명확해졌다. 메이저와 레이저는 그 자체로 흥미롭지만, 과학에서 이것들은 수단이지 목적이 아니었다.

천체물리학적 메이저와 레이저도 본질적으로 흥분되는 주제이지만, 다른 과학에서처럼 천체물리학에서도 도구로서 더 주목을 받는다. 나 자신의 연구에서도 이것들을 잘 사용했다. 메이저와 레이저로만 해낼 수 있는 일이 있다. 최근에 항성과 그 주변 물질에 대한 고해상도 영상을 얻는 데 레이저가 중요한 역할을 했다. 하늘을 현미경으로 본다고 할 수 있는 이 방법을 항성간섭계(stellar interferometry)라고 부른다. 이 방법의 기본이 되는 기술은 레이저보다 먼저 나왔고, 20세기 초 물리학자 앨버트 마이컬슨이 처음으로 사용에 성공하였다.

마이컬슨은 1887년에 빛의 속도를 측정했고, (에드워드 몰리와 함께) 간섭계를 사용하여 빛의 속도는 관찰자의 속도와 무관함을 증명한 것으로 잘 알려져 있다. 빛의 속도가 관찰자의 속도와 무관함을 입증한 역사적인 실험은 상대성 이론의 실험적 기초가 되었다.

마이컬슨은 일흔 살이 넘어서 패서디나의 윌슨산 천문대에 왔다. 그는 조지 엘러리 헤일이 1920년대에 만든 100인치(254센티미터) 후커 망원경에 매료되었다. 마이컬슨의 목표는 항성의 크기를 측정하는 것이었는데, 그 때까지 우리의 태양 말고는 누구도 어떤 항성의 크기도 측정할 수 없었다. 가장 자연스러운 목표는 오리온자리 알파였다. 베텔게우스로 더 잘 알려져 있는 이 별은 오리온자리의 꼭대기 근처에 있는 빨간색의 밝은 별이다.

마이컬슨은 후커의 반사경 대부분을 막고 반사경에서 가장 멀리 떨어진 두 점만 남겨서 베텔게우스의 빛을 반사시켰다. 별에서 나와서 두 점에서 반사한 빛이 만나 파동이 서로 간섭을 일으키도록 해서, 그는 밝고 어두운 띠가 번갈아 나타나는 것을 보았다. 그런 다음 그는 두 개의 반사경이 달린 60미터 길이의 지지대를 망원경에 장착했고, 이것을 계속 움직여서 번갈아 나타나는 띠가 사라지게 할 수 있었다. 그는 이것으로 별의 지름을 추론할 수 있었다. 1920년 말, 마이컬슨과 조수 프랜시스 피즈가 최초로 별의 크기를 측정했다! 그들은 연필로 찍은 가장 작은 점을 1.6킬로미터 밖에서 볼 때보다 더 작은 각(角)을 측정해냈다. 마이컬슨이 측정한 각지름은 20분의 1초였다. 그러나 천문학자들이 말하는 대로 이 별까지의 거리가 약 400광년이라면 별의 지름은 8억 킬로미터가 넘어야 한다. 이것은 태양보다 600배 크고, 지구 공전 궤도보다 3배 더 크다.

간섭계 실험은 극도로 주의를 기울여야 하고, 보통의 방법으로 광학적 영상을 얻는 것처럼 원리를 직관적으로 이해할 수 없다. 그러나 아주 복잡하지는 않으며 대략 다음과 같이 설명할 수 있다.

하나의 점 광원에서 나온 신호가 두 개의 분리된 반사경을 때린 다음에 다시 만나면 흥미로운 결과가 나올 수 있다. 두 신호가 모두 파동이고, 강도가 최대가 되기도 하고 최소가 되기도 하기 때문에, 두 신호의 상대적인 이동 시간(위상)에 따라 서로 보강되거나 상쇄될 수 있다. 파장의 절반 차이만으로 골과 마루가 바뀌어서 보강되거나 상쇄될 수 있는데, 이것은 4,000분의 1밀리미터의 차이에 해당한다. 물체가 두 반사경의 정면에서 미세하게 움직여도 한쪽 반사경에 신호가 도착하는 시간은 다른 반사경에 비해 달라지고, 두 신호를 합치면 강도가 오르락내리락하게 된다. 이것을 '프린지'라고 부른다. 물체가 엄밀하게 점이 아니고 아주 조금 떨어진 부분이 있으면 프린지의 최대 강도는 다른 부분의 최소 강도에 가까워질 수 있고, 전체적인 강도는 평균이 되어 크게 변하지 않는다. 이것을 보고 관측자는 그 물체가 크기를 갖는다는 것을 알 수 있다. 물체가 프린지의 최대와 최소의 분리 거리와 비슷한 정도이면 강도의 변이가 번지고, 번지는 정도로 크기를 알 수 있다.

두 반사경의 거리가 멀어질수록 물체의 위치에 더 민감해지고, 따라서 더 세밀하게 알 수 있다. 다양한 위치와 거리의 여러 망원경을 사용하여 신호원의 2차원 지도를 얻을 수 있다. 모든 과정에서 반사경을 매우 세심하게 제어해야 하며, 흔들림을 최소화하여 정밀하게 측정해야 한다. 마이컬슨은 탁월한 실험 재능으로 약간의 결과를 얻을 수 있었다. 처음에 100인치(254센티미터) 망원경으로 실험한 뒤에, 그는 윌슨산에서 별 신호를 포착하기 위해 간격이 더 큰 반사경을 사용해서 특별히 설계된 간섭계를 만들었다. 이를 위해 두 개의 분리된 망원경을 노출할 수 있는 개폐식 지붕이 있는 건물도 지었다.

마이컬슨은 또한 윌슨산에서 빛의 속도를 측정했다. 1931년, 그는 파이프 내부를 진공으로 만들어 광속을 측정하는 실험이 끝나기 전에 사망했다. 그는 또한 새로운 간섭계로 계획한 대부분의 일을 실행하지 못했다. 그의 동료 프랜시스 피즈가 이 일을 맡았다. 피즈는 약 10년 동안 새로운 실험에 매달렸지만, 별의 크기를 제대로 측정하지 못했다.

그 후 몇 년 동안, 다른 과학자들이 마이컬슨과 같은 기술로 일부 별들의 크기를 측정할 수 있었다. 불행히도 광학간섭계에는 고도의 정밀성이 필요하기 때문에, 별의 크기를 알아내기는 결코 쉽지 않았다. 부품을 정렬하고 약 100만분의 1인치(4만분의 1밀리미터)의 정확도로 위치를 제어해야 한다. 그러나 이제 레이저가 이러한 어려움에서 벗어날 수 있는 몇 가지 방법을 제공한다. 예를 들어 광학 부품의 위치를 정확하게 유지하고 정렬하기 위해 레이저를 사용할 수 있다(흥미롭게도 일반적으로 이를 모니터링할 때 간섭 현상을 이용한다). 1960년대 후반에, 나는 이 방법과 함께 간섭계를 위해 레이저로 구현할 수 있는 또 다른 기술을 이용하기로 했다. 그것은 적외선 복사의 헤테로다인 탐지였다.

헤테로다인 탐지기는 한 파장의 신호를 더 긴 파장으로 변환한다. 이 아이디어는 수신되는 신호와 거의 비슷한 파장의 두 번째 신호를 혼합하는데, 이 신호는 장치에 있는 발진기에서 얻는다. 수신되는 신호가 변화하면, 발진기 신호에 대해 위상이 맞았다가 어긋나기를 반복하게 된다. 그 결과로 낮은 진동수의 맥놀이가 만들어지는데, 이것은 수신된 신호의 많은 정보를 그대로 가지면서도 더 낮고 더 쉽게 처리할 수 있는 진동수 영역의 신호가 된다. 전파 수신에 일반적으로 사용되는 이 기술에는 좋은 발진기가 필요하다. 레이저가 전파보다 훨씬 짧은 파장에서 이 발진기를 제공한다.

나의 계획은 레이저 발진기의 출력과 별의 적외선 복사를 결합하여, 별의 적외선 신호를 더 긴 전파 파장으로 변환하는 것이었다. 파장이 길면 원래의 적외선 신호를 사용할 때처럼 거리를 높은 정밀도로 제어할 필요가 없다는 게 장점이다.

버클리 대학원생인 마이클 존슨과 앨버트 베츠가 이 연구를 맡았다. 레이저와 최신 적외선 탐지기를 사용했지만 실험은 결코 쉽지 않았다. 나는 항상 이렇게 뛰어난 학생들과 함께 일하게 되어 행운이라고 느껴왔다. 이 두 학생도 마찬가지였고, 그들은 이 프로젝트를 완수했다. 망원경만 제외한 완전한 시스템이 우리의 버클리 실험실에서 조립되었다. 이 시스템은 10마이크로미터에 가까운 파장에서 작동하는 이산화탄소 레이저를 장치의 발진기로 사용했다. 우리는 1973년경 애리조나에 있는 키트피크 국립 천문대에서 적외선 복사를 받기 위해 잘 사용하지 않는 태양 망원경 두 대를 사용했는데, 두 망원경의 거리는 5.5미터였다. 우리는 장비를 버클리로부터 키트피크까지 트럭으로 운반했다. 우리는 장비를 옮겨 놓은 다음에 연구를 위해 샌프란시스코에서 키트피크와 가장 가까운 큰 도시인 투손까지 왔다 갔다 했다. 간섭계뿐만 아니라 헤테로다인 검출 시스템도 천체 분광학에 적합했다. 이를 통해 베츠와 존슨은 앞에서 언급한 화성에서의 자연적 이산화탄소 레이저 증폭을 발견했다. 그들은 또한 화성과 금성에서 부는 바람의 속도도 매우 정확하게 측정했다.

수많은 준비와 시행착오 끝에, 첫 번째 간섭계 실험은 단순히 수성의 가장자리를 감지하는 것을 목표로 했다. 이 실험은 성공했다! 나는 이 실험에 성공하면 한턱을 내기로 약속했고, 우리는 약속대로 샌프란시스코에서 멋진 저녁 식사를 함께했다.

다음으로 우리는 베텔게우스, 잘 알려진 변광성 미라[고래자리의 적색거성으로 200~400광년 떨어져 있다. ― 옮긴이], 그리고 북반구에서 가장 밝은 적외선 별 중 하나인 사자자리 IRC+10216[500광년 떨어져 있다. ― 옮긴이]으로 눈을 돌렸다. 존슨과 베츠가 박사 학위를 받을 때쯤 또 다른 대학원생인 에드워드 서턴이 합류했다. 간섭계로 별 주위를 둘러싸는 따뜻한 먼지 껍질의 크기와 약간의 특징을 측정할 수 있었다. 이 먼지는 별이 이전에 방출했던 기체에서 응축된 것이다.

키트피크에서의 작업은 고무적이었지만 시작에 불과했고 더 나은 장비가 필요했다. 그중 하나로 크기가 다른 근원에 대해 간섭계를 최적화하려면 이동할 수 있는 망원경이 필요했다. 이동할 수 있는 망원경을 만들기 위한 연구비를 신청했지만 국립과학재단과 국방부는 거절했다. 검토위원회의 천문학자들은 비용을 지출할 만큼 적외선 간섭계의 전망이 밝지 않다고 생각했다. 마이컬슨의 동료인 프랜시스 피즈의 실망스러운 경험 이후에 광학 간섭계를 이용한 다른 연구가 어느 정도 성공을 거두었지만 그 뒤에는 버려졌다.

마침내 1982년 말, 우리는 국방부 고등연구계획국으로부터 간섭계 건설을 시작하기 위해 약 250만 달러의 연구비를 받았다. 해군도 간섭계가 항성 위치 측정에 대한 전통적인 관심(선박이 별을 보고 항로를 결정하던 시절의 유산)에 기여할 수 있다고 생각하여 확실한 지원과 도움을 주었다. 당시에는 경험이 풍부한 과학자가 된 에드워드 서턴과 나는 캠퍼스 동쪽 언덕에 있는 버클리 우주과학연구소에서 장비를 만들기 시작했다. 하버드에서 온 젊은 박사후 연구원 윌리엄 댄치와 독일 쾰른에서 온 만프레트 베스터가 합류했다.

간섭계의 두 망원경은 각각 165센티미터 반사경을 가지고 있으며 트레일러에 장착되어 트럭으로 이동할 수 있다. 망원경 설계는 좀 특이하다. 각각의 망원경은 수평 위치에 고정된다. 망원경의 조준은 지름이 216센티미터이며 조종이 가능한 큰 평면 반사경으로 할 수 있다. 각각의 평면경이 트레일러 중앙에 위치한다. 평면경에서 165센티미터 포물면경으로 신호를 반사시키고, 포물면경은 초점에 모인 적외선을 평면경의 구멍을 통해 탐지 시스템으로 보낸다.

가시광선 또는 적외선 간섭계에 이상적인 장소는 칠레 북부이다. 대기의 요동이 매우 적은 이 지역의 산들은 시계(視界)가 매우 좋다. 대기 왜곡으로 빛이 흐릿해지면 모든 빛의 초점이 잘 맞지 않고, 광파의 위상이 바뀌어서 좋은 간섭 패턴이 나올 수 없다. 그래서 시계가 매우 중요하다.

미국 본토에서 시계가 가장 좋은 곳은 바로 마이컬슨이 일했던 윌슨산이다. 그래서 1988년에 우리는 두 대의 망원경을 5번 주간도로로 끌고 가서 앤젤레스 크레스트 하이웨이(Angeles Crest Highway)를 따라 산꼭대기로 올라가서, 마이컬슨과 피즈가 지은 옛 건물 옆에 적외선 항성 간섭계를 설치했다. 그 후 몇 년 동안, 우리는 강철이나 나뭇조각이 필요할 때 가끔씩 이 낡은 건물에서 자재를 슬쩍 가져왔다.

우리는 두 망원경 사이의 방향과 거리를 변화시키기 위해 여러 개의 콘크리트 패드를 설치해서 망원경을 이리저리 이동했다. 천문학계는 이제 간섭계가 유망하다고 확신하기 시작했다. 최근에 우리는 간섭계의 양과 질을 크게 향상시킬 세 번째 망원경을 만들기 위해 국립과학재단에서 연구비를 받았다. 그러면 우리는 한 쌍의 망원경이 아니라 세 쌍의 망원경으로 볼 수 있을 것이다. 우리는 옛 마이컬슨-피즈의 건물 잔해를 허물고 그 자리에 망원경을 위한 콘크리트 패드를 설치할 것이다. 그렇게 된다면 우리는 이것을 마이컬슨 스테이션이라고 부르고 역사를 알리는 명판이나 다른 표지판을 붙일 것이다.

지금까지 적외선 간섭계는 몇몇 항성의 크기를 측정하는 데 사용되어 왔다. 아마도 더 중요한 것은, 항성 바로 주위를 둘러싸고 있으면서 밖으로 빠져나가는 더 차가운 물질을 적외선 파장으로 알아낼 수 있다는 것이다. 많은 별들, 특히 늙은 별들은 많은 양의 기체를 방출하고 먼지로 둘러싸여 있다고 오래전부터 알려져 왔다. 이는 밝기가 규칙적으로 변하는 가장 유명한 별인 미라를 비롯해서 베텔게우스와 다른 많은 별들에도 해당된다. 적외선 간섭계를 통해, 우리는 이 별들에서 흘러나오는 많은 물질이 지속적으로 방출되는 것이 아니라 간헐적으로 방출된다는 것을 발견했다. 마치 무작위로 일어나는 거대한 사건들에 의해 이 별들로부터 물질이 떨어져 나와 우주로 나가는 것 같다. 예를 들어 베텔게우스는 아주 가까운 곳에 먼지가 거의 없다. 한동안 별에서 아무것도 흘러나오지 않은 것으로 보인다. 그러나 별 지름의 약 10배 떨어진 거리를 둘러싸는 먼지와 기체의 껍질이 팽창하고 있다. 측정 결과 이 껍질은 1943년경에 생성된 것으로 추정된다. 더 멀리 떨어진 또 다른 껍질은 1836년에 생성되었을지도 모른다. 영국의 위대한 천문학자 존 프레더릭 허셜은 그해에 베텔게우스의 밝기가 눈에 쉽게 보일 정도로 변화한다는 것을 알아차리고 모든 사람들의 주의를 환기시켰다. 미라와 같은 별들은 항성 지름의 몇 배쯤의 거리에 먼지 구름이 있다. 다행히도 우리는 1994년에 베텔게우스를 보고 있었는데, 그때 베텔게우스는 또 다른 기체와 먼지를 내뿜고 있었다. 이것은 허셜이 본 것만큼 크지는 않았지만 우리의 간섭계로 탐지할 수 있을 만큼 충분히 컸다.

간섭계는 자연의 메이저와 그 물리학적 원리와 다시 만나게 한다. 앞서 논의한 바와 같이, 한동안 여러 연구 그룹이 별과 관련된 물(H_2O), OH, 일산화실리콘(SiO)에서 나오는 메이저를 관측했다. 그것들이 어디서 왜 발생하는지는 명확하지 않았다. 간섭계를 통해 우리가 발견한 것은 물과 OH 메이저는 기체와 먼지가 꽤 가까이에 있는 별 주변에서 가장 흔하다는 것이다. 이런 영역에서 에너지와 밀도가 높아질 수 있다. 별에서 기체와 먼지 구름이 더 멀리 있는 곳에서는 일반적으로 메이저가 발생하지 않는다. 우리는 이제 일산화실리콘 메이저는 항성을 매우 가깝게 둘러싼 뜨거운 대기에서 생성된다는 것을 알게 되었다. 윌리엄 댄치와 우리 팀의 다른 연구원들이 적외선 영역에서 매우 밝은 것으로 잘 알려진 별인 궁수자리 VX를 세심하게 측정했다. 하버드 대학교의 짐 모런과 링컨 그린힐이 전파간섭계를 이용하여 측정한 결과에 따르면 일산화실리콘 메이저는 먼지나 분자 구름보다 항성에 훨씬 더 가까운 곳에서 나온다. 따라서 일산화실리콘 메이저는 항성 대기 자체에서 발생한다고 보아야 한다.

그리고 내가 가장 좋아하는 분자들(암모니아와 다른 분자들)이 적외선 간섭계에서 중요한 역할을 한다. 대학원생 존 모니어는 오래된 별을 눌러싸고 있는 구름 속의 암모니아 분자 스펙트럼에 대한 간섭계 연구를 개발하고 있다. 이 연구는 암모니아가 어떻게 형성되고 이것이 성간 구름에서 왜 발견되는지에 대한 여전히 풀리지 않은 수수께끼를 해명하는 데 도움이 될 것이다.

간섭계는 여전히 본질적으로 젊은 분야이다. 이 분야를 연구하는 여러 그룹이 생겨났고, 특히 가시광선 또는 단파장 적외선을 사용하고 헤테로다인 검출을 사용하지 않는 그룹이 많이 있다. 지금은 오스트레일리아의 그룹, 프랑스 니스 언덕에 있는 천문대, 패서디나에 있는 제트추진연구소와 칼텍, 해군 천문대, 하버드 대학교, 조지아 주립대학교가 포함된다. 간섭계 연구는 어렵지만 레이저를 이용하면서 많이 좋아졌다. 간섭계를 연구하는 사람들은 영리함과 현대 기술을 잘 결합하면 좋은 결과를 얻을 수 있다고 생각한다. 우리 모두는 별과 다른 천체들에 대해 점점 더 많은 정보를 얻기를 바란다. 발견해야 할 것이 아주 많다.

10
회상과 전망

생화학자 얼베르트 센트죄르지는 "발견이란 다른 모든 사람이 본 것을 보고, 아무도 생각하지 않은 것을 생각하는 것이다"라고 말했다. 레이저의 발견도 이 말과 잘 어울린다. 레이저는 적어도 일부 사람들에게 오랫동안 알려져 있던 아이디어들에서 나왔다. 그러나 새로운 방식으로 이 아이디어들을 조립해야 했고, 그 가치는 인정되어야 한다.

나는 발견이 센트죄르지의 통찰보다 더 다면적이라고 생각한다. 우리는 탐구한다. 어떤 길을 탐구하는지도 중요하지만, 그 길을 따라가면서 무엇을 알아보는지도 중요하다. 심지어 많이 다녔던 길에도 항상 들춰보지 못한 돌이 있다. 이 돌들을 찾아내고 들춰보려고 하는 사람들에게 발견이 기다리고 있다. 그 돌을 들춰본 사람은 이전까지 아무도 보지 못한 것을 볼 수 있다. 메이저와 레이저의 발견에서 매우 일정한 진동수, 예리한 초점으로 집중된 출력과 그 효과가 바로 그런 예이다. 우리는 이런 현상을 명확하게 알기 전에 먼저 메이저와 레이저를 만들어야 했다.

나, 고든, 자이거가 그때 그런 방식으로 연구를 진행하여 메이저를 만들지 않았다면, 그리고 숄로와 내가 함께 연구하지 않았다면 메이저와 레이저의 개발은 얼마나 지연되었을까? 내 추측은 10년, 어쩌면 20년 이상은 지연되지 않았을 것이다. 결국 최초의 인공 메이저가 만들어진 뒤에 10년쯤 지나서, 몇몇 사람들이 완전히 다른 경로인 전파천문학에서 메이저를 발견하게 되었다. 전파천문학은 수십억 년 동안 하늘에 있는 메이저를 발견할 수 있게 해주었고, 결국은 레이저도 발견하게 되었을 것이다. 그럼에도 불구하고 레이저는 이 가능한 경로에서 10년에서 20년 늦어지기보다 더 빨리 발견되었기 때문에 오늘날 빠르게 발전하는 과학과 기술 특성에 큰 변화를 가져왔다.

많은 경우에 이전보다 더 많은 탐구를 가능하게 해주는 것은 새로운 통찰력뿐만 아니라 새로운 도구나 기술이며, 더 나은 현미경, 망원경, 측정 장치, 재료와 같은 것들이다. 현재의 과학 지식과 기술은 새로운 과학과 기술을 향한 다음 단계를 가능하게 하고, 이는 다시 우리를 훨씬 더 멀리 인도한다. 양자전자공학의 발전은 주목할 만한 최신 도구를 제공했고 이 과정을 또 다시 입증했다.

사람들은 가끔 나에게 레이저와 같은 일이 오늘날의 과학에서도 일어날 수 있는지 묻는다. 그들이 이런 질문을 하는 이유는 부분적으로 이른바 물리과학이 거의 끝났다고 생각하기 때문이며('우리는 모든 기초 과학을 알고 있다'), 부분적으로는 오늘날의 과학이 대개 크고 비싼 장비를 가지고 많은 사람들이 한 팀으로 수행하기 때문이다. 나의 대답은 모든 과학적 발견은 세부적으로 조금씩 다르고 본질적으로 예측할 수 없지만 더 많은 것들이 나올 수 있다는 것이다. 우리가 이해하지 못하는 것이 많다. 많은 경우에 우리가 이해하지 못한다는 것 자체를 이해하지 못한다. 그리고 정말로 놀라운 발견들은 개인에게서 나오며, 그 개인이 팀의 일부일지라도 팀이나 위원회가 아닌 개인에 달려 있다는 것이다. 내가 대학원을 마칠 때 광학 분야는 완전히 이해된 분야로 여겨졌다. 더 이상 연구자들에게는 흥미로울 것이 없었다. 20년이 조금 더 지난 뒤, 레이저는 광학을 부활시켰다. 비선형 광학 같은 새로운 과학뿐만 아니라 과학과 산업 모두에 중요한 새로운 기술이 출현했다.

현재 우리가 이해하지 못하는 많은 것들 중에는 우주가 어떻게 시작되었는지, 왜 물리상수가 그러한 값을 가지는지, 어떻게 중력이론과 양자이론을 일관되게 만들 것인지와 같은 질문들이 있다. 우리는 심지어 어떻게 그것을 알아내려고 노력해야 하는지조차 이해하지 못한다. 고체·기체·액체 물질에서, 천문학에서, 여러 분야에서 새로운 현상이 나타나고 있다. 생물학은 다양하고 흥미로운 수수께끼로 과학자들을 유혹한다. 발견으로 가는 확실한 길 몇 가지를 정의할 수 있겠지만, 더 중요한 것은 활기차고 지속적이며 유연한 호기심이다. 과학과 기술에는 우리가 아직 생각하지 못했고 상상하지도 못한 것들이 많이 남아 있다.

나는 탐구하면서 인생을 보낼 수 있었고 과학계의 일원이 될 수 있어서 큰 행운이라고 생각한다. 과학을 즐기고 과학이 이끌어준 친밀하고 강한 관계를 즐겼다. 과학적 원리는 매우 일반적이고 널리 퍼져 있어서 새로운 영역과 새로운 방향의 탐구에서 익숙한 친구로 계속 나타난다. 나는 자연의 아름다움에 감격하면서도 흥미를 느낀다. 어떻게든, 본질적으로 자연의 모든 측면은 영감을 주고 아름다울 수 있다. 잔잔한 바다와 폭풍우가 몰아치는 바다는 놀라울 정도로 미적이고 자극적이다. 원자의 구조, 싱그러운 꽃들이 피어 있는 들판, 사막, 곤충, 새, 물고기, 별, 은하, 블랙홀의 신비도 그렇다. 내가 탐구하고 이해하려고 노력하면서, 나는 과학의 유용성뿐만 아니라 과학의 경이로움, 연결성, 그리고 이 모든 차원의 아름다움에서 풍요로움을 느낀다. 과학적 탐구는 정말 재미있고, 나와 동료들이 신나게 즐겼던 경험이나 길을 생각해보는 것은 감사한 일이다.

과학자의 전기를 읽으면, 그의 업적과 삶뿐만 아니라 그 시대의 상황이 생동감 있게 얽힌 모습을 볼 수 있다. 찰스 타운스는 미국의 과학자로 레이저의 발명에 결정적인 역할을 했을 뿐만 아니라 국가 과학자문에도 깊이 관련되었고, 대학의 행정가로도 능력을 발휘했다. 이 글에서 찰스 타운스의 삶, 레이저 발명과 그 전후 이야기, 그리고 그 외의 과학 연구와 정책 자문 등으로 그가 살아온 이야기를 살펴보겠다.

한 과학자의 일생

찰스 타운스는 남부의 신사이고, 독실한 기독교 신자이며, 영특하고 자기 확신이 강한 사람이었다. 남부의 시골에서 자라나 그 지역의 퍼먼 대학교를 졸업하고 듀크 대학교에서 석사를, 칼텍에서 분자분광학으로 박사 학위를 받았으며, 벨 연구소에 입사한 뒤에 제2차 세계대전을 맞아 마이크로파 레이더에 관련된 연구를 했고, 나중에 컬럼비아 대학교 교수로 부임했다. 이 학교에 있으면서 메이저를 발명했고, 레이저의 아이디어를 발표했다. 정부 자문기관의 부소장을 맡아 2년 동안 학계를 떠나 워싱턴에 머물렀으며, 그 뒤에는 MIT 교무처장으로 일했다. 1964년에는 레이저를 발명한 업적으로 노벨 물리학상을 받았다. MIT 총장에 오를 수도 있었지만 선임되지 못했고, 캘리포니아 대학교 버클리 캠퍼스로 옮겨 가서 연구 생활을 계속했다. 그는 1999년 이 자서전의 출판 후에도 활발하게 활동하다가 2015년에 사망했다. 거의 100세까지 살면서 메이저와 레이저뿐만 아니라 천문학 등에도 수많은 연구 업적을 쌓았고, 트루먼부터 클린턴까지 모든 대통령을 만났을 정도로 정부의 정책 조언에도 핵심적인 역할을 했다. 2005년에는 종교계의 노벨상이라고 부르는 템플턴상도 받았다.

　타운스와 비슷한 시대 또는 앞선 시대에 미국에서 활동했고 우리에게 잘 알려진 과학자들은 대개 이민자이거나 이민 2세, 3세이다. 아인슈타인, 노이만, 페르미, 파인먼 등이 모두 본인이 이민자이거나 아버지 또는 할아버지가 이민자이다. 반면에 타운스는 친가와 외가가 모두 아메리카 식민지 초창기 이민자의 후손이다. 그는 1915년생인데 이때까지도 그가 자라난 남부는 남북전쟁 패배의 피해의식이 여전히 남아 있었으며, 전통적으로 독실한 기독교의 분위기를 유지했다. 아버지는 변호사였지만 꽤 넓은 농지를 소유했고, 소작을 주기도 했지만 직접 농사를 짓고 가축을 키웠다. 어머니도 지식인이었는데 찰스 타운스는 아들 셋, 딸 셋인 6남매의 넷째였다. 타운스는 이런 환경에서 자라나면서 농사일을 하고 농기계를 조작하거나 고치고, 동식물을 관찰하면서 자연스럽게 과학을 좋아하게 되었다.

그가 실험물리학을 선택한 계기는 눈 건강 때문이었다고 한다. 눈에 이상이 있어 다른 일을 하라고 의사가 권했지만 그는 타협책으로 실험물리학을 선택했다. 그런데 이후로 눈에는 전혀 이상이 없었다고 한다. 그는 윌리엄 스마이스 교수의 지도로 1939년에 박사 학위를 받고 벨 연구소에 들어간다. (그는 중학교 때 한 학년을 뛰어넘었고, 퍼먼 대학교를 3년 만에 졸업할 수 있었지만 졸업을 1년 미루고 현대 언어의 학사 학위를 더 취득했다. 또한 석사 학위도 실질적으로 1년 만에 마쳤으며 24세 되는 해에 박사 학위를 받았다.) 그는 교수직을 원했지만 당시는 대공황의 여파로 교수 채용이 거의 없었고, 물리학 박사들은 주로 석유 회사에 취직하여 자원 탐사에 종사했다고 한다.

타운스는 벨 연구소에 입사하고 1년 뒤인 1940년에 결혼하며 네 딸을 두게 된다. 그는 벨 연구소에서 기초 물리학 관련 연구를 하게 되어 있었으나, 제2차 세계대전이 발발하면서 마이크로파 레이더 연구를 하게 된다. 1950년에는 I. I. 라비의 눈에 띄어 컬럼비아 대학교 교수로 자리를 옮겼다.

레이저의 발명, 그 전후

레이저의 원리는 양자역학 없이는 설명할 수 없다. 밀도 반전에 의한 유도 방출의 원리는 양자역학과 원자물리학이 한창 개발 중이던 1917년에 이미 아인슈타인이 밝힌 바 있다. 그 후에도 1924년에 리처드 톨먼, 1950년에 I. I. 라비도 레이저의 원리를 발표했다. 타운스에 따르면, 레이저가 왜 그렇게 늦게 발견되어야 했는지는 수수께끼이다. 저자는 1930년대의 기술 수준으로도 충분히 구현할 수 있었다고 말한다. 물론 이는 결과론적인 이야기이다. 저자가 메이저를 발명하기까지는 분자분광학의 연구, 마이크로파 레이더의 경험, 수많은 사람과의 협력 연구를 조율하는 능력, 우수한 동료 교수들과 열정적인 대학원생 등 많은 조건이 갖추어져야 했다. 저자의 말대로 '어떤 돌을 들춰보아야' 그 뒤에 위대한 발견이 있을지 모르기 때문이다. 양자역학의 원리가 알려지고 나서 빛의 유도 방출이 가능하다고 말하는 것과, 실제로 그것을 최초로 구현하는 것 사이에는 엄청난 차이가 있다.

당시 컬럼비아 대학교 물리학과는 군사연구비를 받고 있었지만 반드시 군에 관련된 연구를 하지 않아도 좋았다. 군사연구를 하라는 압력은 있었지만, 타운스는 단호히 물리치고 자기의 관심사를 추구했다. 그러나 그의 연구는 물리학과에서 이해를 받지 못했고, 노벨상 수상자이며 전직 그리고 현직 학과장인 I. I. 라비와 폴리카프 쿠시는 성공 가능성이 없는 연구로 학과의 자원을 낭비하지 말라고 말하기도 했다.

이 모든 난관을 물리치고 타운스는 메이저를 작동시키는 데 성공했다. 막상 메이저가 세상에 나오자, 대가들조차 원리적으로 불가능하다고 말했다. 불확정성 원리에 따라 에너지와 시간을 둘 다 무한히 정확하게 측정할 수 없다는 것이 주장의 근거였다. 이러한 주장이 타당하지 않은 이유는, 메이저의 정확한 에너지와 시간이 단일 원자를 측정한 결과가 아니라 무수히 많은 원자에 대한 결과이므로 불확정성 원리를 위반하지 않기 때문이다. 닐스 보어도 반대했고, 폰 노이만도 반대했다고 한다. 나중에 보어는 "자네가 옳을 수도 있겠지"라고 말해 주었지만 내심 설득되지 않은 채 후배 과학자를 배려하는 듯했고, 반면에 노이만은 곧바로 수긍했다고 한다.

메이저의 발명이 널리 인정되자, 이번에는 여기저기서 '나도 그 비슷한 것을 생각한 적이 있다'는 말이 들려왔고, 타운스의 연구가 연구비를 댄 군의 주도로 이루어졌다는 오해도 널리 퍼졌다. 저자는 군사연구비를 사용하기는 했지만 군이 주도하지 않았고 그 반대임을 여러 정황을 들어 설명한다.

타운스는 계속해서 레이저에도 기여했다. 자신의 여동생과 결혼해서 처남과 매부 사이가 된 아서 숄로와 함께 레이저의 개념을 완전하게 설명한 논문을 발표한 것이다. 그때가 1958년 말이었다. 그런데 고든 굴드라는 사람이 그보다 1년 전에 레이저의 아이디어를 몇 페이지에 걸쳐 노트에 썼고, 이 문서의 공증을 받았다. 고든 굴드는 타운스가 있던 컬럼비아 대학교에서 폴리카프 쿠시 밑에서 박사 과정을 하다가 중도에 그만두고 취업한 사람이었다. 굴드는 타운스보다 다섯 살 어렸고, 대학 물리학과를 졸업하고 예일 대학교 박사 과정에 다니다가 군대에 징집되었다. 어떤 교수가 전장에 나가지 않으려면 프로젝트에 지원하라고 권했는데, 그것은 원자폭탄을 개발하는 맨해튼 프로젝트였다. 그는 이 프로젝트에서 일하면서 여자 친구를 사귀었고, 여자 친구를 따라 마르크스주의 학습 동아리에 들어갔다. 나중에 그는 프로젝트에서 해고되었는데, 그 이유는 불분명하지만 공산당에 연루되었기 때문이라는 추측이 있다. 굴드는 과학보다는 발명에 더 관심이 있었고 에디슨을 존경했다고 한다. 굴드는 나중에 컬럼비아 대학교 박사 과정에 들어갔는데, 학문에 뜻이 있어서라기보다 발명을 위한 지식을 쌓기 위해서였다고 한다. 굴드는 나중에 사탕 가게에서 공증 받은 노트를 가지고 거의 30년 동안 특허 싸움을 이어간다. 이 싸움은 타운스에게 어마어마한 골칫거리였다. 타운스의 주장에 따르면 굴드는 자기에게 레이저에 관한 이야기를 듣고 얼마 지나지 않아서 노트를 작성했다고 한다. 30년이 지나 굴드는 법정에서 일부 특허를 인정받았는데, 타운스는 굴드에게 인정된 특허는 너무 명백해서 자기와 벨 연구소가 보유한 특허의 종속 특허로도 인정받는 것이 의아하다고 말한다. 어쨌든 굴드는 기나긴 소송 끝에 성공을 거두었고, 특허 대행 회사에 특허료의 80퍼센트를 지급하고도 몇백만 달러의 수익을 얻었다고 한다. 타운스는 "특허 절차는 과학적 혁신의 측면에서 거의 의미가 없으며, 정말로 과학을 즐기고 법적인 논쟁과 노박을 즐기지 않는 사람이라면 특허 게임을 해서는 안 된다"고 말하고 있다.

그러면 타운스가 메이저의 발명에 성공하게 된 요인은 어디에 있을까? 우선 직접적인 과학의 측면을 보면 분자분광학, 마이크로파 레이더 개발 경험, 암모니아 분자에 대한 지식, 소속 대학이 보유한 최고 수준의 분자 빔 연구가 있었기 때문이라고 할 수 있다. 간접적인 요인은, 물리학의 원리에 따라 불가능의 영역을 잘 가려낸 것, 공학의 경험, 동료 연구자들과의 교류로 좋은 아이디어의 발굴, 풍부하게 지원되지만 불필요한 간섭을 하지 않는 연구비 등이라고 할 수 있다. 연구자가 아이디어를 발전시켜 나갈 수 있는 자유로운 연구 환경, 뛰어난 동료·선배들과의 교류와 자문에서 독창적인 성과가 나올 수 있다고 저자는 강조한다.

과학자문 활동

타운스는 제2차 세계대전 때 마이크로파 레이더 개발에 참여한다. 이 연구는 실전에 사용해야 했기 때문에 저자가 직접 시험 폭격기를 타고 날아다니면서 레이더 조준의 정확성을 확인하는 등 통상적으로 물리학자가 겪을 수 있는 일이 아닌 일도 많이 경험했다. 전쟁 기간 중 그는 많은 시간을 시험 비행과 그 준비로 보냈다. 이 연구에서 또 그는 다른 불만을 가진다. 정밀한 레이더를 개발했지만 제2차 대전 중 실전에 배치되지는 않았으며, 수증기 흡수 문제 때문에 태평양전쟁에 사용할 수 없다는 1.5센티미터 파장의 레이더를 개발해야 했다. 이처럼 그는 보람 없는 일을 하면서 회의감을 느낀다.

그럼에도 타운스는 제2차 세계대전이 끝난 뒤에도 정부의 과학자문을 계속한다. 그는 사이드와인더 열추적 공대공 미사일 개발에서 성공적인 자문 경험을 들려준다. 1951년, 한국전쟁이 한창이던 때 미국의 어느 황량한 사막의 로켓 시험장에서 이 열추적 장치의 연구가 승인을 받지 못한 채 연구자의 재량으로 진행되고 있었다. 저자는 이 장치의 개발을 강력히 추천했지만 로켓 개발이 주요 임무인 연구소에서 유도 장치 개발은 부적절하다는 이유로 승인을 받지 못하고 있었다. 자문위원단은 연구소를 설득했고, 책임자인 제독이 거듭 반대했지만 하급 장교가 제독의 견해를 반박하고, 최고위급 의사결정자가 곧바로 현장을 방문하여 확인한 뒤에 연구를 승인하게 된다. 미군의 의사결정 체계가 매우 역동적이고 유연하게 작동한 사례이지만, 저자에 따르면 대개는 '정치적인 배경과 함정'이 있어 이렇게 일사천리로 자문이 진행되는 일은 드물다고 한다.

타운스는 아폴로 유인 우주선 탐사 계획의 자문위원장을 지내기도 했고, 레이건 행정부 때 MX 미사일 배치 문제에서 레이건 대통령의 결정을 자문했으며, 레이건이 '스타워즈' 계획으로 더 잘 알려진 전략방위계획을 밀어붙이면서 엄청난 돈을 낭비하게 된 결정도 지켜보았다. 아폴로 우주선 계획에 대해서는 미국 내에서 반대가 많았다고 한다. 유인 우주선은 비용이 많이 들고 과학적으로 큰 의미가 없으며, 무인 우주선을 더 자주 보내는 쪽이 훨씬 좋다는 것이 반대 이유였다. 유인 우주선 계획을 적극 찬성하는 쪽은 주로 공학자들이었고, 반대하는 쪽은 주로 과학자들이었다고 한다. 제2차 세계대전 당시 미국 전체의 무기 관련 연구를 총괄 지휘했고 과학계에 막강한 영향력을 행사하던 버니바 부시도 유인 우주선 계획에는 끝까지 반대했다고 한다. 국가의 과학 정책 결정을 두고 과학자와 공학자의 성향 차이가 드러나는 점이 흥미롭다.

레이건이 이른바 스타워즈 계획을 밀어붙인 것은 주로 물리학자 에드워드 텔러가 부추겼기 때문이라고 알려져 있지만, 타운스는 그렇지 않았다고 밝힌다. 실상은, 대통령 임기 초반에 국방부 브리핑에서 합동참모본부가 원론적이고 이상적인 논의로 완벽한 방어에 대해 발표했는데, 레이건이 이 방안을 좋아해서 추진을 지시했고, 누구도 대통령의 의중을 거스르는 조언을 하지 못해서 벌어진 일이라고 한다. 에드워드 텔러가 이 계획을 지지하고 적극적으로 매달린 것은 사실이지만, 입안 단계에서 레이건에게 조언하지는 않았다고 저자는 밝히고 있다.

타운스에 따르면, 제2차 세계대전 이전까지 미국 정부는 물리학을 적극적으로 지원하지 않았다. 전쟁이 진행되면서 미국 정부와 군대는 과학의 중요성을 깨달았고, 과학이 군사력의 우위를 유지하고 경제를 발전시키는 데 필수적이라고 인식하게 된다. 이렇게 해서 전쟁 뒤에도 대학에 많은 군사연구비가 지원되었고, 연구비를 자유롭게 사용할 수 있었던 것이 과학 발전에 큰 도움이 되었다고 한다. 나중에 국립과학재단이 설립되어 연구비 지원 체계가 갖추어짐에 따라 군사연구비는 줄어들었다고 한다.

타운스는 마이크로파 레이더 개발을 시작으로 수많은 무기 연구에 관여하게 된다. 그는 처음에 이런 연구에 뛰어들기를 주저한다. 그러나 "물건을 부수고 사람을 죽이는 일"에 대한 연구가 마음에 내키지는 않지만 국제 정세가 시시각각 악화되는 상황에서 무기 연구가 어쩔 수 없는 선택이라고 받아들인다. 이러한 윤리적 고려는 계속된다. 명분 없는 베트남 전쟁에서 기술 자문을 두고도 비슷한 고민이 엿보인다. 그의 선택은, 양심에 따라 무기 연구를 거부하는 것도 고귀한 가치를 지키는 개인의 선택으로 존중받아야 하지만, 누군가는 어쩔 수 없이 일어나는 파괴적인 전쟁을 조금은 덜 파괴적이 되도록 조언을 계속해야 한다는 것이다. 저자의 이러한 성향은 다른 에피소드에서도 잘 드러난다. 예를 들어 그는 정밀 타격을 가능하게 하는 유도 무기 개발을 적극적으로 지지한다. 불필요한 희생을 줄일 수 있기 때문이다.

맺으며

이제까지 찰스 타운스의 삶과 과학, 그의 시대에 대해 살펴보았다. 이책에서 레이저의 기본 원리, 발명의 과정, 그 후의 연구, 그가 기여한 미국정부와 군대에 대한 과학 자문에 대해 많은 것을 알 수 있다. 저자는 자신의 연구와 여러 가지 자문 활동에서 얻은 경험으로 우리에게 훌륭한 과학을 하기 위한 조언을 아끼지 않는다. 무엇보다, 레이저와 같은 새로운 것이 나오기 위해서는 연구자의 영감을 따라갈 수 있게 해야 하며 알려진 전망에 따라 연구를 지원해서는 새로운 발견을 이끌어내기 어렵다고 강조한다. 그는 대중이 생각하는 과학자의 모습이 실제와 많이 다르다고 지적하면서 이렇게 말한다.

자신의 아이디어로 혼자서 분투하는 괴팍한 과학자, 일상의 고민과 격리된 채 내면의 명확한 비전을 추구하는 눈부신 사회적 우상은 인기 있는 드라마를 만들지만, 이는 일반적인 규칙이 아니다. 사실 과학자의 삶은 대부분의 인간적인 일들과 마찬가지로 예측하기 어려운 방향으로 가는 우연적인 측면을 가지고 있다. 이러한 우여곡절은 다른 무엇보다 우연히 사귀게 되는 친구와 동료들에 달려 있다. 그렇다고 해서 성공에서 중요한 것이 관계뿐이라는 뜻은 아니다. 훌륭한 과학자는 능력이 있고 성실해야 하며, 가끔씩은 자신의 판단에만 의지해야 하며, 많은 시간 동안 문제와 씨름해야 한다.

이 책은 20세기 후반 미국의 과학을 주로 다루지만, 오늘날 우리에게도 많은 시사점을 주고 있다. 과학자가 되고 싶은 학생, 현장의 과학자, 과학을 지원하는 위치에 있는 사람들이 이 책을 많이 읽기를 바란다.

찾아보기

지은이

∷ 찰스 H. 타운스 Charles Hard Townes, 1915~2015

퍼먼 대학교를 졸업하고 듀크 대학교에서 석사 학위를, 캘리포니아 공과대학에서 분자분광학으로 박사 학위를 받았다. 벨 연구소 재직 중에 제2차 세계대전을 맞아 마이크로파 레이더를 개발하는 연구를 했고, 나중에 컬럼비아 대학교 교수가 되었다. 이 학교에서 연구하면서 메이저를 발명했고, 레이저의 아이디어를 발표했다. 이 업적으로 구소련의 물리학자 알렉산드르 프로호로프, 니콜라이 바소프와 함께 1964년에 노벨 물리학상을 받았다. 그 뒤에는 캘리포니아 대학교 버클리 캠퍼스로 옮겨 가서 연구를 계속했고, 전파천문학 분야에서도 많은 연구 업적을 쌓았다. 베트남 전쟁 때의 군사 자문, 아폴로 우주 계획의 과학기술 자문 등 미국 정부와 군대의 과학 자문을 맡아 오랜 기간 핵심적인 역할을 했으며, 제너럴 모터스의 기술자문위원회를 이끄는 등 과학자로서 산업계에도 크게 기여했다. 그의 경력을 보면 미국이 과학에 얼마나 많은 관심을 기울이고 지원하는지, 그리고 과학자들이 미국 정부와 사회에 어떻게 기여하는지를 엿볼 수 있다. 독실한 기독교도였던 타운스는 2005년에 종교계의 노벨상이라고 부르는 템플턴상을 받았다.

옮긴이

∷ 김희봉

연세대학교 물리학과를 졸업하고 같은 대학교에서 표면 및 응용 물리학을 공부했다. 과학서 전문 번역가로 활동하고 있으며, 옮긴 책으로는 『파인만 씨, 농담도 잘하시네!』, 『과학에서 가치란 무엇인가』, 『지구물리학』, 『이토록 풍부하고 단순한 세계 — 실재에 이르는 10가지 근본』, 『곰팡이, 가장 작고 은밀한 파괴자들』, 『1 더하기 1은 2인가』, 『무질서가 만든 질서』, 『엔리코 페르미, 모든 것을 알았던 마지막 사람』, 『우발과 패턴』, 『E=mc²』, 『사회적 원자』, 『프리먼 다이슨, 20세기를 말하다』, 『숨겨진 질서』, 『네번째 불연속』 등이 있다.

한국연구재단총서 학술명저번역 653

레이저의 탄생

새로운 빛을 찾아가는 어느 과학자의 모험

1판 1쇄 찍음 | 2024년 6월 14일
1판 1쇄 펴냄 | 2024년 7월 5일

지은이 | 찰스 H. 타운스
옮긴이 | 김희봉
펴낸이 | 김정호

책임편집 | 박수용
디자인 | 이대웅

펴낸곳 | 아카넷
출판등록 | 2000년 1월 24일(제406-2000-000012호)
주소 | 10881 경기도 파주시 회동길 445-3
전화 | 031-955-9510(편집)·031-955-9514(주문)
팩시밀리 | 031-955-9519
www.acanet.co.kr

Printed in Paju, Korea.

ISBN 978-89-5733-923-7 94420
ISBN 978-89-5733-214-6 (세트)

이 번역서는 2021년 대한민국 교육부와 한국연구재단의 지원을 받아 수행된 연구임.
(NRF-2021S1A5A7079919)

This work was supported by the Ministry of Education of the Republic of Korea
and the National Research Foundation of Korea. (NRF-2021S1A5A7079919)